国防电子信息技术丛书
集成电路辐射效应与加固技术

现代集成电路和电子系统的地球环境辐射效应

Terrestrial Radiation Effects in ULSI Devices and Electronic Systems

［日］ Eishi H. Ibe 著

毕津顺 马 瑶 王天琦 译

电子工业出版社

Publishing House of Electronics Industry

北京·BEIJING

内 容 简 介

本书主要介绍广泛存在的各种辐射及其对电子设备和系统的影响，涵盖了造成 ULSI 器件出错和失效的多种辐射，包括电子、α射线、介子、γ射线、中子和重离子，从物理角度建模，以确定使用何种数学方法来分析辐射效应。本书对多种降低软错误影响的预测、检测、表征和缓解技术进行了分析和讨论。作者还展示了如何对在凝聚态物质中复杂的辐射效应进行建模，以量化和减少其影响，并解释了在环境辐射中包括服务器和路由器在内的电子系统是如何失效的。

本书的读者对象主要是航天电子、核与空间辐射、半导体物理和电子设备以及其他应用物理建模等领域的科研人员和研究生。对各种物理现象的建模和数值计算感兴趣的研究人员或学生也可参考本书。

Terrestrial Radiation Effects in ULSI Devices and Electronic Systems，9781118479292，Eishi H. Ibe
© 2015 John Wiley & Sons Singapore Pte. Ltd.
All rights reserved. This translation published under license.
Authorized translation from the English language edition published by John Wiley & Sons，Ltd.
本书简体中文字版专有翻译出版权由 John Wiley & Sons, Ltd. 授予电子工业出版社。未经许可，不得以任何方式复制或抄袭本书的任何部分。
版权贸易合同登记号　图字：01-2015-7445

图书在版编目（CIP）数据

现代集成电路和电子系统的地球环境辐射效应/（日）伊部英治（Eishi H. Ibe）著；毕津顺等译.
北京：电子工业出版社，2019.1
（国防电子信息技术丛书）
书名原文：Terrestrial Radiation Effects in ULSI Devices and Electronic Systems
ISBN 978-7-121-35115-0

Ⅰ.①现… Ⅱ.①伊… ②毕… Ⅲ.①集成电路-全球环境-辐射效应 ②电子系统-全球环境-辐射效应　Ⅳ.①TN4 ②TN103

中国版本图书馆 CIP 数据核字（2018）第 222118 号

策划编辑：杨　博
责任编辑：杨　博
印　　刷：北京七彩京通数码快印有限公司
装　　订：北京七彩京通数码快印有限公司
出版发行：电子工业出版社
　　　　　北京市海淀区万寿路 173 信箱　邮编：100036
开　　本：787×1092　1/16　印张：14　字数：358 千字
版　　次：2019 年 1 月第 1 版
印　　次：2023 年 11 月第 3 次印刷
定　　价：99.00 元

凡所购买电子工业出版社图书有缺损问题，请向购买书店调换。若书店售缺，请与本社发行部联系，联系及邮购电话：(010) 88254888，88258888。
质量投诉请发邮件至 zlts@phei.com.cn，盗版侵权举报请发邮件至 dbqq@phei.com.cn。
本书咨询联系方式：yangbo2@phei.com.cn

Preface from author

When I have received the offer from Prof. Bi to translate my book published by Wiley and IEEE Press in English to Chinese, everyone in my Hitachi office (now I am the CEO of exaPalette, LLC), in Japan, was amazed at the news. That must be a really new stage in Asian scientific/engineering horizon!

I appreciate very much for the efforts by Prof. Bi, and Dr. Shi-Jie Wen with Cisco System Inc. who is among the most powerful leaders in the field of terrestrial radiation effects in electronic devices and components.

I have been very happy with Dr. Wen and other outstanding researchers in the world especially in the USA and Europe that I could have shared important outcome with them.

I am indeed hoping the new connection between Chinese and Japanese scientists and engineers would bring fruitful breakthroughs!

Eishi H. Ibe

Japan

原著作者写给中文版的序言

当我得知毕教授将我之前在 Wiley IEEE 出版社出版的英文专著翻译成中文时，我的日本日立的所有同事都感到非常的惊喜（我现在在 exaPalette 公司任 CEO）。这绝对是亚洲科学界和工程界新的阶段和里程碑！

我非常感谢毕教授和思科公司文世杰博士所付出的努力。思科公司是电子器件和部件的地球环境辐射效应领域的最有实力的引领者之一。

很高兴和文博士以及国际上特别是欧美国家的其他杰出学者一道努力，共享重要的成果产出。

我非常希望中日科学家和工程师之间新的连接纽带能够带来富有成果的突破！

Eishi H. Ibe

日本

译 者 序

感受不到，并不代表不存在。地球辐射环境中的中子和其他带电粒子对现代集成电路可靠性的影响越来越严重。它们在器件/电路中引入故障或错误，进而导致电子系统失效。当我们进入后摩尔时代，讨论 More Moore、More than Moore 和 Beyond CMOS 发展技术路线时，我们也应该清楚地认识到节点存储电荷减少、电荷共享、多位翻转、单粒子瞬态和串扰耦合等问题的严重性。对于民用电子元器件而言，需要在考虑可靠性和成本以及性能之间进行折中优化，而不能采用像军用和宇航级产品那样几乎不计成本的加固方案。如何准确理解地球辐射环境？该环境如何作用于集成电路？如何有效地进行辐射效应评估？如何建立模型？如何对不同层级进行加固优化？如何设立标准和规范？如何面对未来集成电路技术发展的挑战？针对这一系列问题，*Terrestrial Radiation Effects in ULSI Devices and Electronic Systems* 一书给出了明确的答案。这需要天文学、宇宙射线物理、核物理、加速器物理、半导体物理、电路理论、计算机理论、数值仿真、EDA（电子设计自动化）工具、编码理论、可靠性物理和数据库管理等多学科交叉与协同努力。

原著作者 Eishi H. Ibe 博士曾是日本日立公司（Hitachi）的首席研究员、IEEE 会士，单粒子效应和软错误研究领域的国际权威。2017 年 5 月，本人非常有幸和 Ibe 博士在成都相见。Ibe 博士温文尔雅，学识渊博，给我留下了非常深刻的印象。在得知我在翻译他的著作时，Ibe 博士给了我很多的鼓励和支持，让我非常感动。

在开始翻译本书的时候，我的儿子刚刚出生。如今图书出版，他也成长为满地乱跑的淘气小孩。感谢我的孩子，感谢我的爱人，更要感谢我的父母。他们的支持，是我前进的动力。此书也是我献给他们的礼物。

本书的第 5 章和第 6 章分别由四川大学马瑶博士和哈尔滨工业大学王天琦博士翻译。对他们的辛勤付出以及领导和同事的支持，一并表示感谢。

由于译者水平所限，译本中错误在所难免，敬请广大读者批评指正。

毕津顺
于北京

前　言[①]

在日常生活中，我们意识不到地球环境辐射的存在——宇宙射线和地表放射性同位素辐射产生次级粒子。地球环境辐射非常弱（低注量率），以至于对人体器官有无法观测的影响，但对地表电子系统中的 LSI、VLSI 和 ULSI 器件有可观测的影响。

1974 年，我还是京都大学大四学生，主要研究如何测量地球环境 μ 介子的寿命。那时没有人（包括我本人）知道或想到，来自地球环境中子的影响。

半导体工业的快速发展，使我们认识到了地球环境辐射对半导体器件的影响。首先，放射性同位素玷污释放 α 射线，在 DRAM（动态随机存取存储器）和 SRAM（静态随机存取存储器）器件中引起软错误。读者将在本书中看到，由于诸多原因，直到 20 世纪 90 年代晚期，人们才认识到地球环境中子软错误。随着器件特征尺寸等比例缩小到 100 nm 以下，地球环境辐射的影响面和深度都大为增加。科学探索的焦点不仅聚集在地球环境中子，还包括质子和 μ 介子等地球环境辐射粒子。除了存储器，人们还研究时序/组合逻辑器件和电路。人们之前主要关注服务器/路由器失效，目前也拓展到了机动车工业领域。

人们广泛认识到，地球环境辐射在器件/电路中引入故障或错误，从而导致电子系统失效，而要想降低失效，就需要采用两种或多种减缓技术组合或协同，例如衬底、单元、电路、CPU（中央处理器）、中间件、OS（操作系统）和应用。这是一项极具挑战性的任务，涵盖多个学科，包括天文学、宇宙射线物理、核物理、加速器物理、半导体物理、电路理论、计算机理论、数值仿真、EDA（电子设计自动化）工具、编码理论、可靠性物理和数据库管理，等等。

同时，这项工作也是非常有趣和吸引人的。我本人在该领域开展研究期间，学习到了关于地球的很多有趣和令人兴奋的知识。

地球上方的大气层仅有 50 km 厚，约为地球半径的 1/250，如果没有它，我们就无法生存。由于暴露在宇宙射线下存在辐射极限，宇航员在内层/外层太空中停留的时间是有限的。没有大气层，我们人类就无法在地球上生存。地球外部薄薄的大气层，保护我们免受外太空恶劣宇宙辐射的影响。

美丽的南北极光就是宇宙射线与大气层相互作用的结果。

用于放射性碳年代测定的 ^{14}C，就是由 ^{14}N 与宇宙射线质子在大气层中核反应产生的。根据 CERN 团队最近的报道，天上的云朵也很可能由宇宙射线所引发。

作者希望本书能够激发起读者的兴趣，关注宇宙射线对地球和我们日常生活的影响。

[①] 中译本的一些图标、参考文献、符号及其正斜体形式等沿用了英文原著的表示方式，特此说明。

作者简介

Eishi Hidefumi Ibe 博士，曾任日本日立公司首席研究员，1975 年获得日本京都大学物理学士学位，1985 年获得大阪大学核工程博士学位。

他在 1975 年进入日立公司原子能研究实验室工作，2006 年升任日立公司横滨研究实验室（前身为生产工程研究实验室）首席研究员。

在其职业生涯的前 20 年中，他在核工程领域做出了大量卓有成效的工作，特别是关于水（辐解）和组件材料的辐射效应。在随后的 18 年中，他着重研究半导体器件单粒子效应。他的学术专长跨越多个学科，例如基本粒子/宇宙射线物理、核/中子物理、半导体物理、数学和计算技术、离子注入/混合和加速器技术、电化学、数据库管理、RBS（卢瑟福背散射谱）/俄歇/SEM（扫描电镜）/激光束微分析，等等。

针对核电站冷却液中的水辐解仿真技术，他开展了很多开创性的工作，揭示核心区的水冷却液分解为 H_2 和 H_2O_2。他还针对抑制 H_2O_2 氧化的氢水化学技术建立了理论基础，如今广泛应用于日本的沸水反应堆，减缓组件材料晶粒间应力侵蚀破裂。他于 1986 年和 1990 年获得日本原子能协会的奖励，于 1996 年获得美国核学会的奖励。

在过去的 18 年中，针对地球环境电子元器件中子软错误，他致力于开发验证技术和减缓技术。他研发了 CMOS（互补金属氧化物半导体）器件新型软错误模型。这些模型被用于设计更可靠的半导体存储器件和逻辑门电路，获得地球环境中子软错误的突破性知识。在他的领导下，研发了新的实验技术，用于验证电子元器件软错误敏感度，并且这些技术成为了国际标准。

在中子故障/错误/失效领域，他是众多 IEEE 期刊和会议的委员或审稿人，其中期刊包括 EDS 和 TNS，会议包括 IRPS、IOLTS、ICICDT、WDSN、NSREC、RADECS、RASEDA、ICITA 和 SELSE。他在国际上在辐射效应领域发表了 90 余篇技术论文和报告，其中有 25 篇特邀稿件/报告。根据期刊和会议主席的要求，他审阅了 200 余篇技术论文。这种积累使得他在单粒子效应领域具有既深且宽的视野。

由于其对存储器件软错误分析方面的贡献，Ibe 博士于 2008 年成为 IEEE 会士。可以通过他在 World Scientific 出版社（2008 年）和 Springer 出版社（2010 年和 2011 年）出版的图书，查阅他的一些学术成果。

致 谢

我非常感谢 Emeritus T. Nakamura 教授、M. Baba 教授和 Y. Sakemi 教授，与他们的讨论帮助了我，他们还在核反应数据库以及日本东北大学 CYRIC 高能中子实验方面提供了支持。我还要感谢 Alexander Prokofiev 教授，他在瑞典乌普萨拉大学 TSL 高能中子实验中提供了热情的帮助。我还与 C. Slayman 博士、思科公司的文世杰、Intel 公司的 N. Seifert、TI 公司的 R. Baumann、TIMA 实验室的 M. Nicolaidis、iRoc 公司的 D. Alexandrescu 和 A. Evans、富士实验室的 T. Uemura 和 SONY 公司的 H. Kobayashi 进行了交流与讨论，在此一并表示感谢。我还要感谢日本京都技术研究所的 K. Kobayashi 教授、日本京都大学的 H. Onodera 及日本九州大学的 M. Yoshimura 博士和 Y. Matsunaga 博士，在 SEU 容错触发器和 EDA 工具方面，他们提供了很多有价值的信息。日本宇航局（JAXA）的 Kuboyama 博士和 D. Kobayashi 博士、日本大学的 Y. Takahashi 教授和 HIREC 的 A. Makihara 女士也与我进行了有意义的讨论和交流。

目　录

第1章　简介 ··· 1
　1.1　地球环境次级粒子的基本知识 ··· 1
　1.2　CMOS 半导体器件和系统 ·· 3
　1.3　两种主要的故障模式：电荷收集与双极放大 ··· 6
　1.4　电子系统中故障条件下的四种架构：故障-错误-危害-失效 ································ 9
　1.5　软错误研究的历史背景 ·· 10
　1.6　本书的一般范围 ··· 13
　参考文献 ··· 13

第2章　地球环境辐射场 ··· 17
　2.1　一般性辐射来源 ··· 17
　2.2　选择地球环境高能粒子的背景知识 ·· 17
　2.3　航空高度的粒子能谱 ··· 19
　2.4　地球环境的放射性同位素 ·· 22
　2.5　本章小结 ··· 24
　参考文献 ··· 24

第3章　辐射效应基础 ·· 26
　3.1　辐射效应介绍 ·· 26
　3.2　截面定义 ··· 28
　3.3　光子引起的辐射效应（γ 和 X 射线） ·· 28
　3.4　电子引起的辐射效应（β 射线） ··· 30
　3.5　μ 介子引起的辐射效应 ·· 31
　3.6　质子引起的辐射效应 ··· 32
　3.7　α 粒子引起的辐射效应 ·· 34
　3.8　低能中子引起的辐射效应 ·· 34
　3.9　高能中子引起的辐射效应 ·· 35
　3.10　重离子引起的辐射效应 ·· 36
　3.11　本章小结 ··· 37
　参考文献 ··· 37

第4章　电子器件和系统基础 ··· 39
　4.1　电子元器件基础 ··· 39
　　4.1.1　DRAM（动态随机存取存储器） ·· 39
　　4.1.2　CMOS 反相器 ··· 39

· 11 ·

4.1.3　SRAM（静态随机存取存储器） ·············· 40
　　　4.1.4　浮栅存储器（闪存） ·············· 41
　　　4.1.5　时序逻辑器件 ·············· 42
　　　4.1.6　组合逻辑器件 ·············· 43
　4.2　电子系统基础 ·············· 43
　　　4.2.1　FPGA（现场可编程门阵列） ·············· 43
　　　4.2.2　处理器 ·············· 44
　4.3　本章小结 ·············· 46
　参考文献 ·············· 47

第5章　单粒子效应辐照测试方法 ·············· 48
　5.1　场测试 ·············· 48
　5.2　α射线 SEE 测试 ·············· 50
　5.3　重离子辐照测试 ·············· 52
　5.4　质子束测试 ·············· 56
　5.5　高能 μ 介子测试方法 ·············· 60
　5.6　热/冷中子测试方法 ·············· 63
　5.7　高能中子测试 ·············· 65
　　　5.7.1　使用放射性同位素的中能中子源 ·············· 65
　　　5.7.2　单色的中子测试 ·············· 66
　　　5.7.3　类似单色的中子测试 ·············· 68
　　　5.7.4　散裂中子测试 ·············· 73
　　　5.7.5　中子能量和通量的衰减 ·············· 74
　5.8　测试条件以及注意事项 ·············· 76
　　　5.8.1　存储器 ·············· 76
　　　5.8.2　电路 ·············· 76
　5.9　本章小结 ·············· 78
　参考文献 ·············· 78

第6章　集成器件级仿真技术 ·············· 87
　6.1　多尺度多物理软错误分析系统概述 ·············· 87
　6.2　相对二次碰撞和核反应模型 ·············· 91
　　　6.2.1　一个粒子能量谱的能量刻度设置 ·············· 91
　　　6.2.2　相对次级碰撞模型 ·············· 92
　　　6.2.3　ALS（绝对实验系统）和 ALLS（联合实验系统） ·············· 93
　6.3　高能中子和质子的核内级联（INC）模型 ·············· 96
　　　6.3.1　核子与靶向核子的穿透过程 ·············· 97
　　　6.3.2　靶核中两个核之间二次碰撞概率的计算 ·············· 98
　　　6.3.3　核子-核子碰撞条件的确定 ·············· 98
　6.4　高能中子和质子蒸发模型 ·············· 99

6.5 用于逆反应截面的广义蒸发模型（GEM） ⋯⋯⋯⋯⋯⋯⋯⋯⋯⋯⋯⋯⋯⋯⋯⋯⋯ 101
6.6 中子俘获反应模型 ⋯⋯⋯⋯⋯⋯⋯⋯⋯⋯⋯⋯⋯⋯⋯⋯⋯⋯⋯⋯⋯⋯⋯⋯⋯⋯⋯⋯⋯ 103
6.7 自动器件建模 ⋯⋯⋯⋯⋯⋯⋯⋯⋯⋯⋯⋯⋯⋯⋯⋯⋯⋯⋯⋯⋯⋯⋯⋯⋯⋯⋯⋯⋯⋯⋯ 104
6.8 设置部件内部核裂变反应点的随机位置 ⋯⋯⋯⋯⋯⋯⋯⋯⋯⋯⋯⋯⋯⋯⋯⋯⋯⋯⋯ 106
6.9 离子追踪算法 ⋯⋯⋯⋯⋯⋯⋯⋯⋯⋯⋯⋯⋯⋯⋯⋯⋯⋯⋯⋯⋯⋯⋯⋯⋯⋯⋯⋯⋯⋯⋯ 107
6.10 错误模式模型 ⋯⋯⋯⋯⋯⋯⋯⋯⋯⋯⋯⋯⋯⋯⋯⋯⋯⋯⋯⋯⋯⋯⋯⋯⋯⋯⋯⋯⋯⋯⋯ 110
6.11 翻转截面的计算 ⋯⋯⋯⋯⋯⋯⋯⋯⋯⋯⋯⋯⋯⋯⋯⋯⋯⋯⋯⋯⋯⋯⋯⋯⋯⋯⋯⋯⋯⋯ 114
6.12 在 SRAM 的 22 nm 设计规则下软错误的缩放效应预测 ⋯⋯⋯⋯⋯⋯⋯⋯⋯⋯⋯⋯ 115
6.13 半导体器件中重元素核裂变效应影响的评估 ⋯⋯⋯⋯⋯⋯⋯⋯⋯⋯⋯⋯⋯⋯⋯⋯⋯ 116
6.14 故障上限仿真模型 ⋯⋯⋯⋯⋯⋯⋯⋯⋯⋯⋯⋯⋯⋯⋯⋯⋯⋯⋯⋯⋯⋯⋯⋯⋯⋯⋯⋯ 117
6.15 故障上限仿真结果 ⋯⋯⋯⋯⋯⋯⋯⋯⋯⋯⋯⋯⋯⋯⋯⋯⋯⋯⋯⋯⋯⋯⋯⋯⋯⋯⋯⋯ 119
  6.15.1 电子 ⋯⋯⋯⋯⋯⋯⋯⋯⋯⋯⋯⋯⋯⋯⋯⋯⋯⋯⋯⋯⋯⋯⋯⋯⋯⋯⋯⋯⋯⋯⋯⋯ 119
  6.15.2 μ介子 ⋯⋯⋯⋯⋯⋯⋯⋯⋯⋯⋯⋯⋯⋯⋯⋯⋯⋯⋯⋯⋯⋯⋯⋯⋯⋯⋯⋯⋯⋯⋯ 120
  6.15.3 质子的直接电离 ⋯⋯⋯⋯⋯⋯⋯⋯⋯⋯⋯⋯⋯⋯⋯⋯⋯⋯⋯⋯⋯⋯⋯⋯⋯⋯⋯ 120
  6.15.4 质子裂变 ⋯⋯⋯⋯⋯⋯⋯⋯⋯⋯⋯⋯⋯⋯⋯⋯⋯⋯⋯⋯⋯⋯⋯⋯⋯⋯⋯⋯⋯⋯ 120
  6.15.5 低能中子 ⋯⋯⋯⋯⋯⋯⋯⋯⋯⋯⋯⋯⋯⋯⋯⋯⋯⋯⋯⋯⋯⋯⋯⋯⋯⋯⋯⋯⋯⋯ 121
  6.15.6 高能中子裂变 ⋯⋯⋯⋯⋯⋯⋯⋯⋯⋯⋯⋯⋯⋯⋯⋯⋯⋯⋯⋯⋯⋯⋯⋯⋯⋯⋯⋯ 122
  6.15.7 次级宇宙射线的对照 ⋯⋯⋯⋯⋯⋯⋯⋯⋯⋯⋯⋯⋯⋯⋯⋯⋯⋯⋯⋯⋯⋯⋯⋯⋯ 123
6.16 SOC 的上限仿真方法 ⋯⋯⋯⋯⋯⋯⋯⋯⋯⋯⋯⋯⋯⋯⋯⋯⋯⋯⋯⋯⋯⋯⋯⋯⋯⋯⋯ 123
6.17 本章小结 ⋯⋯⋯⋯⋯⋯⋯⋯⋯⋯⋯⋯⋯⋯⋯⋯⋯⋯⋯⋯⋯⋯⋯⋯⋯⋯⋯⋯⋯⋯⋯⋯ 124
参考文献 ⋯⋯⋯⋯⋯⋯⋯⋯⋯⋯⋯⋯⋯⋯⋯⋯⋯⋯⋯⋯⋯⋯⋯⋯⋯⋯⋯⋯⋯⋯⋯⋯⋯⋯⋯⋯ 125

第 7 章 故障、错误和失效的预测、检测与分类技术 ⋯⋯⋯⋯⋯⋯⋯⋯⋯⋯⋯⋯⋯⋯⋯⋯⋯ 126
7.1 现场故障概述 ⋯⋯⋯⋯⋯⋯⋯⋯⋯⋯⋯⋯⋯⋯⋯⋯⋯⋯⋯⋯⋯⋯⋯⋯⋯⋯⋯⋯⋯⋯⋯ 126
7.2 预测和评估 SEE 引起的故障条件 ⋯⋯⋯⋯⋯⋯⋯⋯⋯⋯⋯⋯⋯⋯⋯⋯⋯⋯⋯⋯⋯⋯ 127
  7.2.1 衬底/阱/器件级 ⋯⋯⋯⋯⋯⋯⋯⋯⋯⋯⋯⋯⋯⋯⋯⋯⋯⋯⋯⋯⋯⋯⋯⋯⋯⋯⋯ 128
  7.2.2 电路级 ⋯⋯⋯⋯⋯⋯⋯⋯⋯⋯⋯⋯⋯⋯⋯⋯⋯⋯⋯⋯⋯⋯⋯⋯⋯⋯⋯⋯⋯⋯⋯ 129
  7.2.3 芯片/处理器级 ⋯⋯⋯⋯⋯⋯⋯⋯⋯⋯⋯⋯⋯⋯⋯⋯⋯⋯⋯⋯⋯⋯⋯⋯⋯⋯⋯⋯ 130
  7.2.4 PCB 板级 ⋯⋯⋯⋯⋯⋯⋯⋯⋯⋯⋯⋯⋯⋯⋯⋯⋯⋯⋯⋯⋯⋯⋯⋯⋯⋯⋯⋯⋯⋯ 132
  7.2.5 操作系统级 ⋯⋯⋯⋯⋯⋯⋯⋯⋯⋯⋯⋯⋯⋯⋯⋯⋯⋯⋯⋯⋯⋯⋯⋯⋯⋯⋯⋯⋯ 132
  7.2.6 应用级 ⋯⋯⋯⋯⋯⋯⋯⋯⋯⋯⋯⋯⋯⋯⋯⋯⋯⋯⋯⋯⋯⋯⋯⋯⋯⋯⋯⋯⋯⋯⋯ 133
7.3 原位检测 SEE 引起的故障条件 ⋯⋯⋯⋯⋯⋯⋯⋯⋯⋯⋯⋯⋯⋯⋯⋯⋯⋯⋯⋯⋯⋯⋯ 134
  7.3.1 衬底/阱级 ⋯⋯⋯⋯⋯⋯⋯⋯⋯⋯⋯⋯⋯⋯⋯⋯⋯⋯⋯⋯⋯⋯⋯⋯⋯⋯⋯⋯⋯⋯ 134
  7.3.2 器件级 ⋯⋯⋯⋯⋯⋯⋯⋯⋯⋯⋯⋯⋯⋯⋯⋯⋯⋯⋯⋯⋯⋯⋯⋯⋯⋯⋯⋯⋯⋯⋯ 135
  7.3.3 电路级 ⋯⋯⋯⋯⋯⋯⋯⋯⋯⋯⋯⋯⋯⋯⋯⋯⋯⋯⋯⋯⋯⋯⋯⋯⋯⋯⋯⋯⋯⋯⋯ 135
  7.3.4 芯片/处理器级 ⋯⋯⋯⋯⋯⋯⋯⋯⋯⋯⋯⋯⋯⋯⋯⋯⋯⋯⋯⋯⋯⋯⋯⋯⋯⋯⋯⋯ 136
  7.3.5 PCB 板/操作系统/应用级 ⋯⋯⋯⋯⋯⋯⋯⋯⋯⋯⋯⋯⋯⋯⋯⋯⋯⋯⋯⋯⋯⋯⋯ 138
7.4 故障条件分类 ⋯⋯⋯⋯⋯⋯⋯⋯⋯⋯⋯⋯⋯⋯⋯⋯⋯⋯⋯⋯⋯⋯⋯⋯⋯⋯⋯⋯⋯⋯⋯ 138
  7.4.1 故障分类 ⋯⋯⋯⋯⋯⋯⋯⋯⋯⋯⋯⋯⋯⋯⋯⋯⋯⋯⋯⋯⋯⋯⋯⋯⋯⋯⋯⋯⋯⋯ 138

	7.4.2	时域中的错误分类	139
	7.4.3	拓扑空间域中的存储器 MCU 分类技术	140
	7.4.4	时序逻辑器件中的错误分类	145
	7.4.5	失效分类：芯片/板级的部分/全部辐照测试	145
7.5	每种架构中的故障模式		145
	7.5.1	故障模式	145
	7.5.2	错误模式	147
	7.5.3	失效模式	149
7.6	本章小结		154
参考文献			154

第8章 电子元件和系统的故障减缓技术 … 164

8.1	传统的基于叠层的减缓技术及其局限性与优化		164
	8.1.1	衬底/器件级	164
	8.1.2	电路/芯片/处理器层	167
	8.1.3	多核处理器	176
	8.1.4	PCB 板/操作系统/应用级	177
	8.1.5	实时系统：机动车与航空电子	179
	8.1.6	局限性与优化	180
8.2	超减缓技术面临的挑战		181
	8.2.1	软硬件协同工作	181
	8.2.2	SEE 响应波动下的失效减缓	181
	8.2.3	跨层可靠性（CLR）/层间内建可靠性（LABIR）	183
	8.2.4	症状驱动的系统容错技术	184
	8.2.5	比较针对系统失效的减缓策略	185
	8.2.6	近期挑战	186
8.3	本章小结		187
参考文献			188

第9章 总结 … 197

9.1	总结甚大规模集成器件和电子系统的地球环境辐射效应	197
9.2	将来的方向与挑战	197
附录		199
英文缩略语对照表		205

第1章 简 介

1.1 地球环境次级粒子的基本知识

宇宙射线具有极高的能量,来自于银河系中心和太阳,到达地球大气层。外太空初级宇宙射线主要由质子构成(约占90%)。因为宇宙射线是带电粒子,所以沿地磁线或日磁力盘绕,如图1.1所示。一些带电粒子被地磁力俘获,从而形成范艾伦辐射带。如果宇宙射线能量小于地磁截止刚度,则在进入地磁场之前就会被偏转。另一方面,一些带电粒子沿磁力线被吸引至地磁两极,有时伴随着南北极光。因为赤道附近的地磁力线平行于地表,所以宇宙射线在该处发生强烈偏转。综上所述,到达大气层的宇宙射线的强度是不同的,具体取决于地球的地磁维度。

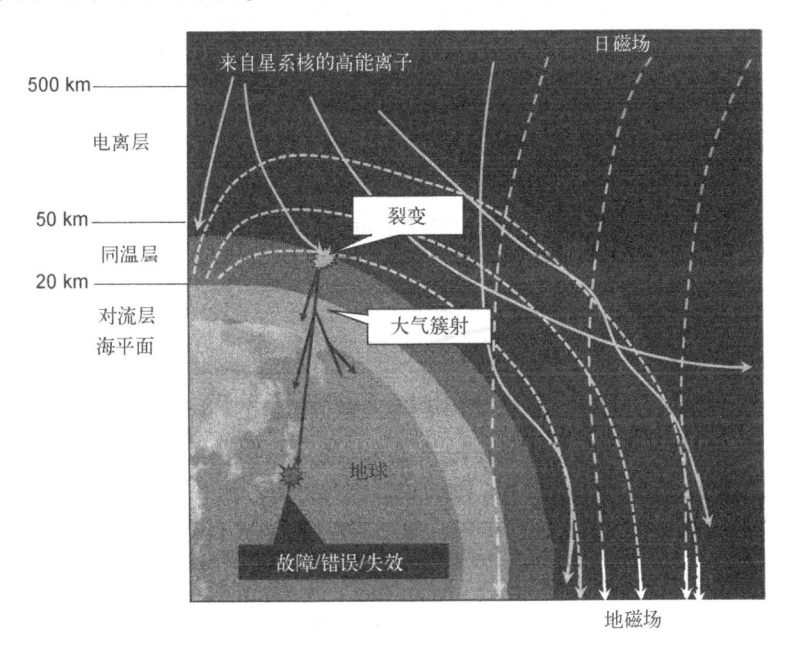

图1.1 地球环境辐照引起单粒子效应的整体示意图

当高能质子进入地球大气层(对流层和同温层)后,一些质子与大气层中的原子核(主要是氮和氢的原子核)发生核裂变反应,产生大量轻粒子,包括中微子、光子、电子、μ介子、π介子、质子和中子,如图1.2所示。与质子相比,次级中子在大气中的射程更长,因此在大气中引发级联裂变反应,可以产生到达地球表面的大气簇射(air shower)。基于美国不同位置的测量数据,图 1.3 给出了纽约市海平面附近估算的微分中子谱[1]。地表附近的中子能量范围大于 1 GeV,能量大于 1 MeV 的中子平均注量率为 20 n/cm²/h。空气可以屏蔽中子,所以中子的强度(注量率和能量)取决于高度,也与大气压有些关系[2]。与地表中子注量率相比,飞行高度的中子注量率高出两个数量级。

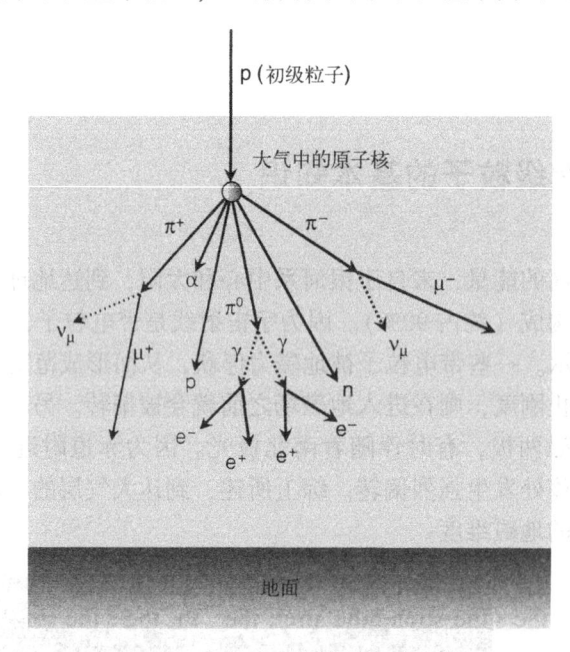

图 1.2 次级粒子生成的初级阶段

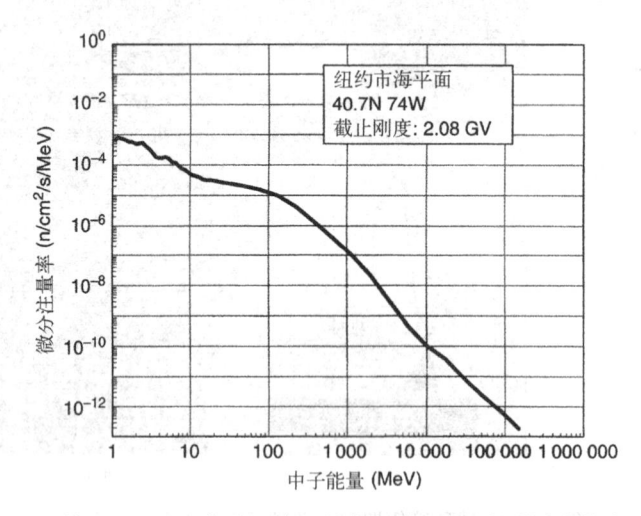

图 1.3 基于 JESD89A 标准,在纽约市海平面附近的微分高能中子谱

此外,宇宙射线还受到日磁场或太阳活动周期的影响(约 11 年一个循环),所以地表附近的中子强度也具有约 11 年的周期性,如图 1.4 所示[3]。在太阳活动最大期,地表附近中子注量率最低;在太阳活动最小期,中子注量率最高。在正常活动期,太阳释放出大量的质子,但是与太阳活动最大期[4]相比,此时质子的能量相对较低,如图 1.5 所示。

这是因为来自太阳的质子不会在地表附近直接引起大气簇射。然而，当太阳表面发生大耀斑时，更多的高能质子被抛射出来，其能量可与银河质子相比较，如图 1.5 所示[5]，并可以引起大气簇射。

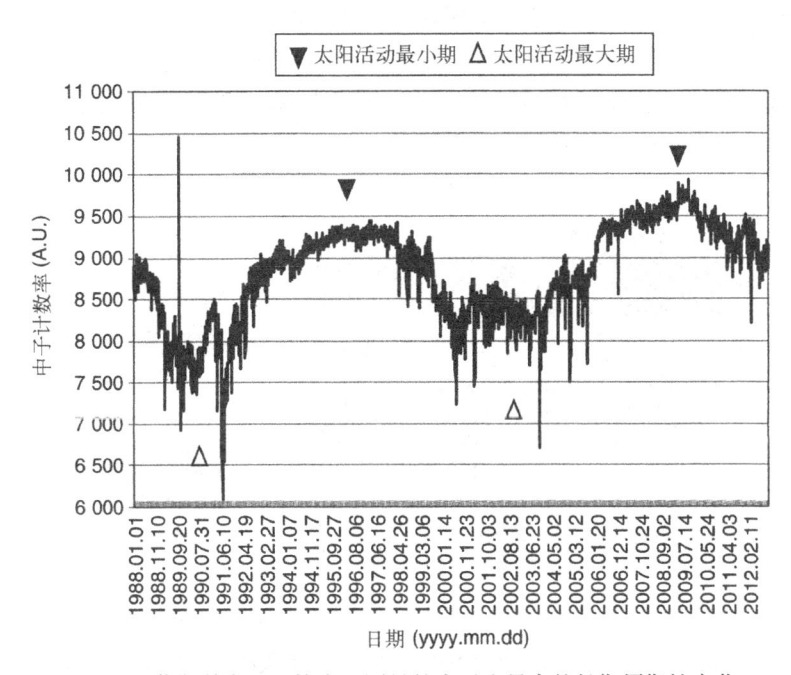

图 1.4 莫斯科中子监控中心测量的中子注量率的长期周期性变化

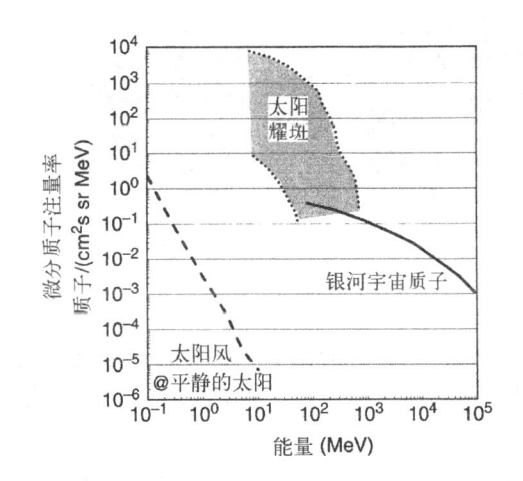

图 1.5 来自太阳活动最小期、太阳大耀斑和银河中心的微分质子谱

1.2 CMOS 半导体器件和系统

CMOS（互补金属氧化物半导体）器件，例如静态随机存取存储器（SRAM）或触发器

(FF)，位于 n 阱和 p 阱的条状结构中。例如，图 1.6 给出了条状结构中一位 SRAM 和或门单元的典型扩散层版图（节点）。至于绝缘体上硅（SOI），氧化物埋层（BOX）位于阱的下方，如图 1.7 所示。隔离氧化物通常是浅沟道隔离（STI）氧化物，用于在水平方向上隔离各个节点。当 SOI 层厚度小于沟道区耗尽层深度时，该结构为 FDSOI（全耗尽 SOI）。如果 SOI 层厚度大于沟道区耗尽层深度，则该结构为 PDSOI（部分耗尽 SOI）。因为在 FD-SOI 结构中 BOX 上表面完全被耗尽层所覆盖，因此与体硅/PDSOI 相比，寄生电容大为减少，从而亚阈值特性更陡，延迟和功耗均降低。

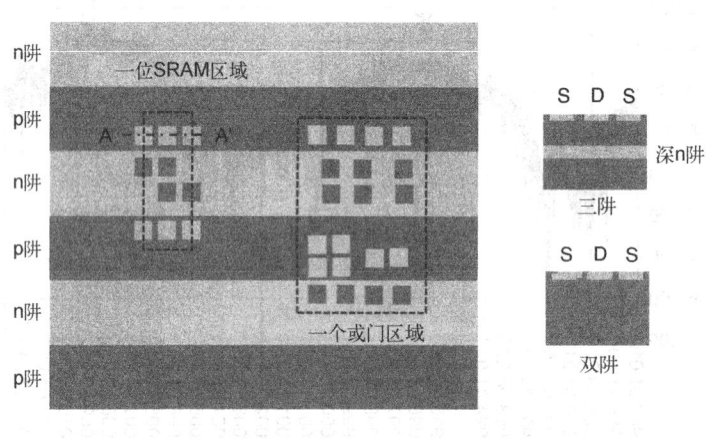

(a) CMOS衬底顶视图　　(b) A-A'截面（nMOSFET）

图 1.6　n 阱和 p 阱条状结构中 CMOSFET 器件的基本版图，以及双阱和三阱的截面

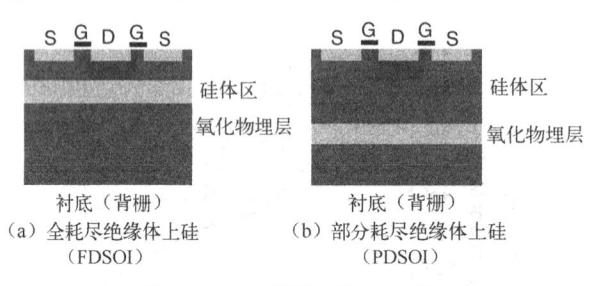

(a) 全耗尽绝缘体上硅（FDSOI）　　(b) 部分耗尽绝缘体上硅（PDSOI）

图 1.7　SOI 器件结构（图像）

Sugii 等人开发出薄绝缘体上硅（SOTB），可以在薄 BOX（厚度约 10 nm）底部的硅层施加背栅偏置，从而控制阈值电压 V_{th}[6]。该结构称为双栅结构，起源于 FinFET[7]。

在阱结构上方，通过金属线将一些节点电学连接起来，从而形成电路。图 1.8 给出了 SRAM 的典型电路。图 1.8（a）示意了 SRAM 的简化描述，即两个反相器形成的环路。当两个节点的数据相反时，电路是稳定的，所以可以存储数据。具体来说，如图 1.8（b）所示，两个节点 Q 和 Q 存的数据分别为"1"（高压/V_{cc}）和"0"（低压/V_{ss}）。当 Tr_5 和 Tr_6 传输晶体管开启时，节点的数据被读取或写入。当 n_1/n_2 状态为高时，pMOSFET（p 沟金属氧化物半导体场效应晶体管）晶体管 Tr_4 关断，nMOSFET（n 沟金属氧化物半导体场效应晶体管）晶体管 Tr_3 开启，从而使得 n_3/n_4 状态为低。这使得 pMOSFET 晶体管 Tr_2 开启，nMOSFET晶体管 Tr_1 关闭，最终 n_1-n_4 的状态保持稳定。图 1.8（c）给出了节点 n_1-n_{10} 源漏区对应的版图示例。

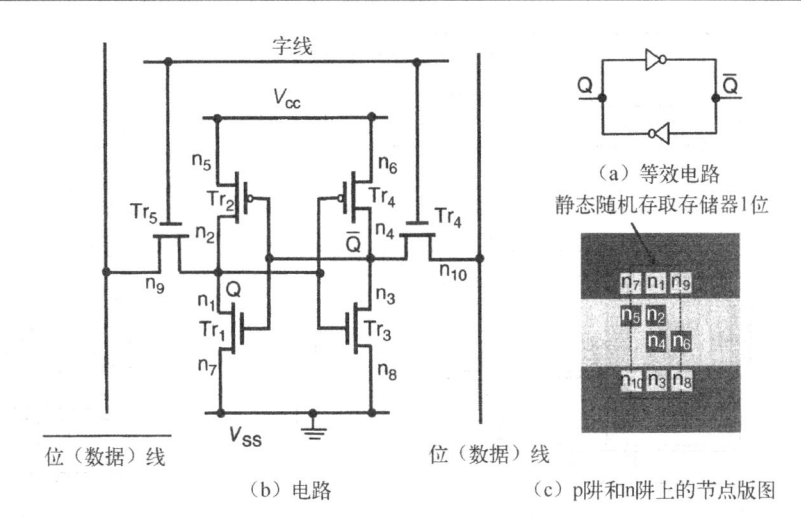

图 1.8 SRAM 功能和版图

逻辑电路由组合逻辑门（与门、或门、与非门、或非门等）和时序逻辑电路构成。图 1.9 给出了一个典型的触发器电路。在同步逻辑电路中，全部操作由时钟信号来控制，而时钟信号通常由锁相环（PLL）电路产生。通过控制两个相邻触发器间门电路的输入，可以在一个时钟周期内执行 CPU 的一条指令。当后续时钟到达每个触发器的时钟输入端时，每个触发器都会捕获执行结果。

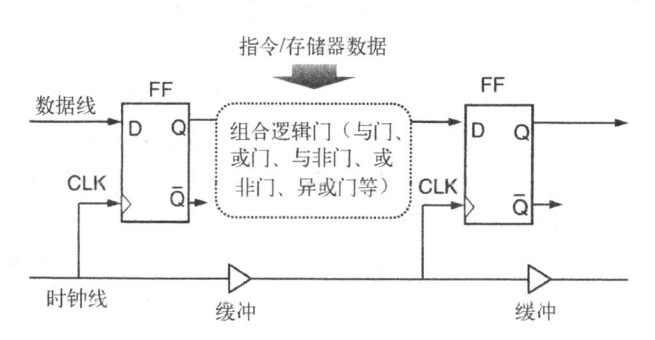

图 1.9 触发器逻辑电路示例

图 1.10 给出了电子系统典型架构示意图，包括电源和印制电路板（PCB），以及各种芯片，如 CPU/GPU（图形处理器）、RAM、ROM（只读存储器）、FPGA（现场可编程门阵列）、PLL、DSP（数字信号处理器）和 I/O（输入/输出）端口；此外还有系统，例如服务器、路由器、汽车、火车和飞机等。系统中的传感器用于监控系统状态，而执行器和马达用于控制系统运行。

电子系统作为一个整体，包含了很多层级，如图 1.11 所示，从最底层级的阱/衬底直到最高层级的最终硬件产品应用。

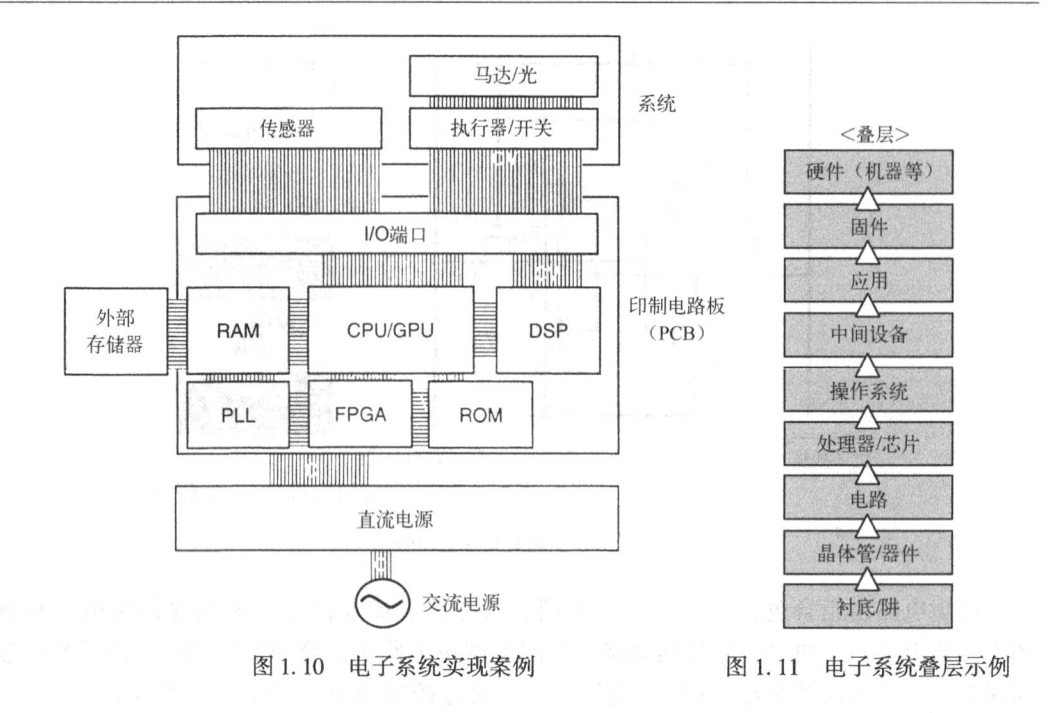

图1.10　电子系统实现案例　　　　　图1.11　电子系统叠层示例

1.3　两种主要的故障模式：电荷收集与双极放大

当带电粒子穿过半导体器件时，沿粒子路径（称为"径迹"）产生电子-空穴对。当粒子穿过耗尽层或pn结，且关态n型扩散层电势为V_{cc}时，耗尽层中的电子被n型扩散层所收集，引起单粒子事件故障。由于n型耗尽层（称为"节点"或"存储节点"）中的电势、空穴被推出了耗尽层，并通过接地接触孔流出，电子和空穴的运动导致沿径迹电势场的伸展，因此初始在耗尽层外的多余电子也被收集起来。该现象称为"漏斗效应"[8]。如图1.12所示的三阱结构，漏斗效应发生在临近深n阱表面的pn结。当带电粒子穿过扩散层的pn结和深n阱的pn结时，两边的电子都被收集。在这种情况下，沿粒子路径产生的约一半电子可能被存储节点所收集。这是传统的软错误模型，也称为电荷收集模型。仅当带电粒子穿过关态n型扩散层，且电荷量超过临界电荷Q_{crit}（引起扩散层数据翻转的最小电荷量）时，软错误将发生。

随着器件等比例缩小至130 nm工艺之下，Ibe等人指出了一种新的软错误机制，即多耦合双极交互（MCBI）[9]。在这种情况下，带电粒子穿过关态扩散层已经不是引起软错误的必要条件，如图1.13所示。当带电粒子穿过p阱中的pn结而非存储节点，阱中产生的电子通过相同的漏斗效应流出阱区，而留下来的空穴则抬高了阱电势，使得寄生晶体管开启。在同一个阱中有大量的节点，所以MCBI可以在多个节点产生故障，引起单粒子瞬态（SET）或多节点瞬态（MNT）。

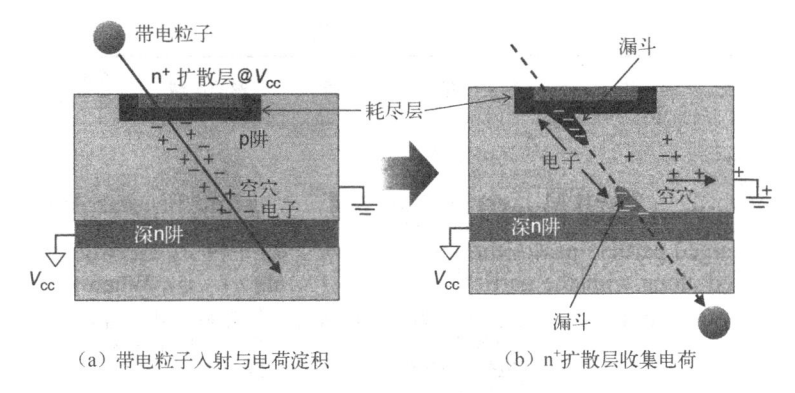

(a) 带电粒子入射与电荷淀积　　(b) n⁺扩散层收集电荷

图1.12　半导体结构中基于漏斗效应的电荷收集模型

(a) 带电粒子穿过p阱的pn结

(b) 剩余的空穴抬高p阱电势，使得寄生晶体管开启

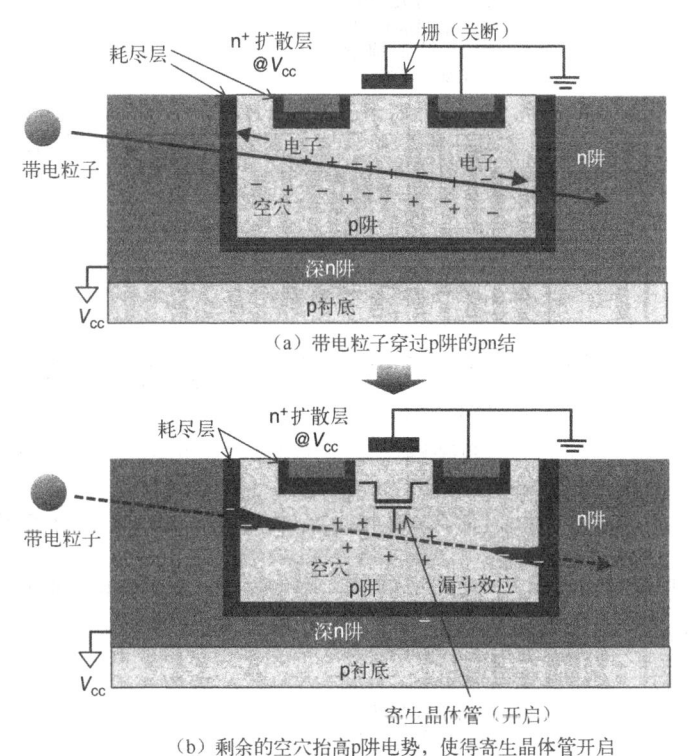

图1.13　三阱nMOSFET结构的双极作用模型（MCBI：多耦合双极交互）

除了SET或MNT，电子元器件还有其他的故障来源，汇总在表1.1中。线间高电容引起的串扰[10]，电源产生的噪声[11]，电磁干扰（EM）[11]，可能引起晶体管阈值电压V_{th}漂移的氧化物空穴陷阱[12]，氧化物空穴积累引起的高电势（可能在硅沟道附近形成漏电通路。TID：总剂量效应，详见第3章）和恶化器件功能的晶格缺陷等都可能使电子系统失效[13]。浮栅器件隧穿氧化层的RILC（辐照致漏电流）使得Flash存储器阈值电压漂移，导致软错误发生[14,15]。单粒子事件失效最重要的特征是其来源基本限制在单个阱或衬底。非地球环境辐照引起的故障不在本书讨论的范畴之内。在本书的后续章节中，我们称地球环境辐照引起的任何故障为"故障"。

表 1.1 故障模式

类别	定义	名称	特征	源	影响区域	原位检测方法	原位恢复/缓解方法
瞬态/噪声	电势瞬态与/或电流瞬态	SET[a]	芯片中扩散层收集电荷,产生单粒子瞬态。脉冲宽度小于几纳米,但覆盖两个以上的时钟	阱/衬底	随机,但仅限于单个阱中	时间冗余和/或空间冗余,如DMR[b]和TMR[c]	时间冗余和/或空间冗余
		MNT[d]	在多个扩散层中同时发生SET。由于电荷共享或双极作用,MNT主要发生在单个阱中。空间冗余技术,如DICE[e]和TMR,对于抑制MNT效果不好	阱/衬底	随机,但仅限于单个阱中	监测阱电势和/或电流	无
		RILC[f]	当带电粒子穿过浮栅存储器(闪存)的隧穿氧化层时,在隧穿氧化层中形成漏电通路,因此浮栅电势可能漂移,引起V_{th}改变,最终发生软错误	浮栅存储器的隧穿氧化物	随机,但仅限于隧穿氧化层	纠错码/奇偶校验	ECC
		串扰	通过寄生电容,噪声在邻近的互连线间传输	连线	随机,但仅限于连线	时间冗余和/或空间冗余	时间冗余和/或空间冗余
			电源扰动	电源线	无区域限制	监控电源	无
		EMI[g]	电磁噪声,包括突发噪声	任何位置	无区域限制	电磁探针	无
氧化物中陷阱	空穴陷落在氧化层中,可能导致漏电流,也可能逐渐消失	TID[h]	陷阱引入的寄生能级可以导致阈值电压V_{th}漂移。或氧化物空穴引起的电势变化,可能在邻近半导体部分形成漏电通路	氧化物	在小区域内随机	测量V_{th}	退火可能有效
缺陷	晶格缺陷	—	晶格损伤或间隙可能使器件功能退化,导致固定在"0/1"的错误,并可能是永久性错误	任何位置/隧穿氧化物	在小区域内随机	无	无

[a] 单粒子瞬态
[b] 双模冗余
[c] 三模冗余
[d] 多节点瞬态
[e] 双互锁存储单元
[f] 辐照引起的漏电流
[g] 电磁干扰
[h] 总剂量效应

1.4　电子系统中故障条件下的四种架构：故障-错误-危害-失效

电子系统中的失效始于阱或衬底中的故障，以一种架构化的故障条件形式发生，如图1.14所示。如图1.6所示，故障仅在阱中产生，而且并不总引起错误（存储单元数据翻转）。通常很难检测到这些故障。实际中，故障可能会消失，也可能比较弱，而无法引起错误。仅当故障被捕获，且引起存储器件（如 SRAM、DRAM、闪存和触发器）翻转时，才被认定为器件级或电路级的错误。若单个粒子入射器件，可能会引起多个故障或多个错误。从定义上来说，单个粒子包括中子引起的物理结果都称为"单粒子效应"（SEE）。当 SEE 引起错误时，我们称这种现象为"单粒子翻转"（SEU）。SEU 可能包含多个错误。重要的是，软错误率（SER）由 SEU 的数量而非错误的数量来定义。

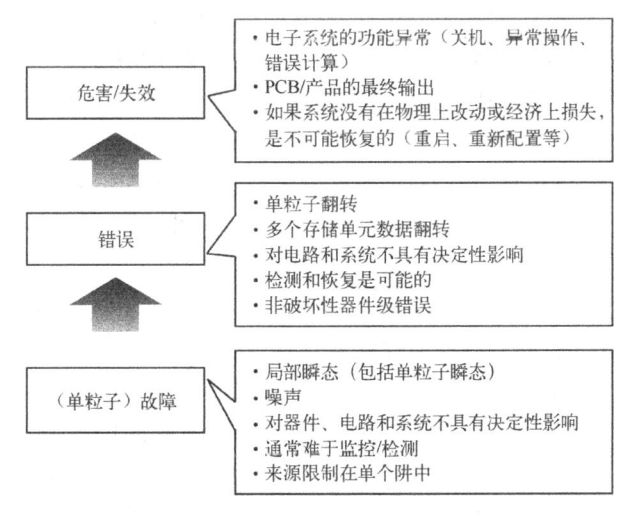

图1.14　故障条件下的架构：故障-错误-失效

本书中一个更为重要的概念是单粒子翻转截面 σ_{seu}，定义如下：

$$\sigma_{seu} = \frac{N_{seu}}{\Phi_p} \tag{1.1}$$

其中，

N_{seu}：SEU 的数量（不是错误！）；

Φ_p：粒子（中子）注量，单位为 n/cm²。

注量是穿过单位面积的粒子总数。

可以基于加速器实验（详见第4章）测量 σ_{seu}。利用 σ_{seu} 可以计算软错误率，如下面的表达式所示：

$$\text{SET} = \sigma_{seu} \times \phi_p \times 1 \times 10^9 / \text{FIT} \tag{1.2}$$

其中，

ϕ_p：粒子注量率（n·h⁻¹·cm⁻²）。

FIT：失效时间，10⁹小时内的软错误率。

注量率是单位时间内穿过单位面积的粒子数。

错误并不一定导致失效，关键看发生的位置和系统的功能。仅当错误传输至最终输出，引起系统功能异常时，该结果才称为"失效"。若 PCB 或控制器的非正确输出没有影响到系统的正常工作，则称其为"危害"。错误并不一定引起系统危害或失效，因为错误可能会消失，也可能在芯片或板级传输时被屏蔽。采用奇偶校验、纠错码和交织等缓解技术可以降低软错误率。物理上不做改动，或经济上不付出代价，是不能补偿或恢复失效的。失效包括关机和系统的异常操作。超级计算机的错误计算也归类于失效。

1.5 软错误研究的历史背景

半导体器件等比例缩小至亚 100 nm 工艺节点后，遇到了很多技术挑战，包括阈值电压 V_{th} 波动[6]、负偏置温度不稳定性（NBTI）[16]、短沟道效应[17]、栅漏电[18]等。地球环境中子引起的单粒子翻转已经成为了一个关键问题，制约着半导体器件的等比例缩小。在详述软错误问题的当前情况之前，让我们先回顾一下软错误问题逐步升级的历史背景。

表 1.2 中包含了 SRAM 设计规则和密度，汇总了软错误研究的历史。自首先发现了 DRAM 的 α 射线软错误之后，我们经历了大量显著的"范式转移"。表 1.2 中标注了 1979 年至 2013 年间软错误研究的 5 种到 6 种范式转移。众所周知，1979 年 May 和 Woods 发现了 DRAM 的 α 射线软错误[19]。同年，Ziegler 和 Lanford 指出了地球环境中子引发软错误的可能性[20]。因为就软错误而言，α 射线的影响远大于中子，所以大量的努力集中在 α 射线软错误。直到 20 世纪 90 年代早期，采用三阱结构，低 α 放射材料和封装材料屏蔽等方法克服了 DRAM 的 α 射线软错误[21-23]。半导体器件的等比例缩小潜在着有益效果，即降低了 α 射线软错误。由于存储节点面积减小，α 粒子入射存储节点的概率也相应降低；由于电荷收集体积减小，节点收集的电荷量也减少[24,25]。从那时起，地球环境软错误变得无关紧要。随着器件设计规则减小到 130 nm 左右，SRAM 的地球环境中子软错误变得重要起来。很奇怪，DRAM 和 SRAM 中核（中子和质子）引起的 SER 文献数据趋势发生了反转。当存储器密度大于 4 兆位/器件，或者 SRAM 设计规则小于 250 nm 时，SRAM 的软错误率远大于 DRAM，如图 1.15 所示。由于上文中提到的等比例缩小的有益效果，含有电容结构的 DRAM 的软错误率自然地降低了。而 SRAM 寄生电容无可避免地减小，引起临界电荷 Q_{crit} 减少，此现象成为等比例缩小有益效果的折中。

表 1.2 软错误研究历史中的五次范式转移

序号	年 份	范式转移的主要特征	事 件	SRAM 设计规则	SRAM 密度
1	1979 至 20 世纪 90 年代早期	✓ 发现 α 射线软错误，并研发出针对 DRAM 的缓解技术 ✓ DRAM 的 α 射线软错误已被克服	✓ May 首次发现	>250	<64K

序号	年 份	范式转移的主要特征	事 件	SRAM 设计规则	SRAM 密度
2	20 世纪 90 年代后期至 2000 年	✓ 广泛认识到地球环境中子在 SRAM 中产生软错误的影响[9]	✓ 人们因 SRAM 的软错误而责备 SRAM 的销售商	130	128K~4M
3	2000—2005	✓ SRAM 中的 MCU（多单元翻转）成为了主要问题[26] ✓ 发现了双极模式软错误（同前） ✓ 关注范围覆盖了逻辑器件	✓ JESD89（2001） ✓ 抛光方法：BPSG→CMP	90	8M
4	2006—2009	✓ 存储器 SER 基本得到解决[9] ✓ 寻求触发器 MNT 的缓解方法	✓ JESD89A（2006） ✓ AEC Q100 G（2008）	65	16M
5	2010—2013	✓ 关注范围覆盖了冗余大系统和实时系统 ✓ 地球环境工业界的首选是功耗/成本有效的缓解技术 ✓ 关注范围覆盖了除中子外的其他地球环境粒子	✓ ISO26262（2011） ✓ IEC62396 ✓ 云/超算/大数据	<40	>32M

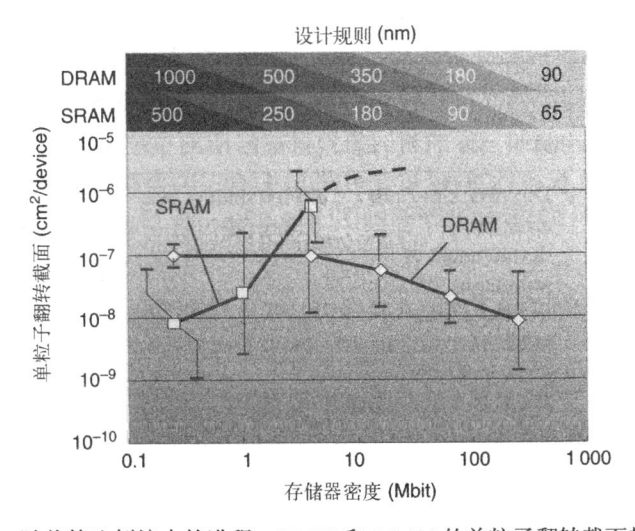

图 1.15 随着等比例缩小的进程，SRAM 和 DRAM 的单粒子翻转截面趋势相反

由于地球环境中子引起的 SRAM 软错误趋势变得明显，从 2000 年起，主要的网络供应商开始要求 SRAM 供应商开展中子辐照实验来明确软错误敏感度[27]。反转的现象和网络供应商的行动触发了软错误研究从 DRAM 到 SRAM 的范式转移。存储器供货商必须向用户签发中子辐照数据报告。这也触发了世界范围内中子标准测试方法的讨论。作为结果，2001 年签发了 JESD89[28]，作为事实上的软错误测试标准，用于中子、质子和 α 射线软错误率测试方法。在 2000—2005 年间的第三次范式转移中，在 2004 年左右关注重点从中子软错误进一步扩展为两个方向。一个方向是 130 nm 工艺后出现的多单元翻转

(MCU），这是由于双极[26]或电荷共享效应[29]的影响。当 MCU 使得 SRAM 中同一个字的两个以上位发生错误，则不能使用 EDAC（检错和纠错）或 ECC 恢复，或者导致系统宕机。EDAC 或 ECC 可以检测到两位错误和纠正一位错误，但是不能纠正同一个字中的两位错误。人们发现，几乎所有的 MCU 都发生在一个 MOSFET 阱中，仅沿着两条临近的位线。基于该发现，可以同时采用 ECC 和交织技术[9]，来基本解决存储器件中的 MCU 问题。另一个方向是组合逻辑器件与时序逻辑器件的 SET（噪声）。人们预测 90 nm 设计规则之下，触发器的软错误率接近于 SRAM[30]。但是，除了冗余技术，还没有其他有效的检测和纠错技术来解决该问题。此外，MNT 也对 TMR（三模冗余）[31]和 DICE（双互锁存储单元）[32]等空间冗余技术产生威胁。采用 TMR 技术，在三个相同的模块中执行指令，实施 3 选 2 仲裁，为下级模块获得可靠的输出。DICE 结构有两个输入节点，仅当这两个节点逻辑值相同时，输入才转移至输出。逻辑器件中的 MNT 与存储器件中的 MCU 机制类似。如果 TMR 的两个模块[33]或 DICE 结构两个输入节点[34]发生 MNT，则恢复机制失效，可能导致 SDC（静默数据破损），引起无法识别的系统失效[35]。2010 年 Uemura 等人[36]和 Lee 等人[37]分别提出了加固 DICE 触发器的一些想法。

除了上述两个不同的方向，Baumann 等人指出了 ^{10}B 热中子俘获反应引起的软错误。^{10}B 自然丰度为 19.9%，晶圆表面平坦化工艺中的 BPSG（硼磷硅玻璃）含有大量的硼[38]。热中子等效大气分子动力学的典型能级为 25 meV，当热中子被 ^{10}B 原子核俘获时，将释放出 He 离子（1.47 MeV）和 ^{7}Li 离子（0.84 MeV），通过直接电离引发软错误。抛光工艺从 BPSG 改到 CMP（化学机械抛光）之后，这种类型的软错误得到了解决。

2006 年至 2009 年间第四次范式转移，2003 年开始讨论修改 JESD89 标准，因为原来的 JESD89 有一些局限。例如，标准测试装置只有洛斯阿拉莫斯国家实验中心的散裂中子源。新版本的 JESD89A 标准在 2006 年发布[39]，包含了一些更可靠的测试和分析方法，如准单能中子测试方法。该标准修改了地球中子微分谱，将一些中子辐照设施添加为标准设施。2008 年 IEC60749-38 标准（与 JESD89A 一致）作为法律标准被发布[40]。

在 2010 年至 2013 年间的第五次范式转移中，软错误的影响扩展到大型电子系统。对于大数据中心[41]或者超算[42]，降低功耗是最重要的设计内容。空间冗余技术的面积和功耗代价过大，不适用于大系统。人们还在重点关注和深入研究实时（关键安全）系统，例如航空或汽车中的控制单元[43,44]。针对汽车的 AEC Q100 G[45]和 ISO26262[46]标准分别在 2008 年和 2011 年颁布。

研究人员普遍认识到，仅采用单一层级（器件、电路、芯片、板级、硬件、操作系统和中间件等）的缓解技术是不能令人满意地解决软错误引起的系统失效的。不同层级间缓解技术的沟通与组合是不可避免的选择[47,48]。从 2000 年左右人们普遍接受，针对系统失效，单层级的缓解技术不是有效或有希望的解决方案，必须实现多层级间的协作[49,50]。实际上这种合作非常困难，因为每个层级的基本工程技能都很不相同。多数工程师/研究人员不能将他们的专长扩展到所处的层级之外。为了开展进一步探索，需要采用新策略来克服该境况。Ibe 等人在其 LABIR（层间内建可靠性）概念中提出了叠层间内建沟通方案[51,52]。Evans 等人提出了 RIIF（可靠性信息交互格式）作为叠层间系统设计中采用的通用格式或协议[53]。

在可能出现的第六次范式转移中，其他地球环境粒子，如 μ 介子、低能中子和质子等，成为地球环境 SER 潜在的危险来源。由于半导体器件缩小至 100 nm 以下，研究人员发现很多新的辐照/粒子成为软错误的来源。VLA（超低 α 水平）级封装释放的 α 粒子再次导致 SRAM 的软错误[54]。亚 100 nm 的 SRAM 对地球环境 μ 介子引发的软错误敏感[55]。由于没有 BPSG 工艺的器件中 ^{10}B 的中子俘获反应，导致低（热）能中子引起软错误[56,57]。日本福岛核电站出现严重的核事故之后，促进了对电子（β 射线）和 γ 射线的关注[58,59]。

1.6 本书的一般范围

第 2 章介绍了地球环境辐照的来源和属性。第 3 章深入讲述了辐照效应的机制。第 4 章介绍了电子器件和系统（包括存储器、逻辑门、FPGA、操作系统和处理器）的基础知识，用于理解后续章节。第 5 章汇总了辐照测试的实验装置。第 6 章介绍了软错误仿真技术和典型的仿真结果，特别是一些错误/故障模式的中子辐照效应。第 7 章讲述故障、错误和失效的检测与分类技术。第 8 章汇总了针对电子系统故障的缓解技术和挑战。第 9 章对本书进行了总结。附录提供了一些 Visual Basic 编程技术和范例代码等附加信息。对仿真没有兴趣的读者，可以直接跳过第 6 章和附录。

参考文献

[1] JEDEC Standard JESD89A. (2006) *Measurement and Reporting of Alpha Particle and Terrestrial Cosmic Ray-Induced Soft Errors in Semiconductor Devices*, JEDEC.

[2] Nakamura, T., Baba, M., Ibe, E. et al. (2008) *Terrestrial Neutron-Induced Soft-Errors in Advanced Memory Devices*, World Scientific, Hackensack, NJ.

[3] http://cr0.izmiran.rssi.ru/mosc/main.htm (accessed August 17, 2014)

[4] Solar Energetic Particles and Cosmic Rays http://www.solar-system-school.de/lectures/marsch/7.pdf (accessed 14 February 2013)

[5] http://www.kusastro.kyoto-u.ac.jp/~kamaya/ISP/chap7.ppt (accessed 14 February 2013)

[6] Sugii, N., Tsuchiya, R., Ishigaki, T. et al. (2008) Comprehensive study on Vth variability in silicon on thin BOX (SOTB) CMOS with small random-dopant fluctuation: finding a way to further reduce variation. IEEE International Devices Meeting, San Francisco, CA, 15–17 December, pp. 249–253.

[7] Hisamoto, D., Lee, W.-C., Kedziersk, J. et al. (2000) FinFET-a self-aligned double-gate MOSFET scalable to 20 nm. *IEEE Transactions on Electron Devices*, **47** (12), 2320–2325.

[8] Hu, C. (1982) Alpha-particle-induced field and enhanced collection of carriers. *IEEE Electron Device Letters*, EDL-3 (2), 31–34.

[9] Ibe, E., Chung, S., Wen, S. et al. (2006) Spreading diversity in multi-cell neutron-induced upsets with device scaling. The 2006 IEEE Custom Integrated Circuits Conference, San Jose, CA, 10–13 September, 2006, pp. 437–444.

[10] Walker, C.S. (1990) *Capacitance, Inductance and Crosstalk Analysis (Artech House*

Antennas and Propagation Library), Altech House Publisher.
[11] Kanekawa, N., Ibe, E., Suga, T. and Uematsu, Y. (2010) *Dependability in Electronic Systems-Mitigation of Hardware Failures, Soft Errors, and Electro-Magnetic Disturbances*, Springer, New York.
[12] Crain, S.H., Mazur, J.E., Katz, R.B. *et al.* (2001) Analog and digital single-event effects experiments in space. *IEEE Transactions on Nuclear Science*, **48** (6), 1841–1848.
[13] Lacoe, R.C. (2004) Fabricating radiation-hardened digital components at commercial CMOS foundries using hardness-by-design techniques. The 6th International Workshop on Radiation Effects on Semiconductor Devices for Space Application, Tsukuba, 6–8 October 2004, pp. 227–234.
[14] Cellere, G., Pellati, P., Chimenton, A. *et al.* (2001) Radiation effects on floating-gate memory cells. *IEEE Transactions on Nuclear Science*, **48** (6), 2222.
[15] Butt, N.Z. and Alam, M. (2008) Modeling single event upsets in floating gate memory devices. IEEE International Reliability Physics Symposium, Anaheim, CA, No. 5D.1, pp. 547–555.
[16] Wen, S., Wong, R. and Silburt, A. (2008) IC component SEU impact analysis. IEEE Workshop on Silicon Errors in Logic – System Effects, University of Texas at Austin, 26 March, p. 27.
[17] Villanueva, D., Pouydebasque, A., Robilliart, E. *et al.* (2003) Impact of the lateral source/drain abruptness on MOSFET characteristics and transport properties. IEEE International Electron Devices Meeting, Washington, DC, 7–10 December 2003 (9.4).
[18] Clark, L.T., Moh, K.C., Holbert, K.E. *et al.* (2007) Optimizing radiation hard by design SRAM cells. *IEEE Transactions on Nuclear Science*, **54** (6), 2028–2036.
[19] May, T.C. and Woods, M.H. (1979) Alpha-particle-induced soft errors in dynamic memories. *IEEE Transactions on Electron Devices*, **ED-26** (1), 2–9.
[20] Ziegler, J.F. and Lanford, W.A. (1979) Effect of cosmic rays on computer memories. *Science*, **206**, 776–788.
[21] Takeuchi, K., Shimohigashi, K., Takeda, E. and Yamasaki, E. (1987) Experimental characterization of α-induced charge collection mechanism for megabit DRAM cells. IEEE International Solid-State Circuits Conference, 10 February 1987, pp. 99–100.
[22] Sai-Halasz, G.A., Wordeman, M.R. and Dennard, R.H. (1982) Alpha-particle-induced soft error rate in VLSI circuits. *IEEE Transactions on Electron Devices*, **ED-29** (4), 725–731.
[23] Thompson, C.E. and Meese, J.M. (1981) Reduction of α-particle sensitivity in dynamic semiconductor memeories (16k d-RAMs) by neutron irradiation. *IEEE Transactions on Nuclear Science*, **28** (6), 3987–3993.
[24] Ibe, E. (2001) Current and future trend on cosmic-ray-neutron induced single event upset at the ground down to 0.1-micron-device. The Svedberg Laboratory Workshop on Applied Physics, Uppsala, Sweden, May, 3 (1).
[25] Ibe, E. Yahagi, Y. Kataoka, F. *et al.* (2002) A self-consistent integrated system for terrestrial-neutron induced single event upset of semiconductor devices at the ground. 2002 International Conference on Information Technology and Application, Bathurst, Australia, 25–28 November 2002, pp. 273–221.
[26] Ibe, E., Kameyama, H., Yahagi, Y. *et al.* (2004) Distinctive asymmetry in neutron-induced multiple error patterns of 0.13umocess SRAM. The 6th International Workshop on Radiation Effects on Semiconductor Devices for Space Application, Tsukuba, Japan, 6–8 October 2004, pp. 19–23.
[27] Cataldo, A. (2001) SRAM Soft Errors Cause Hard Network Problems, http://eetimes.com/electronics-news/4042377/SRAM-soft-errors-cause-hard-network-problems-

(accessed 18 February 2013).
[28] JEDEC Standard JESD89. (2001) *Measurement and Reporting of Alpha Particle and Terrestrial Cosmic Ray Induced Soft Errors in Semiconductor Devices.* JEDEC, pp. 1–63.
[29] Seifert, N., Gill, B., Zhang, M. et al. (2007) On the scalability of redundancy based SER mitigation schemes. International Conference on IC Design and Technology, Austin, Texas, 18–20 May (G2), pp. 197–205.
[30] Shivakumar, P., Kistler, M.S., Keckler, A. et al. (2002) Modeling the effect of technology trends on the soft error rate of combinational logic. International Conference on Dependable Systems and Networks, pp. 389–398.
[31] Pilotto, C., Azambuja, J.R. and Kastensmidt, F.L. (2008) Synchronizing triple modular redundant designs in dynamic partial reconfiguration applications. Proceedings of the 21st Annual Symposium on Integrated Circuits and System Design, September 2008, pp. 199–204.
[32] Calin, T., Nicolaidis, M. and Velazco, R. (1996) Upset hardened memory design for submicron CMOS technology. *IEEE Transactions on Nuclear Science*, **43** (6), 2874–2878.
[33] Quinn, H., Morgan, K., Graham, P. et al. (2007) Domain crossing events: limitations on single device triple-modular redundancy circuits in Xilinx FPGAs. International Nuclear and Space Radiation Effects Conference, Honolulu, Hawaii, July 23–27 (C-5).
[34] Seifert, N. and Zia, V. (2007) Assessing the impact of scaling on the efficacy of spatial redundancy based mitigation schemes for terrestrial applications. IEEE Workshop on Silicon Errors in Logic – System Effects 3, Austin, TZ, April 3, 4.
[35] Quinn, H., Tripp, J., Fairbanks, T. and Manuzzato, A. (2011) Improving microprocessor reliability through software mitigation. IEEE Workshop on Silicon Errors in Logic – System Effects, Champaign, Illinoi, 29–30 March, pp. 16–21.
[36] Uemura, T., Tosaka, Y., Matsuyama, H.K. and Shono, K. (2010) SEILA: soft error immune latch for mitigating multi-node-SEU and local-clock-SET. IEEE International Reliability Physics Symposium 2010, Anaheim, California, 2–6 May, pp. 218–223.
[37] Lee, H.-H. Lilja, K. and Mitra, S. (2010) Design of a sequential logic cell using LEAP: layout design through error aware placement. IEEE Workshop on System Effects of Logic Soft Errors, Stanford University, 23 March.
[38] Baumann, R.C. and Smith, E.B. (2000) Neutron-induced boron fission as a major source of soft errors in deep submicron SRAM devices. IEEE International Reliability Physics Symposium Proceedings, San Jose, CA, 10–13 April, pp. 152–157.
[39] JEDEC Standard JESD89A. (2006) *Measurement and Reporting of Alpha Particle and Terrestrial Cosmic Ray Induced Soft Errors in Semiconductor Devices.* JEDEC, pp. 1–93.
[40] IEC IEC60749-38. (2008) *Part 38: Soft Error Test Method for Semiconductor Devices With Memory. Semiconductor Devices. Mechanical and Climatic Test Methods*, pp. 1–9.
[41] Pecchia, A., Cotroneo, D., Kalbarczyk, Z. and Iyer, R.K. (2011) Improving log-based field failure data analysis of multi-node computing systems. International Conference on Dependable Systems and Networks, Hong Kong, China, 28–30 June, pp. 97–108.
[42] Bronevetsky, G. and deSupinski, B. (2007) Soft error vulnerability of iterative linear algebra methods. IEEE Workshop on Silicon Errors in Logic – System Effects 3, Austin, TX, April 3, 4.
[43] Abella, J.F., Cazorlal, J., Gizopoulos, D. et al. (2011) Towards improved survivability in safety-critical systems. 17th IEEE International On-Line Testing Symposium, Athens, Greece, 13–15 July (S3), pp. 242–247.
[44] Baumeister, D. and Anderson, S.G.H. (2012) Evaluation of chip-level irradiation effects

in a 32-bit safety microcontroller for automotive braking applications. IEEE Workshop on Silicon Errors in Logic – System Effects, Champaign-Urbana, Illinois, 27–28 March (2.2).

[45] Automotive Electronics Council (2007) Failure Mechanism Based Stress Test Quantification for Integrated Circuits, AEC-Q100 Rev.G, pp. 1–35.

[46] ISO ISO26262. (2011) *Road Vehicles-Functional Safety*, International Organization for Standardization.

[47] Quinn, H. (2011) Study on cross layer reliability. IEEE Workshop on Silicon Errors in Logic – System Effects, Champaign, Illinoi, 29–30 March.

[48] Carter, N. (2010) Cross-layer reliability. IEEE Workshop on System Effects of Logic Soft Errors, Stanford University, 23 March.

[49] Slayman, C. (2003) Eliminating the threat of soft errors – a system vendor perspective. IRPS SER Panel Discussion, Eliminating the Threat of Soft Error, Dallas, TX, 2 April 2003, (6).

[50] Ibe, E., Kameyama, H., Yahagi, Y. and Yamaguchi, H. (2005) Single event effects as a reliability issue of IT infrastructure. 3rd International Conference on Information Technology and Applications, Sydney, Australia, I, 3–7 July 2005, pp. 555–560.

[51] Ibe, E., Shimbo, K., Toba, T. *et al.* (2011) LABIR: inter-LAyer built-in reliability for electronic components and systems. Silicon Errors in Logic – System Effects, Champaign, IL, 27 March.

[52] Ibe, E., Shimbo, K., Taniguchi, H. *et al.* (2011) Quantification and mitigation strategies of neutron induced soft-errors in CMOS devices and components-the past and future. IEEE International Reliability Physics Symposium, Monterey, CA, 12–14 April (3C2).

[53] Evans, A., Nicolaidis, M., Wen, S.-J. *et al.* (2012) RIIF – reliability information interchange format. IEEE International On-Line Testing Symposium, Sitges, Spain, 27–29 June 2012 (6.2).

[54] Kobayashi, H., Kawamoto, N., Kase, J. and Shiraishi, K. (2009) Alpha particle and neutron-induced soft error rates and scaling trends in SRAM. IEEE International Reliability Physics Symposium 2009, Montreal, Quebec, 28–30 April (2H4), pp. 206–211.

[55] Sierawski, B.D., Mendenhall, M.H., Reed, R.A. *et al.* (2010) Muon-induced single event upsets in deep-submicron technology. *IEEE Transactions on Nuclear Science*, **57** (6), 3273–3278.

[56] Wen, S., Wong, R., Romain, M. and Tam, N. (2010) Thermal neutron soft error rate for SRAMs in the 90nm-45nm technology range. 2010 IEEE International Reliability Physics Symposium, Anaheim, CA, 2–6 May (SE5.1), pp. 1036–1039.

[57] Wen, S., Pai, S.Y., Wong, R. *et al.* (2010) B10 findings and correlation to thermal neutron soft error rate sensitivity for SRAMs in the Sub-micron technology. IEEE International Integrated Reliability Workshop, Stanford Sierra, CA, 17–21 October, pp. 31–33.

[58] Baumann, R.C. (2011) Determining the impact of alpha-particle-emitting contamination from the Fukushima Daiichi disaster on Japanese manufacturing sites. 12th European Conference on Radiation and its Effects on Component and Systems, Sevilla, Spain, 19–23 September, pp. 784–787.

[59] Ibe, E., Toba, T., Shimbo, K. and Taniguchi, H. (2012) Fault-based reliable design-on-upper-bound of electronic systems for terrestrial radiation including muons, electrons, protons and low energy neutrons. IEEE International On-Line Testing Symposium, Sitges, Spain, 27–29 June, 2012 (3.2).

第 2 章　地球环境辐射场

2.1　一般性辐射来源

图 2.1 描绘了光子和/或次级粒子产生的两种简化的机制。

当高能粒子入射原子核时，会发生不同的核反应，最终将原子核分解为一些碎片，如图 2.1（a）所示。这些核反应包括中子俘获[1]、裂变[2]、聚变[3]和散裂反应[4]。这些反应释放出光子、电子、中子、质子、μ介子、π介子和更重的粒子，此外还有残留的原子核。通过光核反应，高能光子和电子甚至可以生成中子、质子氘、氚和 α 粒子[5]。当这些粒子带电时，就是所谓的次级离子。非稳定的放射性同位素放射衰变，释放出光子（γ 射线）、电子（β 射线）和氦离子（α 射线），如图 2.1（b）所示。

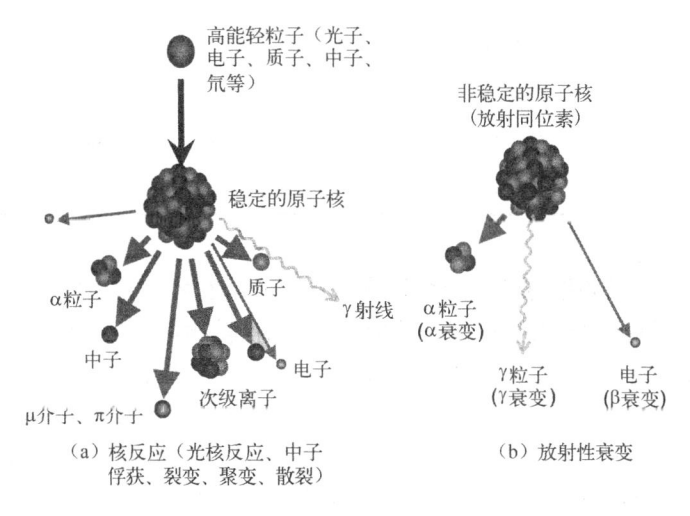

图 2.1　地球环境辐射源

2.2　选择地球环境高能粒子的背景知识

如第 1 章所述，本书研究绝大多数的地球环境的高能粒子，因为表 2.1 中的这些粒子带电，或者有可能发生核反应，因此可能引起电子元器件、组件和系统发生故障。表 2.1

中列出了每种粒子的符号、质量、电荷、自旋、平均寿命和平均衰变模式。插入的上画线表示对应的反粒子。ν_e是随β射线释放的反中微子；ν_μ是与μ介子相关的中微子；π^0介子立刻衰变，产生两个半衰期为8.4×10^{-17}s的高能光子。这些光子是电子对的一种来源，而电子对通过与大气层中的原子核相互作用，产生级联电子浴或μ介子源。在这些粒子中，正电子与电子复合会立刻消失。π介子（π^+，π^0，π^-）寿命非常短，无法到达地面或引起故障条件。中微子可以到达地面，但它们非常弱或者与物质没有相互作用。因此，下文不对正电子、π介子和中微子进行赘述。

表 2.1　地球环境高能粒子的属性

粒　子	符　号	质量（MeV）	电　荷	自　旋	平均寿命时间（s）	平均衰变模式[a]
光子	γ	0	0	1	—	—
电子	$e^-(\beta)$	0.51	1	1/2	—	—
正电子	e^+	0.51	−1	1/2	—	—
μ介子	μ^-	105.66	−1	1/2	2.2×10^{-6}	$e^-+\nu_\mu+\bar{\nu}_e$
	μ^+	105.66	1	1/2	2.2×10^{-6}	$e^-+\nu_\mu+\nu_e$
π介子	π^+	139.57	1	0	2.6×10^{-8}	$\mu^++\nu_\mu$
	π^-	139.57	−1	0	2.6×10^{-8}	$\mu^-+\nu_\mu$
	π^0	134.98	0	0	8.4×10^{-17}	2γ
质子	p	938.27	1	1/2	—	—
中子	n	939.57	0	1/2	886.7	$p+e^-+\bar{\nu}_e$
α粒子	α	3733	2	0	—	—

[a] 中微子和上画线表示反粒子

仅当存在高能中子和地球环境能级的质子时，才会发生核散裂反应。但是电子元器件中的硼-10可能与低能中子发生核俘获反应，从而引起故障条件。低能质子存在直接电离效应，也可能引起故障条件。μ介子寿命很短，但可能随着大气簇射到达地面。本章汇总了地面高度每种粒子的强度（注量率和能量）。为了分析地球环境高能粒子的辐射效应，这些粒子的能谱至关重要。表 2.2 汇总了用于每种粒子谱的数据库或评估方法。光子和氦实质上是现场的同位素沾污所释放出来的γ射线与α射线，所以不能定义它们的能谱。在电子元器件、组件和系统的封装材料中发现了大气簇射中产生的氦，以至于它们无须被评估。地球环境和飞行高度的电子谱、μ介子谱、质子谱和氦谱可以采用 EXPACS 数据库来计算[6]。不能从 EXPACS 数据库中获得π介子谱数据，而且关于它的文献报道也非常少[7]。可以从文献[8]得到热中子谱和超热中子（能量高于热中子）谱。高能中子（大于 1 MeV）与电子元器件中的材料发生核散裂反应，产生带电粒子，引起故障条件。可以从 JESD89A[9]或 EXPACS 中获得地球环境的高能中子能谱。

第 2 章 地球环境辐射场

表 2.2 次级宇宙射线的地球环境谱的数据库

粒子	谱的数据库	备注
光子	不适用	—
电子	EXPACS	—
μ 介子	EXPACS	—
π 介子	a	无法评估,因为数据很少及衰变太快
质子	EXPACS	引起核散裂反应和直接电离
热中子、超热中子	b	小于 1 MeV,引起硼-10 的中子俘获反应
高能中子	JESD89A/EXPACS	大于 1 MeV,引起核散裂反应。没有直接电离
氦	EXPACS	由于现场的低注量率,不做评估

^aZiegler, J. F. and Puchner, H., eds. (2004)
^bNakamura, T., et al. (2008)

2.3 航空高度的粒子能谱

采用 EXPACS 数据库,图 2.2 给出了纽约市海平面上方 10 km 处中子、质子、μ 介子和电子的计算微分注量率(以能量作微分)。在 1~10 000 MeV 的能量范围内,中子的微分注量率最大。通常来说,电子的微分注量率比中子低约一个数量级。能量低于 100 MeV 时,μ 介子的注量率远小于中子;但当能量高于 2000 MeV 时,μ 介子的注量率接近甚至略超过中子。采用 EXPACS 数据库和 π 介子文献数据[7],图 2.3 给出了纽约市海平面高度的计算微分注量率。与图 2.2 比较,图 2.3 中的注量率远低于飞行高度的情况。中子和质子注量率减小的趋势远快于电子和 μ 介子。当能量大于 300 MeV 时,μ 介子的注量率明显大于中子。π 介子和氦的注量率远低于其他粒子。

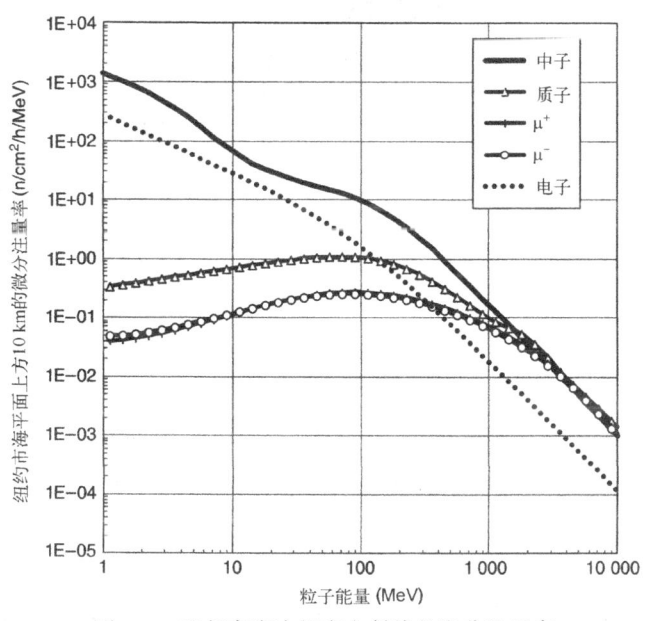

图 2.2 飞行高度次级宇宙射线的微分注量率

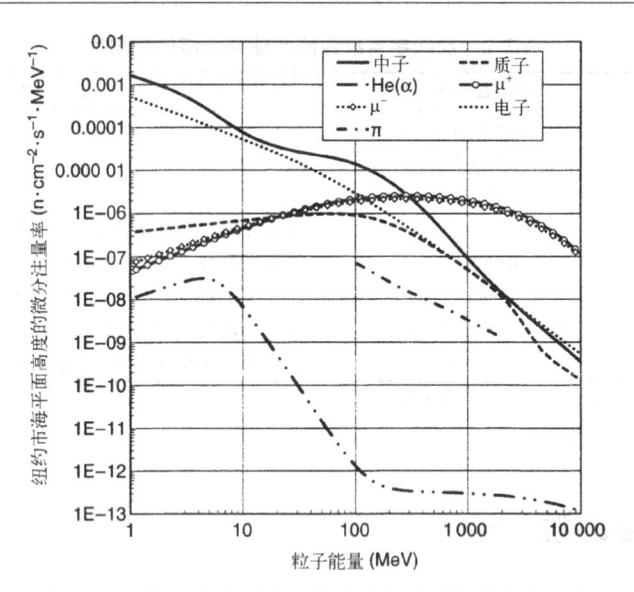

图 2.3 纽约市海平面高度的地球辐射环境微分注量率

图 2.4 汇总了地面高度和飞行高度的能量范围从热到 100 GeV 的实测中子能谱,同时还给出了 JESD89A 的拟合曲线[8,9]。飞行高度的中子注量率比地面高度大出 10~1000 倍。特别是在高能级部分,该倍数因子更大。

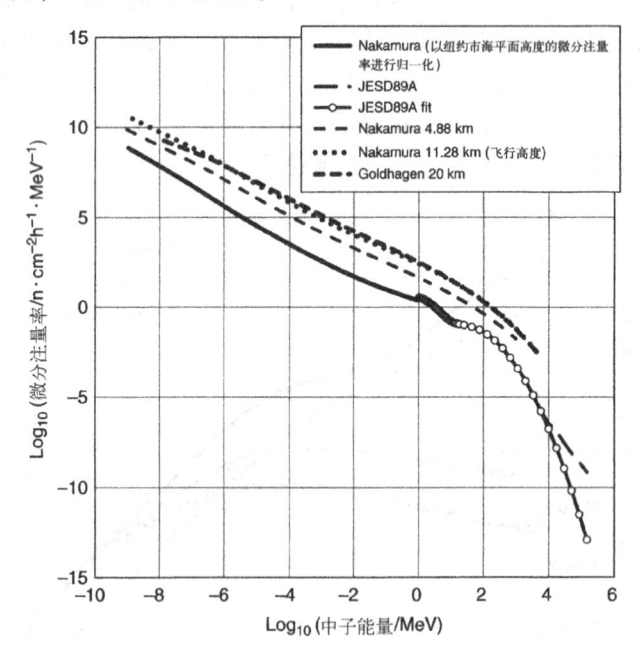

图 2.4 纽约市海平面高度和飞行高度的实测高能中子微分注量率

当查看图 2.4 中对数坐标的微分注量率时,可能会觉得低能中子对于总注量率的贡献远大于高能中子。其实,这有点复杂。为了解释清楚,推荐参照图 2.5 中的累积注量率曲线。能量大于 E_p 的累积注量率,指的是能量大于 E_p 的粒子总注量率。例如,10 MeV 处中子曲线的累积注量率为 13 n/cm²/h。这指的是,能量高于 10 MeV 的中子总注量率为

第 2 章 地球环境辐射场

13 n/cm²/h。对于能量大于 10 MeV 的中子注量率，上述数据与 JESD89A 推荐值一致。如果 E_p 为 1 MeV，能量高于 1 MeV 的中子累积注量率约为 20 n/cm²/h。低能（1～10 MeV）中子的贡献为 7 n/cm²/h，与高能（大于 10 MeV）中子的贡献可以比拟。

与图 2.3 中微分注量率曲线的其他粒子相比，高能（大于 100 MeV）μ 介子的贡献是很大的，因此在图 2.5 中，μ 介子累积注量率从低能区开始就保持很高的值。

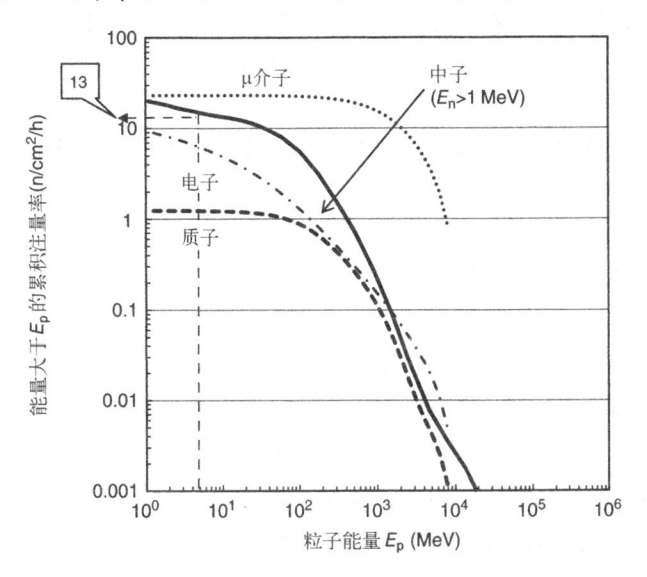

图 2.5 纽约市海平面高度的地球辐射环境累积注量率

针对低能中子（10 meV 到 1 MeV），图 2.6 给出了类似的曲线。可以看出，能量大于 10 meV 的总注量率为 30 n/cm²/h，与能量区间为 1～10 000 MeV 的注量率 20 n/cm²/h 可以比拟。

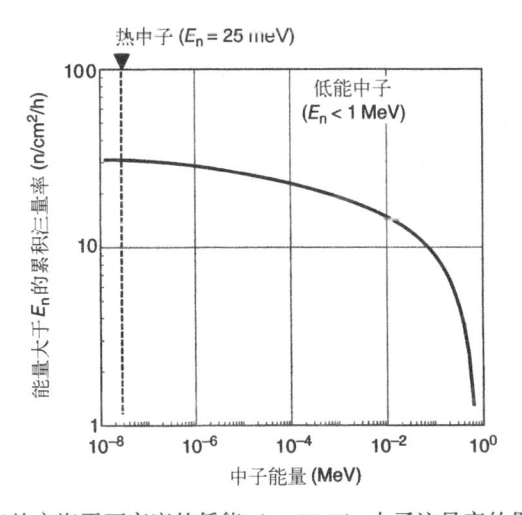

图 2.6 纽约市海平面高度的低能（<1 MeV）中子注量率的累积注量率

2.4 地球环境的放射性同位素

表 2.3 汇总了地表可观测的放射性同位素和它们的属性。这些放射性同位素释放高能光子（γ射线）、电子（β射线）与氦核（α射线）。^{40}K 和 ^{222}Rn 等放射性同位素是大家熟知的地表自然放射源。^{40}K 和 ^{222}Rn 主要释放 β 射线和 γ 射线，能量高达 2 MeV。很多植物和蔬菜中含有 ^{40}K。

轻放射性同位素通常释放 β 射线并伴随 γ 射线。次级中子在大气簇射中与氮核发生核散裂反应，生成 ^{14}C：

$$n + {}^{14}N \rightarrow {}^{14}C + p \tag{2.1}$$

经过 5715 年半衰期后，^{14}C 又变为 ^{14}N：

$$^{14}C \rightarrow {}^{14}N + e^- + \nu_{e(bar)} \tag{2.2}$$

放射性碳年代测定就是测量 ^{12}C / ^{14}C 的比例。

裂变核反应堆的水冷剂中，中子与水分子内的 ^{16}O 发生核反应，生成 ^{16}N：

$$n + {}^{16}O \rightarrow {}^{16}N + p \tag{2.3}$$

^{16}N 输运到沸水反应堆的涡轮机，引起涡轮机厂房内的辐射[10]，通过下面的反应，经历 7.13 s 的半衰期，又变回 ^{16}O，释放 β 射线和 γ 射线：

$$^{16}N \rightarrow {}^{16}O + e^- \tag{2.4}$$

在严重的核电站事故中（1979 年的三哩岛，1986 年的切尔诺贝利和 2011 年的福岛），大量的放射性同位素从压力容器中被释放出来。2011 年福岛"3·11"核严重事故点释放出来的主要同位素是 ^{137}Cs、^{134}Cs 和 ^{131}I。^{131}I 半衰期相对较短，仅为 8.04 天。所以 2011 年 12 月日本受污染地区主要残留的放射性同位素几乎全部是 ^{137}Cs 和 ^{134}Cs。以福岛为例，人们初始时关心释放的放射性同位素沾污对于电子系统的不利影响，后来经过仔细的定量分析，认为该影响可以忽略[11-13]。

表 2.3 地球环境的放射性同位素

元素	放射性同位素	自然丰度（%）	衰变模式	半衰期	γ射线能量（MeV/%）	β射线能量（MeV/%）	α粒子能量（MeV/%）	评论
C	^{14}C		β$^-$	5715 yr		0.156/100		用于放射性碳年代测定
N	^{16}N		β$^-$	7.13 s	6.13/68.8, 7.11/4.7	10.42		沸水反应堆的涡轮机厂房的辐射来源
K	^{40}K	0.0117	β$^-$β$^+$, EC	1.26×10^9 yr	1.46/10.5	1.31/89 1.5/10.5		环境辐射来源
Co	^{60}Co		β$^-$	5.27 yr	1.173/100 1.335/100	0.315/99.7		人造 γ 源
I	^{131}I		β$^-$	8.04 d	0.08, 0.28, 0.36, 0.64	0.606		从核事故中释放出来

续表

元素	放射性同位素	自然丰度(%)	衰变模式	半衰期	γ射线能量(MeV/%)	β射线能量(MeV/%)	α粒子能量(MeV/%)	评论
Cs	^{134}Cs		$β^-$/EC	2.0652 yr	1.22 (EC)	2.059		电子俘获
	^{137}Cs		$β^-$	30.2 yr	0.66	0.514/95		从核事故中释放出来
Pb	^{210}Pb		α	22.6 yr			3.72	源自^{238}U的子同位素
			$β^-$		0.017/81, 0.061/19			
Po	^{210}Po		α	138.4 d			4.516/0.001, 5.304/100	源自^{238}U的子同位素
Rn	^{222}Rn		α	3.824 d			5.59	源自^{238}U的子同位素，主要环境辐射来源
	^{220}Rn		α	55.6 s			6.404	源自^{232}Th的子同位素
Ra	^{226}Ra		α	1599 yr			4.87	源自^{238}U的子同位素
Th	^{232}Th	100	α	$1.40×10^{10}$ yr	0.059		4.08	存在于独居石中
U	^{234}U	0.0055	α	$2.455×10^5$ yr	0.05		4.856	
	^{235}U	0.72	α	$7.04×10^8$ yr			4.679	通过热中子激发的核裂变材料
	^{238}U	99.3	α	$4.47×10^9$ yr			4.04	^{239}Pu源
Pu	^{239}Pu		α	$2.4×10^4$ yr			5.244	通过核裂变反应产生。通过高能中子激发的核裂变材料
Am	^{241}Am		α	432.7 yr			5.637	人造α射线源
Cf	^{252}Cf		裂变	2.65 yr				0.1~20 MeV中子源

^{253}U和^{258}U等核燃料及它们的子同位素可能也是辐射源。通常重放射性同位素的寿命非常长，释放能量约5 MeV的α射线。许多是从^{232}Th（Th链）、^{241}Pu（Np链）、^{238}U（U链）和^{235}U（Ac链）开始的子同位素（由于α和/或β衰变产生的放射性同位素）。^{232}Th通常存在于独居石中。

^{253}U（0.72%）、^{258}U（99.3%）和^{232}Th（100%）在自然界中有很多，所以可能存在于半导体器件塑模材料中。因为^{210}Po是^{238}U的一种子同位素，所以很少量的^{210}Po稳定地存在于半导体器件的焊锡凸块中。这些放射性同位素释放α射线，引起α射线软错误。

也可以利用高能粒子加速器与核反应堆产生高能粒子。采用这些加速器或核反应堆（如中子激活同位素^{59}Co、^{238}U或^{239}Pu的CANDU反应堆[14]），产生^{60}Co、^{252}Cf和^{241}Am等人造放射性同位素[15-17]。

人造放射性同位素主要为了工业用途。γ辐射装置中的^{60}Co可以防止土豆发芽[18]。^{252}Cf释放0.1~20 MeV能量的中子[19]，用作中子源。^{241}Am是α射线源，用于α射线软错误实验，或者用于烟雾探测器中给气溶胶充电。

2.5 本章小结

宇宙质子与内层空间大气原子核发生核散裂反应，生成次级宇宙粒子。本章对这些粒子的属性进行了总结；评估了质子、电子、μ介子、π介子、中子和α射线等地球环境辐射的能量谱；调查了地表可观测的放射性同位素，包括α（氦核）、β（电子）和γ（光子）射线的辐射源。

参考文献

[1] Martin, R.C., Knauer, J.B. and Balo, P.A. (1999) Production, distribution, and applications of californium-252 neutron sources. To be presented at the IRRMA '99 4th Topical Meeting on Industrial Radiation and Radioisotope Measurement Applications Raleigh, NC, 3–7 October 1999, http://www.ornl.gov/~webworks/cpr/pres/102606.pdf (accessed 9 June 2014).

[2] Windows To Universe http://www.windows2universe.org/sun/Solar_interior/Nuclear_Reactions/Fusion/Fusion_in_stars/ncapture.html (accessed 9 June 2014).

[3] Atomicarchive http://www.atomicarchive.com/Fission/Fission1.shtml (accessed 9 June 2014).

[4] ELSA (2014) Particle Accelerators Around the World, http://www-elsa.physik.uni-bonn.de/accelerator_list.html.

[5] Reda, M.A. and Harmon, J.F. (2004) A Photoneutron Source for Bulk Material Studies, International Centre for Diffraction Data 2004, Advances in X-ray Analysis, 47, 212–217.

[6] EXPACS http://phits.jaea.go.jp/expacs/jpn.html (accessed 9 June 2014).

[7] Ziegler, J.F. and Puchner, H. (eds) (2004) *SER-History, Trends, and Challenges*, SER-History, Trends, and Challenges, pp. 4–8.

[8] Nakamura, T., Baba, M., Ibe, E. *et al.* (2008) *Terrestrial Neutron-Induced Soft-Errors in Advanced Memory Devices*, World Scientific, Hackensack, NJ.

[9] JEDEC JESD89A. (2006) *Measurement and Reporting of Alpha Particle and Terrestrial Cosmic Ray Induced Soft Errors in Semiconductor Devices*, JEDEC, pp. 1–94.

[10] Ibe, E., Karasawa, H., Nagase, M. *et al.* (1989) Chemistry of radioactive nitrogen in BWR primary system. *Journal of Nuclear Science Technology*, **26** (9), 844–851.

[11] Technical Committee on Semiconductor Reliability, Semiconductor Jisso & Product Technology Committee, Japan Electronics and Information Technology Industries Association (2011) EITA View Concerning Effects of Radioactive Materials Released from Fukushima Nuclear Power Plant on Semiconductor LSI Products, http://semicon.jeita.or.jp/hp/srg/docs/JEITA-SERPG-View_en.pdf (accessed 9 June 2014).

[12] Baumann, R.C. (2011) Determining the impact of alpha-particle-emitting contamination from the Fukushima Daiichi disaster on Japanese manufacturing sites. 12th European Conference on Radiation and its Effects on Component and Systems, Sevilla, Spain, 19–23 September, pp. 784–787.

[13] Ibe, E., Toba, T., Shimbo, K. and Taniguchi, H. (2012) Fault-based reliable design-on-upper-bound of electronic systems for terrestrial radiation including muons, electrons,

protons and low energy neutrons. IEEE International On-Line Testing Symposium, Sitges, Spain, 27–29 June 2012 (3.2).
[14] Candu http://www.candu.org/candu_reactors.html (accessed 9 June 2014).
[15] Environmental Science Division http://www.evs.anl.gov/pub/doc/Cobalt.pdf (accessed 15 February 2013)
[16] U.S. Department of Energy http://bmd.ans.org/pdf/isotopesplenary/AtcherANS.pdf (accessed 15 February 2013)
[17] Argonne National Laboratory http://www.evs.anl.gov/pub/doc/Americium.pdf (accessed 27 February 2013)
[18] Growing Acceptance of Food Irradiation http://www.iaea.org/Publications/Magazines/Bulletin/Bull102/10205701314.pdf (accessed 27 February 2013)
[19] Mannhart, W. (2008) Status of the evaluation of the neutron spectrum of ^{252}Cf(sf). AEA Consultants' Meeting, 13–15 October 2008, http://www-nds.iaea.org/standards-cm-oct-2008/6.PDF (accessed 27 February 2013).

第 3 章　辐射效应基础

3.1　辐射效应介绍

图 3.1（a）给出了物质辐射效应的简化的基本机制示意图。当带电粒子（次级离子）经过某个原子附近时，在次级粒子和原子的库仑力作用下，一些电子被激发，从而产生电子-空穴对。这些电子-空穴对使得无机固态物质充电、气体电离、有机物质的辐射分解/综合/聚合[1,2]和液体的辐射分解（水的辐射分解[3]）。人体组织接受辐照后，主要发生有机物质和液体的辐射效应。

入射粒子，包括光子（极为罕见）[4]和中子[5]，引起晶格原子位移，这是另一种辐射效应，如图 3.1（b）所示。晶格原子位移进一步产生缺陷/空位、位错环和间隙原子，使得物质的属性发生改变[6]。

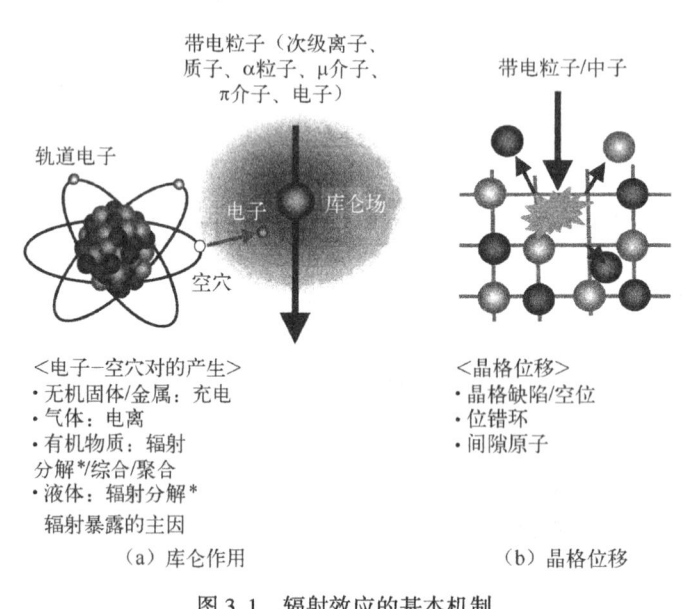

图 3.1　辐射效应的基本机制

因为本书聚焦于甚大规模集成电路和电子系统的辐射效应，所以仅讨论固体的辐射效应。有机物质和液体的辐射效应在化学反应中很重要，晶格位移引起累积效应，这些本书都不予考虑。

当带电粒子入射固态物质时，由于库仑作用，沿离化径迹产生电子-空穴对，如

图 3.2（a）所示。对于金属而言，其电子和空穴的迁移率都非常高，且不存在禁带，所以产生的电子-空穴对立刻复合，观测不到辐射效应。位移机制可能在固态材料中引起一些累积性损伤，例如核电站结构材料中的辐照加固[7]和辐照脆化[8]。

在 SiO_2 等介电材料中，产生电子-空穴对需要 17 eV 的能量。但是，如果电场很弱，产生的电子-空穴对将会复合与消失，如图 3.2（b）（i）所示。如果电场很强，电子很容易逃逸，使得介质中的空穴累积，如图 3.2（b）（ii）所示。这些积累的空穴在氧化层内部或界面产生高电场或寄生能级，从而引起 TID（总电离剂量）效应[9-13]。

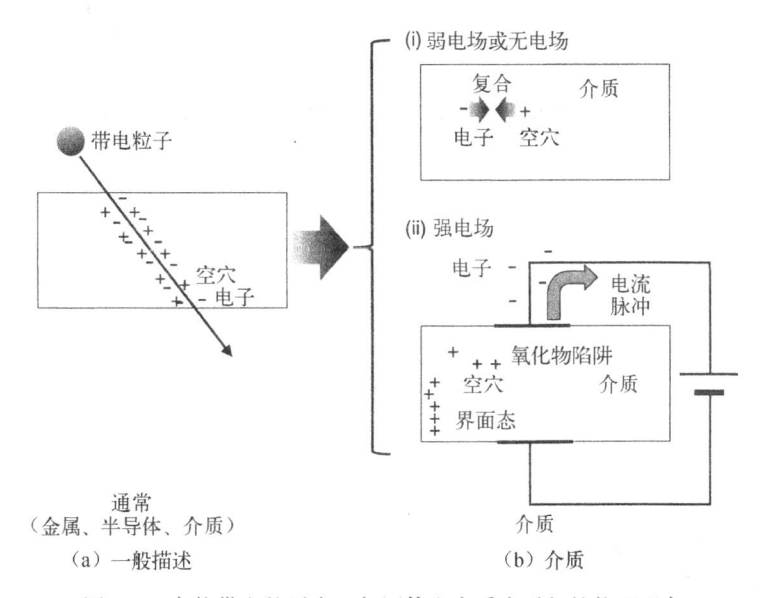

图 3.2　高能带电粒子在一般固体和介质中引起的物理现象

TID 主要在空间应用中被关注，在核反应堆退役时使用的机器人或传感器也会受到 TID 的影响。但本书中不考虑 TID。

在半导体材料中沿入射径迹产生的电子-空穴对与介质材料中类似，如图 3.3（a）所示。图 3.3 中的深 n 阱层用来实现三阱结构的 CMOSFET（互补金属氧化物半导体场效应晶体管）。当离子入射关态 pn 结（扩散层或存储节点）的耗尽层时，在耗尽层电场的作用下，生成的电子和空穴向相反的方向运动。电子流向扩散层，空穴流向地，引起电场的拉伸，从而使得收集电荷多于在耗尽层中初始淀积的电荷，如图 3.3（b）所示。该机制称为漏斗效应[14]。如果入射离子穿过深 n 阱层，则机制相同，如图 3.3（b）所示。在初始耗尽层外产生的电子也能被耗尽层所收集，引起瞬态脉冲和/或降低扩散层势垒。这是半导体材料中的基本单粒子效应（SEE）。

在扩散层中，一定量的电荷被收集。存储单元中会发生软错误等可观测的效应。使存储数据发生翻转所需的最小电荷量称为临界电荷 Q_{crit}。

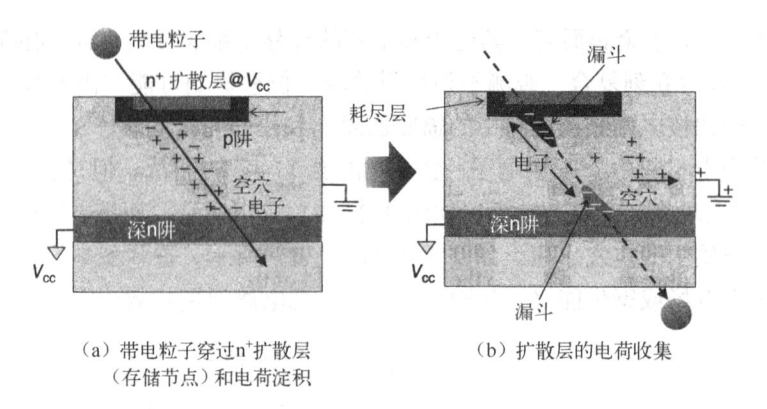

(a) 带电粒子穿过 n⁺ 扩散层
（存储节点）和电荷淀积

(b) 扩散层的电荷收集

图 3.3 高能带电粒子入射深 n 阱中 nMOSFET 引起的物理现象

3.2 截面定义

单粒子事件截面是粒子物理中最重要的度量标准之一，由下面的表达式给出：

$$\sigma = \frac{N_{\text{event}}}{\Phi} \tag{3.1}$$

其中，

N_{event} 是入射粒子引起的事件数；

Φ 是单位面积上（通常是平方厘米）的粒子注量（粒子数）。

截面大致等于和粒子相互作用的敏感区面积，除非存在强远场反应机制。截面可以用每位存储单元或每组件来定义。

当对象暴露于相同能谱、相同粒子的辐射场中时，事件率可由下式给出：

$$R = \phi_p \times \sigma \tag{3.2}$$

其中，

ϕ_p 是粒子注量率（单位时间单位面积上通过的粒子数，单位是 $\text{cm}^{-2}\text{s}^{-1}$）。

就软错误而言，式（3.2）中的 R 给出了 SEU（单粒子翻转＝软错误）截面 σ_{SEU}，以单粒子事件数来定义。必须注意的是，σ_{SEU} 不是用错误数来定义的。在单粒子事件中可以发生多个错误（下文将介绍多单元翻转）。

3.3 光子引起的辐射效应（γ 和 X 射线）

因为光子（γ 射线）是电中性的，所以对物质的影响很有限。

仅当光子与轨道电子碰撞或经过原子核附近时，才会引起辐射效应。通过光电效应，光子将全部能量传递给电子，从而使得轨道电子移位［见图 3.4（a）］[15]。电子的动能 $E_p = h\nu - \phi$，其中 ν 是光子的量子频率，h 是普朗克常数（$6.63 \times 10^{-34} \text{J} \cdot \text{s}$）， φ是靶材料的功函数。该效应主要发生于原子的内层电子。光子通过库仑散射可以使得外层电子移位［见图3.4（b）］[16]。光子被电子散射，将其部分能量传递给电子。光电效应或库仑散射在半导体或介质中产生电子-空穴对，引起 TID。当光子的动能大于1.02 MeV且经过原子核附近时，光子消失，产生电子对（电子和正电子），如图3.4（c）所示[17]。正电子和周围大量的电子发生复合作用，从而迅速消失，而电子最终保留下来。

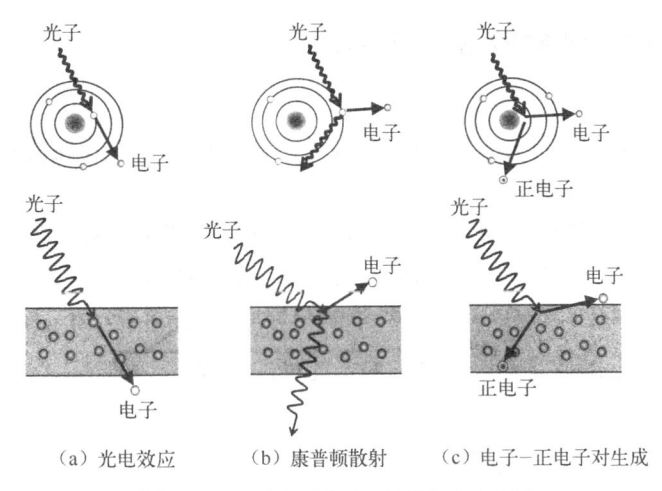

（a）光电效应　　（b）康普顿散射　　（c）电子-正电子对生成

图 3.4　光子在材料中引起的辐射效应

因此，光子的辐射效应可以解释为电子引起的辐射效应。光子的能量等级为0.51 MeV（电子对的生成），或低于γ射线能量（通常为几兆电子伏）。

光子通过三种机制损伤能量，其能量表达式为：

$$E(x) = E_0 \exp(-\mu x) \tag{3.3}$$

其中，

μ 是线性吸收系数；x 是从能量为 E_0 点开始的路径长度。

在硅中，线性吸收系数是能量的函数，如图3.5所示[18]。

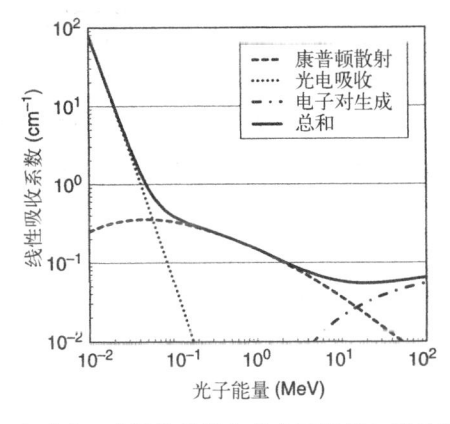

图 3.5　在硅中，光子能量损失的主要机制与能量密切相关

在低能范围（小于 100 keV），光电效应为主导；在中等能量范围（0.1~10 MeV），康普顿散射为主导；在高光子能量范围（大于 10 MeV），电子对产生为主导。

除了上面解释的散射机制，通过轰击 Pb 等重靶引起的光核反应，高能光子还能产生中子、质子、氘、氚和 α 粒子[19]。基于该反应，使用高能电子 LINAC（线性粒子加速器），可以产生高能中子，但在地表辐射源中不予考虑。

3.4 电子引起的辐射效应（β 射线）

当电子入射固体时，可以产生电子-空穴对。电子在硅中的线性能量转移（LET）可以由 ESTAR 来计算[20]。

在硅中，电子-空穴对的离化能量为 3.6 eV。使用硅的密度 ρ_{si}（2.33 g/cm³），可以用淀积电荷密度 D_{dep} 替代 LET（单位是 MeV·mg⁻¹·cm²）值 ΔE_{dep}：

$$D_{dep} = 1.91 \times 10^{-9} \Delta E_{dep} (\text{C/cm}) \tag{3.4}$$

图 3.6 给出了硅中 ρ_{dep} 的计算结果，其为电子能量的函数。

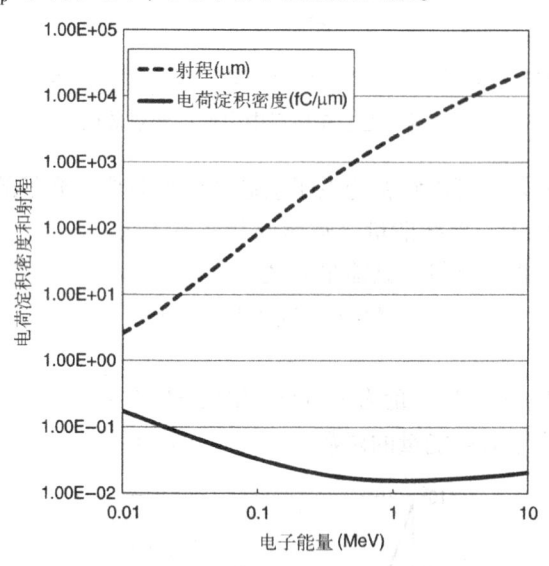

图 3.6 硅中电荷淀积密度和射程是电子能量的函数

带电粒子射程数值计算的原理如下：初始能量为 E_0，粒子在硅中行进 Δx，损失能量为 ΔE，使其能量降低至 E_1。表达式如下：

$$\Delta x = \frac{\Delta E}{\rho_{si}} \left(\frac{dE}{dx} \right)^{-1}_{@x=0} (\text{cm}) \tag{3.5}$$

射程 R 是 Δx 的总和，直至粒子能量减小至零。

图 3.6 给出了硅中电子的计算射程。

在 β 射线的正常能量范围内，其硅中的射程可以达到几厘米，但是和下文中介绍的其他带电粒子相比，其 ρ_{dep} 非常低。

3.5 μ介子引起的辐射效应

可以采用 Bethe-Bloch 等式计算 LET 值[21]：

$$-\frac{dE}{dx} = 2\pi N_a r_e^2 m_e c^2 \rho_{Tar} \frac{Z_T}{A_T} \frac{Z_q^2}{\beta_q^2} \left[\ln\left(\frac{2m_e \gamma^2 v_q^2 W_{max}}{I_{av}^2}\right) - 2\beta_q^2 - \delta_c - \frac{2C}{Z_T} \right] \quad (3.6)$$

其中，

$$W_{max} = \frac{2m_q c^2 \eta^2}{1 + 2s\sqrt{1+\eta^2} + s^2} \quad (3.7)$$

平均激活能 I_{av} 由下式给出：

$$\frac{I_{av}}{Z_T} = 12 + \frac{7}{Z_T} \text{ (eV)}, \quad Z_T < 13 \quad (3.8)$$

或者，

$$\frac{I_{av}}{Z_T} = 9.76 + 58.8 Z_T^{-1.19} \text{ (eV)}, \quad Z_T \geqslant 13 \quad (3.9)$$

基于 $X = \log_{10}(\beta\gamma)$，修正项 δ_c 和 C 如下所示：

$$\delta_c = \begin{cases} 0, & X < X_0 \\ 4.6052X + C_0 + a(X_1 - X)^m, & X_0 < X < X_1 \\ 4.6052X + C_0, & X > X_1 \end{cases} \quad (3.10)$$

C_0，a，m，X_0 和 X_1 是每个元素的常数，对于硅而言，$C_0 = -4.44$，$a = 0.1492$，$m = 3.25$，$X_0 = 0.2014$，$X_1 = 2.87$。C 由下式给出：

$$\begin{aligned} C = &(0.422\,377\eta^{-2} + 0.030\,404\,3\eta^{-4} - 0.000\,381\,06\eta^{-6}) \times 10^{-6} I_{av}^2 \\ &+ (3.850\,190\eta^{-2} - 0.166\,798\,9\eta^{-4} + 0.001\,579\,55\eta^{-6}) \times 10^{-9} I_{av}^3 \end{aligned} \quad (3.11)$$

达到能量 q_p（对于硅是 3.6 eV）可以产生电子-空穴对，$(dE/dx)/q_p$ 给出了沿电子路径产生的电子-空穴对密度值。

初始能量为 E_{q0} 的电子射程 R_q 可以采用下列表达式进行计算：

$$R_q = \int_0^{K_{q0}} \left(\frac{dK}{dx}\right)^{-1} dK \quad (3.12)$$

其中，

$$\beta = v/c$$

v 是电子的速率；

m_e 是电子的质量；

E 是电子的能量；

Z 是靶材料的原子数；

n 是靶材料的原子数密度；

I 是靶的平均激活能（对于硅是 176.3 eV）。

图 3.7 给出了 μ 介子在硅中的 ρ_{dep} 和射程的计算结果。

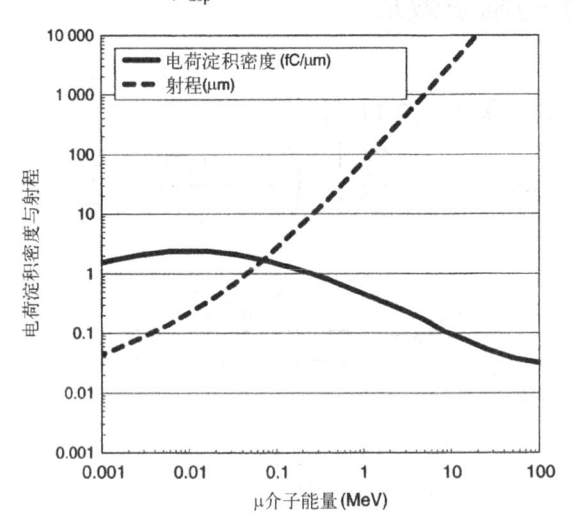

图 3.7 μ 介子在硅中的电荷淀积密度和射程是能量的函数

3.6 质子引起的辐射效应

质子是带电粒子，所以必须考虑质子引起的直接电离[22,23]。同时，质子也是核子，所以也可能发生散裂核反应。上述两种效应都是质子引起的辐射效应，必须予以考虑。

对于直接电离效应，可以采用 SRIM 计算在硅中的 LET 值和射程[24]。图 3.8 汇总了各种地球环境粒子的计算结果。宇宙射线在大气层中通过核散裂反应生成的质子，其动能高达几百兆电子伏特，在硅中的射程达到数米。下文将会详细介绍。

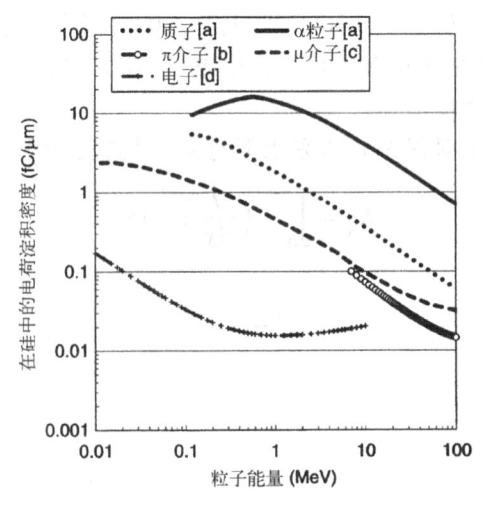

图 3.8 不同粒子在硅中的电荷淀积密度是粒子能量的函数[25]

第3章 辐射效应基础

高能质子和硅核发生核散裂反应,可以生成一定数量的次级离子。核子(中子和质子)的总反应截面是粒子能量的函数,如图3.9所示。能量高于2.5 MeV的质子同时引起直接电离效应和核散裂反应;能量低于2.5 MeV的质子只能引起直接电离效应。当质子入射硅衬底时,初始时引起直接电离效应,后期可能引起散裂反应。可以基于器件结构模型和蒙卡仿真,评估直接电离效应的真实概率。核反应概率$P_{\text{nuc,p}}$由下式给出:

$$P_{\text{nuc,p}} = \int_0^\infty \sigma_{\text{tot}}(E) N_{\text{Si}} \frac{\mathrm{d}\varphi}{\mathrm{d}E} \mathrm{d}E \tag{3.13}$$

其中,

$\sigma_{\text{tot}}(E)$是质子核反应的总截面(cm^2)[26];

N_{Si}是硅的数量密度(cm^{-3});

ϕ是质子注量率($h^{-1} \cdot cm^{-2}$)。

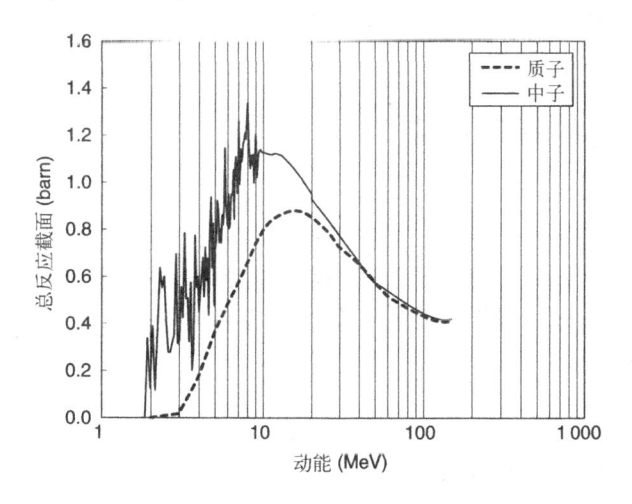

图3.9 硅中高能质子和中子的总核反应截面

图3.10给出了质子与硅原子核间的核散裂反应,可以发生在SRAM(静态随机存取存储器)位单元中。当质子入射硅原子核时,核子间发生多体散射(硅原子核内的中子和质子)。该机制可以看成是两个核子间双元碰撞的结果。当核子的能量可以与原子核势能相比拟时,就会从原子核中发射出来。该模型称为INC(核内级联)模型[27]。当总动能低于势垒后,则发生轻粒子(光子、中子、氘、氚和α粒子)的消失机制[28]。针对消失粒子和激活的残留原子核的每一种组合,基于其反双元碰撞截面,可以计算消失的概率[29]。第6章中将对此进行详述。

在每种双元碰撞中,必须采用质量体系的相对中心,来计算每种粒子的方向、动量和能量。该反应产生的粒子有其自己的动能,可能在SRAM位单元中淀积电荷。

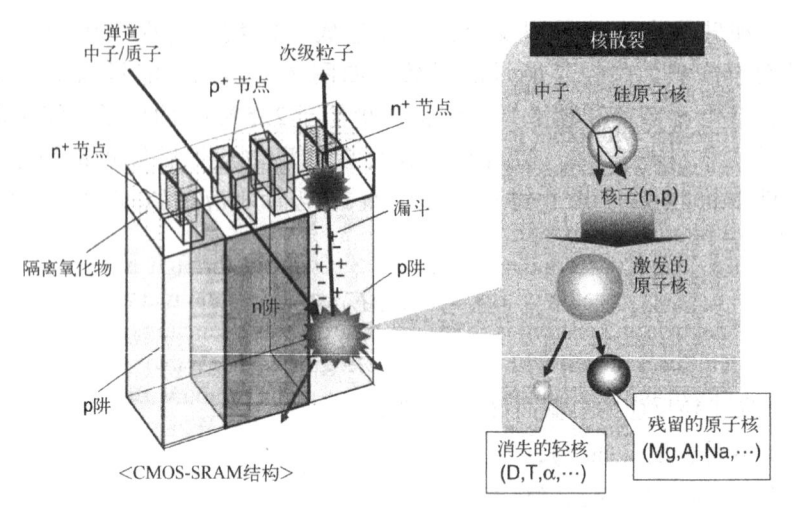

图 3.10 由高能中子和质子入射 SRAM 单元引起的散裂反应的微观故障机制

3.7 α粒子引起的辐射效应

α粒子的 LET 值如图 3.8 所示。类似于更重的离子，非常高能的 α 粒子也可能引起核散裂反应，但是其能量有时超出了地球环境辐射的能量范围，所以仅考虑 α 粒子的直接电离效应。来自于半导体器件之外的 α 射线很容易被屏蔽，所以仅考虑内 α 粒子沾污源，如 ^{238}U、^{232}Th 和 ^{210}Po。

3.8 低能中子引起的辐射效应

中子是中性粒子，所以不存在直接电离效应。在一些半导体器件制备工艺中，如离子注入、抛光和刻蚀，工艺气体中含有硼。自然界的硼中约 10% 为 ^{10}B，可能与大气层中的低能（小于 1 MeV）中子发生反应。室温下平衡态的热中子能量为 25 meV，与 ^{10}B 发生俘获反应后产生 1.47 MeV 的 α 粒子和 0.84 MeV 的 Li 离子。

实际上，^{10}B 不仅与热中子反应，也和更高能量的中子发生反应。图 3.11 给出了反应截面，覆盖的能量范围达到 1 MeV。与反应后的质量亏损相比，如果中子的动能非常低，则 ^4He 能量为 1.47 MeV，^7Li 能量为 0.84 MeV。对于更高能量的中子，根据入射中子的动能，这些离子的动能发生变化，如图 3.12 所示（详见第 6 章中的核反应模型）。

Baumann 和 Smith 首先指出 ^{10}B 对于热中子引起软错误的影响[30]。开始时，半导体加工工艺中使用硼磷硅玻璃（BPSG）用于抛光，而 BPSG 含有 ^{10}B。当化学机械抛光（CMP）工艺替代了 BPSG 工艺后，人们认为该问题得到了解决。然而随着等比例缩小，在没有采用 BPSG 工艺的 SRAM 中也发现了 ^{10}B 对于热中子引起软错误的影响[31,32]。通过 SIMS（次级离子质谱）分析，在金属层中发现了 ^{10}B。这是因为金属线和通孔的工艺中采

用了 B_2H_6 的刻蚀气体。近年来,在超精细金属工艺中也使用 BCl_3 刻蚀气体,从而可能引入 ^{10}B[33]。

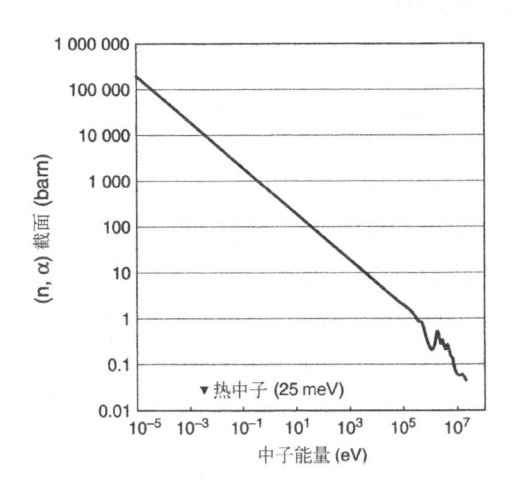

图 3.11 低能中子和 ^{10}B 的 (n,α) 反应截面

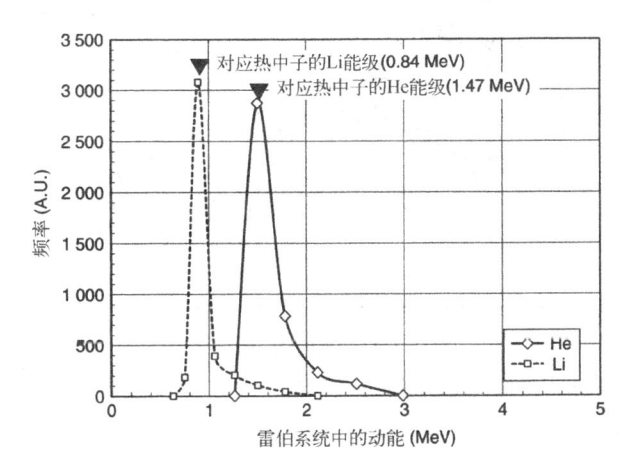

图 3.12 基于图 3.11 中的低能地球环境中子谱,通过 $^{10}B(n,α)^7Li$ 的中子俘获反应,计算产生 Li 和 He 的能谱

3.9 高能中子引起的辐射效应

高能(能量大于 1 MeV)中子的核反应概率几乎与质子相同,如图 3.9 所示。中子和硅的总核反应截面略高于 50 MeV 能量以下的质子。这是由于质子与硅原子核的库仑势垒。高能中子仅引起散裂反应,^{10}B 的俘获反应截面非常小。高能中子散裂反应的建模与质子相同。

3.10 重离子引起的辐射效应

核散裂反应可以生成更重的离子，图 3.13 和图 3.14 汇总了每种离子的 LET 值和射程。由于动量守恒，大部分动能都传递给了质子和 α 粒子等轻粒子，如图 3.13 所示。日本东京市地球辐射场下，质子的动能可以高达 1 GeV。因为次级重离子（在硅中通过散裂反应生成）的动能相对较低，图 3.14 给出了硅中一定范围的动能的上限（虚线）。地球环境中子和硅发生核散裂反应，产生的质子在硅中的射程达到几厘米，而次级离子 ^{24}Mg 能量最大为 5 MeV，其在硅中的最大射程仅为 5 μm。对于更重的离子而言，在如此短的射程范围内，仅考虑直接电离效应。

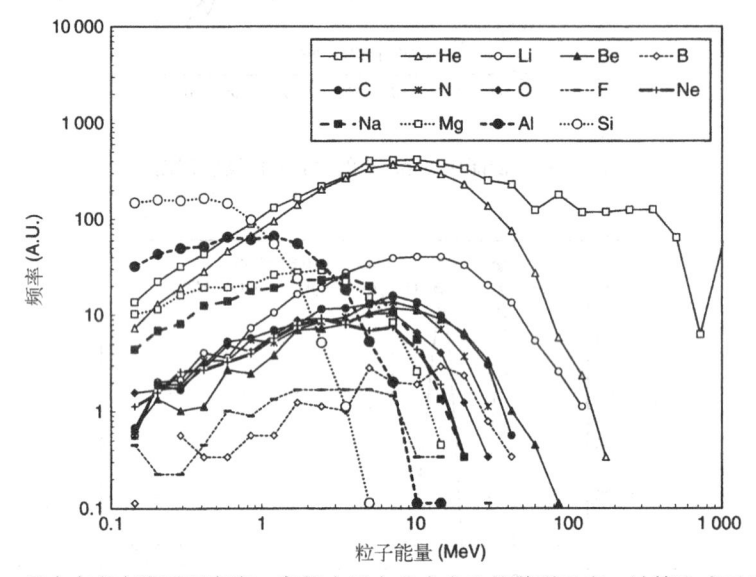

图 3.13 日本东京市海平面高度，高能中子在硅中发生核散裂反应，计算生成元素的能谱

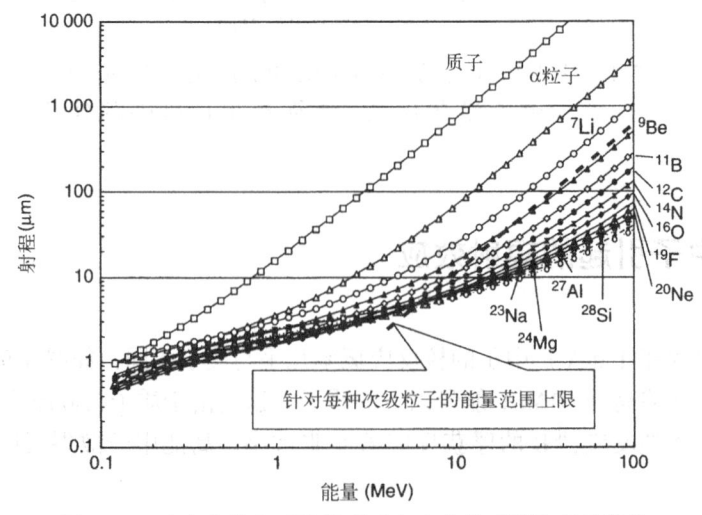

图 3.14 硅中高能中子核散裂反应生成典型同位素的射程

3.11 本章小结

本章综述和解释了地球环境辐射源引起的效应及其基础知识。讨论了高能光子、电子、μ介子、质子、α射线和中子的物理知识与辐射效应。未深入讨论π介子，因为缺少其地球环境谱数据，如第 2 章中所解释的。

一定程度上，TID 效应与其他辐射效应一同作用于介质。然而本书重点关注地面高度的单粒子效应，所以后文不再提及 TID。

参考文献

[1] Atomicarchive. Nuclear Fusion, http://www.atomicarchive.com/Fusion/Fusion1.shtml (accessed 9 June 2014).

[2] Kharissova, O.V., Kharisov, B.I. and Mendez, U.O. (2012) *Radiation-Assisted Synthesis of Composites, Materials, Compounds, and Nanostructures*, John Wiley & Sons, Inc., Hoboken, NJ.

[3] Ibe, E. and Uchida, S. (1985) Numerical techniques for quantitative evaluation of chemical reaction systems with volatile species and their applications to water radiolysis in BWRs. *Journal of Nuclear Materials*, **130**, 45–50.

[4] Messenger, G.C. (1992) A summary review of displacement damage from high energy radiation in silicon semiconductors and semiconductor devices. *IEEE Transactions on Nuclear Science*, **39** (3), 468–473.

[5] Oen, O.S. and Holmes, D.K. (1959) Cross sections for atomic displacements in solids by gamma rays. *Journal of Applied Physics*, **30** (8), 1289–1295.

[6] Vizkelethy, G., Bielejec, E.S., Doyle, B.L. *et al.* (2006) Simulation of Neutron Displacement Damage in Bipolar Junction Transistors Using High-Energy Heavy Ion Beams. Sandia Report, SAND2006-7746.

[7] Stiegler, J.O. and Mansur, L.K. (1979) Radiation effects in structural materials. *Annual Review of Materials Science*, **9**, 405–454.

[8] Steele, L.E. ASTM STP1011. (1989) *Radiation Embrittlement of Nuclear Reactor Pressure Vessel Steels, American Society for Testing and Masterials.*.

[9] Wang, J.-A. (2010) Lessons Learned from Developing Reactor Pressure Vessel Steel Embrittlement Database. ORNL/TM-2010-20.

[10] Winokur, P.S. (2000) Why semiconductors must be hardened for space deployment. *COTS Journal*, 45–47.

[11] Crain, S.H., Mazur, E., Katz, R.B. *et al.* (2001) Analog and digital single-event effects experiments in space. IEEE Transactions on Nuclear Science, Honolulu, Hawaii, 23–27 July, Vol. 48 (6), pp. 1841–1848.

[12] Schwank, J.R., Shaneyfelt, M.R., Felix *et al.* (2005) Effects of total dose irradiation on single-event upset hardness. 2005 Radiation and Its Effects on Components and Systems, 19–23 September, Palais des Congres, Cap d'Agde, France (B-1).

[13] Schrimpf, R., Warren, K.M., Weller, R.A. *et al.* (2008) Reliability and radiation effects on IC technologies. IEEE International Reliability Physics Symposium, Anaheim, CA, 15–19 April (2C.1), pp. 97–106.
[14] Hu, C. (1982) Alpha-particle-induced field and enhanced collection of carriers. *IEEE Electron Device Letters*, **EDL-3** (2), 31–34.
[15] Hufner, S. (1994) *Photoelectron Spectroscopy: Principles and Applications*, Springer.
[16] NDT http://www.ndt-ed.org/EducationResources/CommunityCollege/Radiography/Physics/comptonscattering.htm (accessed 9 June 2014).
[17] Leptons http://hyperphysics.phy-astr.gsu.edu/hbase/particles/lepton.html (accessed 9 June 2014).
[18] http://physics.nist.gov/PhysRefData/XrayMassCoef/ElemTab/z14.html (accessed 9 June 2014).
[19] Reda, M.A. and Harmon, J.F. A Photoneutron Source for Bulk Material Studies, http://www.icdd.com/resources/axa/vol47/V47_30.pdf (accessed 17 April 2014).
[20] NIST http://physics.nist.gov/PhysRefData/Star/Text/ESTAR.html (accessed 17 April 2014).
[21] Nagamine, K. (2003) *Chapter 3 Muon Inside Condensed Matter*, Introductory Muon Science, Cambridge, pp. 40–50.
[22] Heidel, D.F., Marshall, P.W., Pellish, A., Rodbell, K.P., LaBe, K.A., Schwank, R., Rauch, S.E., Hakey, M.C., Berg, M.D., Castaneda, C.M., Dodd, P.E., Friendlich, M.R., Phan, A.D., Seidleck, C.M.. Shaneyfelt, M.R. and Xapsos, M.A. (2009) Single-event upsets and multiple-bit upsets on a 45 nm SOI SRAM. *IEEE Transactions on Nuclear Science*, **56** (6), 3499–3504.
[23] Sierawski, B.D., Pellish, A., Reed, R.A. *et al.* (2009) Impact of low-energy proton induced upsets on test methods and rate predictions. *IEEE Transactions on Nuclear Science*, **56** (6), 3085–3092.
[24] SRIM www.srim.org (accessed 9 June 2014).
[25] Nagamine, K. (2003) *Introductory Muon Science*, High Energy Accelerator Research Organization, Tsukuba, p. 43.
[26] NEA http://www.oecd-nea.org/janis/ (accessed 9 June 2014).
[27] Tang, H.H.K., Srinivasan, G.R.a. and Azziz, N. (1990) Cascade statistical model for nucleon-induced reactions on light nuclei in the energy range 50-MeV-1GeV. *Physical Review C*, **42** (4), 1598–1622.
[28] Cole, A.J. (2000) *Statistical Models for Nuclear Decay: From Evaporation to Vaporization*, Institute of Physics Publishing, Bristol, Philadelphia, PA.
[29] Furihata, S. and Nakashima, H. Analysis of Activation Yields by INC/GEM, http://wwwndc.jaea.go.jp/nds/proceedings/2000/p22.pdf (accessed 9 June 2014).
[30] Baumann, R.C. and Smith, E.B. (2000) Neutron-induced boron fission as a major source of soft errors in deep submicron SRAM devices. 2000 IEEE International Reliability Physics Symposium Proceedings, San Jose, CA, 10–13 April, pp. 152–157.
[31] Wen, S., Pai, S.Y., Wong, R. *et al.* (2010) B10 findings and correlation to thermal neutron soft error rate sensitivity for SRAMs in the sub-micron technology. IEEE International Integrated Reliability Workshop, Stanford Sierra, CA, 17–21 October, pp. 31–33.
[32] Wen, S., Wong, R., Romain, M. and Tam, N. (2010) Thermal neutron soft error rate for SRAMs in the 90nm-45nm technology range. 2010 IEEE International Reliability Physics Symposium, Anaheim, CA, 2–6 May (SE5.1), pp. 1036–1039.
[33] Kang, T.Y., Lim, W.L. and Hong, S.J. Process Optimization of BCl_3/Cl_2 Plasma Etching of Aluminum with Design of Experiment (DOE), http://www.ineer.org/Events/ICEEiCEER2009/full_papers/full_paper_189.pdf (accessed 27 February 2013).

第4章 电子器件和系统基础

4.1 电子元器件基础

本节介绍电子元器件的基础知识,从而方便理解第 6 章到第 8 章的内容。对于熟悉相关基础知识的读者而言,可以直接跳过本节。

4.1.1 DRAM(动态随机存取存储器)

动态随机存取存储器(DRAM)基于 nMOSFET(n 沟道金属氧化物半导体场效应晶体管)结构制备,由 n$^+$扩散层(源和漏)和 p$^+$衬底组成,如图 4.1 所示[1]。漏端与一电容相连接,从而存储一定数量的电荷。图 4.1(a)中给出了圆柱形叠层类电容示意图。DRAM 的临界电荷 Q_{crit} 大致等于 $CV_{cc}/2$,所以高电容值 C 的 DRAM 对于 SEE(单粒子效应)并不敏感,如图 1.15 所示。通过 WL(字线)控制栅开启,从而很容易实现读写功能,如图 4.1(b)所示。

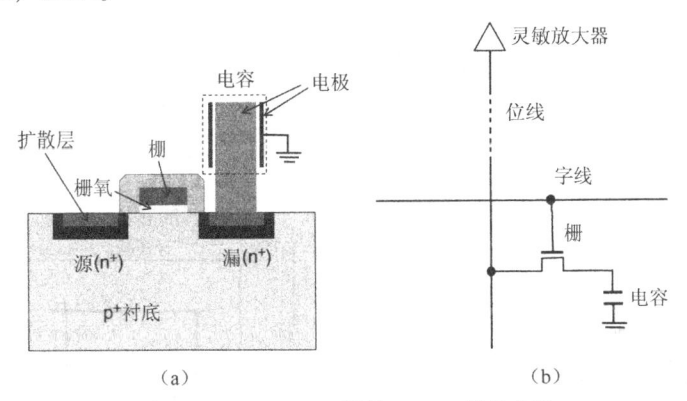

图 4.1 (a) DRAM 结构;(b) 等效电路

4.1.2 CMOS 反相器

CMOS(互补金属氧化物半导体)反相器将输入信号取反(输入为"0",则输出为"1",反之亦然),是电子学中的最基本单元[2]。如图 4.2(a)所示,反相器由 pMOSFET(p 沟道金属氧化物半导体场效应晶体管)和 nMOSFET 构成。如图 4.2(b)所示,pMOSFET 的源连接至 V_{cc},nMOSFET 的源连接至地。当反相器输入为"0"时,pMOSFET 栅开启,而 nMOSFET 栅关断,使得输出为"1"。类似地,当输入为"1"时,输出为"0"。图 4.2(c)给出了反相器的符号。

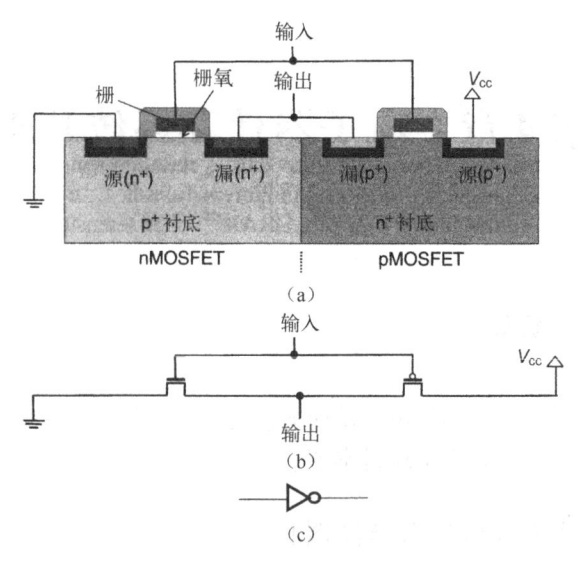

图 4.2 (a) 反相器的结构；(b) 电路；(c) 符号

4.1.3　SRAM（静态随机存取存储器）

尽管图 1.6 已经给出了 SRAM 的基本结构和电路，图 4.3（a）和图 4.3（b）还是描述了 SRAM 典型版图和电路间的关系[3]。如图 4.3（b）所示，晶体管 Tr_1（nMOSFET）和 Tr_2（pMOSFET）构成了一个反相器，版图如图 4.3（a）所示。Tr_1 和 Tr_2 共栅$_1$，连接至 $\overline{Q}$。当字线为高电位时，栅$_2$ 开启，可以从节点 Q 读出数据，或者向节点 Q 写入数据。图 4.3（c）给出了 SRAM 的等效电路图。当带电粒子入射 SRAM 的"高"节点时，电子流向该节点，从而降低该节点的电压值。如图 4.3（b）所示，"低"电位节点对 V_{cc} 导通，电流驱动该节点，使之变为"高"电位。

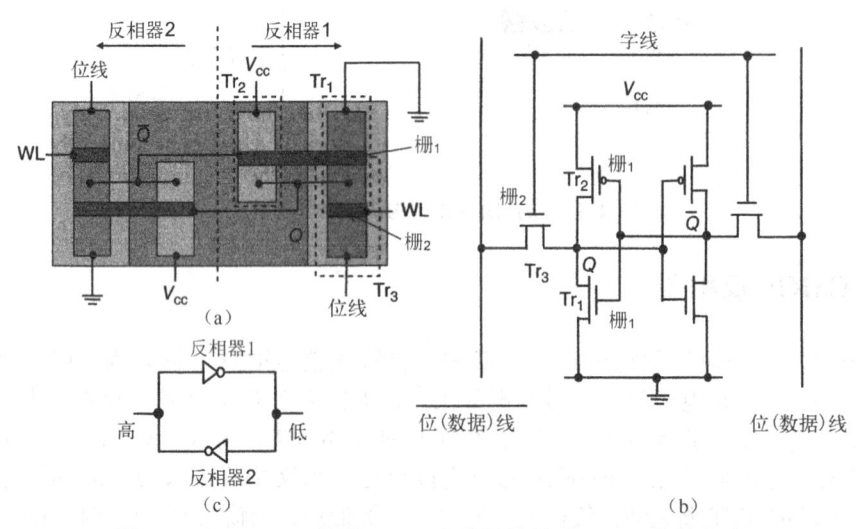

图 4.3 (a) SRAM 版图；(b) 电路间的关系；(c) 等效电路

如果电压降低的速率快于恢复的速率，则 SRAM 的条件发生翻转。因此，SRAM 的翻转机制是动态的，不能从静态数据中获得 Q_{crit}，需要采用动态数据仿真来获得 SRAM 的 Q_{crit}。

4.1.4 浮栅存储器（闪存）

图 4.4（a）和图 4.4（b）给出了浮栅存储器结构示意图，该结构由扩散层（源和漏）、浮栅、控制栅和几纳米厚的薄栅氧及隧穿氧化物构成[4]。基于碰撞电离机制，热电子穿越隧穿氧化层，注入浮栅，从而完成数据"0"的写入。将控制栅电压 V_{gate} 偏置得足够高（如 12 V），可以产生碰撞电离。

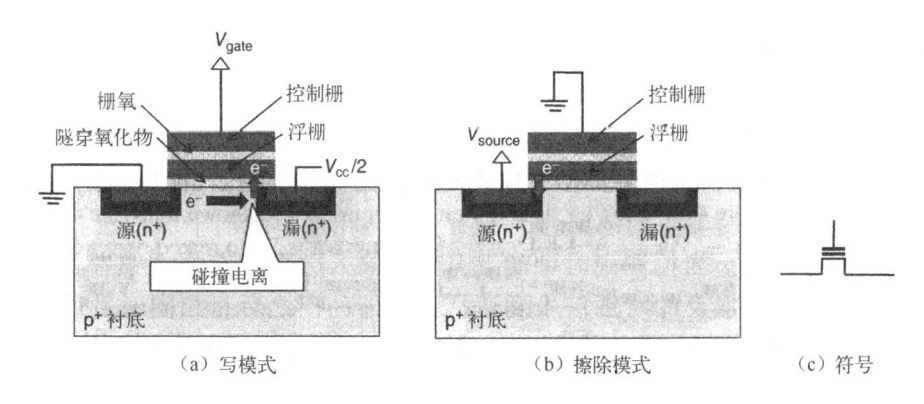

图 4.4 浮栅存储器结构和功能

将源端电压 V_{source} 偏置得足够高，则浮栅中电子被抽走（擦除），从而实现数据"1"的状态存储，如图 4.4（b）所示。

图 4.4（c）给出了浮栅存储器的符号。

根据读取数据的方式不同，存在 NOR 和 NAND 两类浮栅存储器。图 4.5（a）和图 4.5（b）给出了 NOR 和 NAND 型浮栅存储器的电路。对于 NOR 型浮栅存储器，在 BL（位线）和地之间仅有一个器件。仅当浮栅中无电子（状态 1），沟道开启，电流在 BL 和地之间流动，通过检测该电流来读取浮栅上的数据。当浮栅上填充电子达到一定数量时，浮栅上的负电压抵消了控制栅上的电压，所以源漏间的沟道不能开启。根据浮栅上的电子数量，单级单元（SLC）浮栅存储器只有两种状态（"0"和"1"）。而多级单元（MLC）浮栅存储器的状态多于两种，通常有四种电荷状态来表征 2 位，即"00"、"01"、"10"和"11"。

在 NAND 型浮栅存储器中，多个浮栅串联，两端分别有 BL 选择器（晶体管）和地选择器，如图 4.5（b）所示。当读取其中一个浮栅的数据时，其控制栅的电压偏置在"0"，而其他浮栅单元的控制栅偏置电压足够高（如 5 V）。无论其他浮栅电压如何，对应的沟道都将开启。当检测到电流流经 BL 和地，则读取的 SLC 浮栅状态为"1"；如未检测到流经 BL 和地的电流，则读取的 SLC 浮栅状态为"0"。

(a) NOR型　　　　　　　(b) NAND型

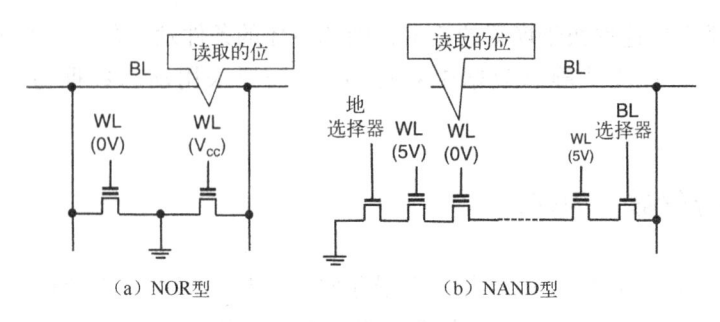

图 4.5　浮栅存储器的读模式

4.1.5　时序逻辑器件

时序逻辑电路可以保持数据，也称为存储元件[5]。图 4.6（a）和图 4.6（b）给出了 D-锁存器和触发器这两种典型时序逻辑电路的等效电路。当门开启时，D-锁存器在 SRAM 结构中保持输入的数据。D-锁存器的输出简单地向下级传送。FF 由主锁存器和从锁存器构成。当检测到时钟的上升沿，输入数据保存在主锁存器中，且不会传送到从锁存器。取反的时钟信号到达从锁存器的门之后，相同时钟的第二个沿使得门开启。因此通过 FF 的两个门，一个时钟脉冲之后，数据出现在了 FF 的输出端。

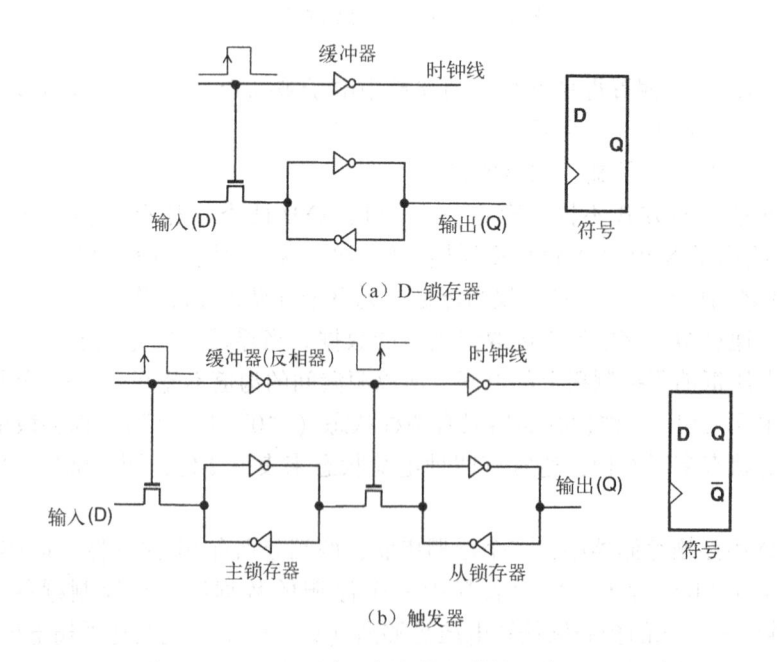

(a) D-锁存器

(b) 触发器

图 4.6　时序逻辑器件的等效电路

4.1.6 组合逻辑器件

组合逻辑电路包含一定数量的不保存数据的逻辑电路。组合逻辑电路可以是 SET（单粒子瞬态）的来源。SET 是带电粒子入射产生的瞬态噪声。

图 4.7 汇总了典型的组合器件，包括（a）AND、（b）NAND、（c）OR、（d）NOR、（e）XOR（异或）和（f）MUX（多路选择器），也给出了电路符号、功能表达式和 A＝1 和 B＝0 时的典型输出（O）。

通常，组合逻辑级包含很多组合电路，其最终的输出保存至 FF，并根据时钟信号转移至下一级，如图 4.7 底部所示。

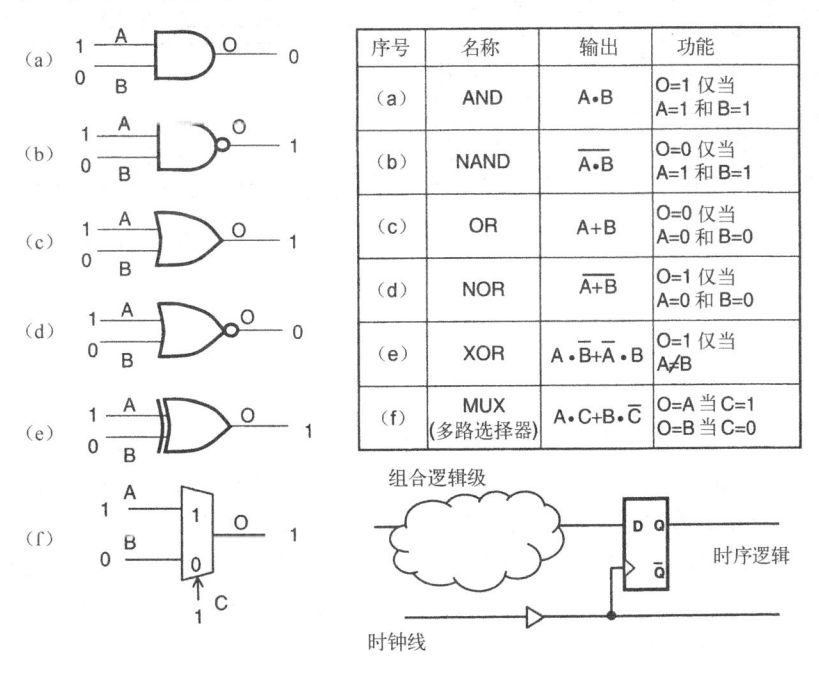

序号	名称	输出	功能
（a）	AND	A·B	O=1 仅当 A=1 和 B=1
（b）	NAND	$\overline{A \cdot B}$	O=0 仅当 A=1 和 B=1
（c）	OR	A+B	O=0 仅当 A=0 和 B=0
（d）	NOR	$\overline{A+B}$	O=1 仅当 A=0 和 B=0
（e）	XOR	$A \cdot \overline{B} + \overline{A} \cdot B$	O=1 仅当 A≠B
（f）	MUX（多路选择器）	$A \cdot C + B \cdot \overline{C}$	O=A 当 C=1 O=B 当 C=0

图 4.7 典型组合逻辑器件及其功能

4.2 电子系统基础

本节介绍电子系统的基础知识，从而方便理解第 6 章至第 8 章的内容。对于熟悉相关基础知识的读者而言，可以直接跳过本节。

4.2.1 FPGA（现场可编程门阵列）

现场可编程门阵列（FPGA）因其功能灵活而被广泛应用于工业领域[6]。FPGA 包含逻辑块矩阵、布线通道和轨道线，如图 4.8 所示。

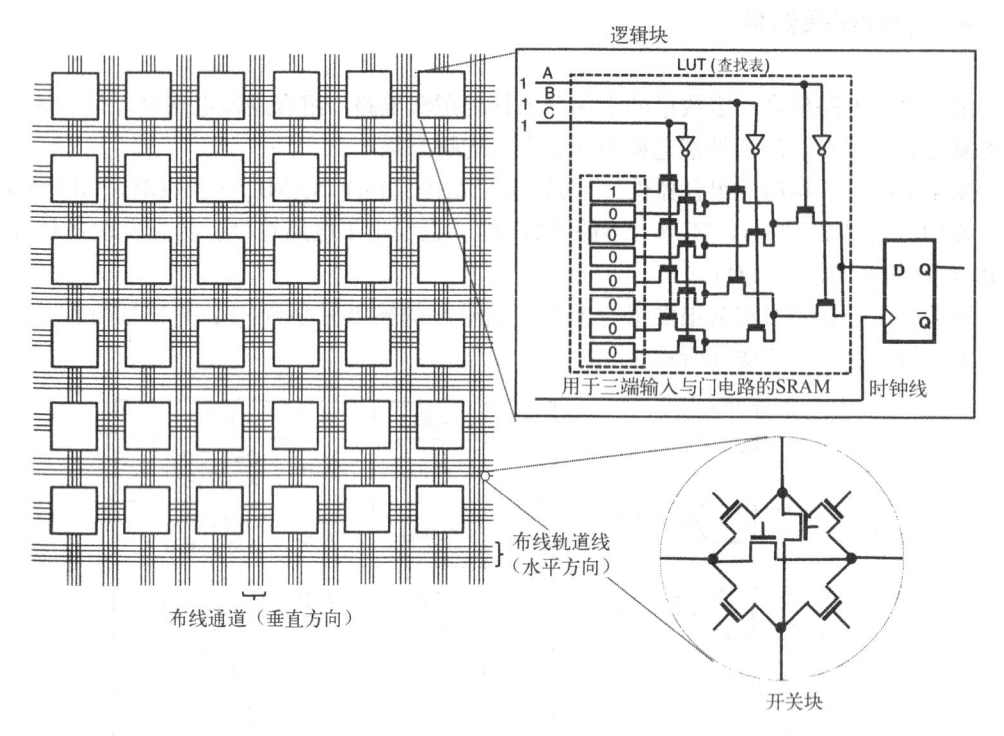

图 4.8　FPGA 布局图和功能

通过开关块中晶体管的开启或关断，可以改变线的连接。

逻辑块包括 LUT（查找表）、SRAM、内部晶体管集和保存输出的触发器（FF）。LUT 可以产生任何一种逻辑功能。逻辑块图中给出了三端输入与门电路的例子。三个输入决定了 SRAM 的地址，其数据传输至 FF 的输入端。对于三端输入与门电路，仅当输入 A＝B＝C＝1 时，输出为"1"。设置顶部 SRAM 数据位"1"，其他 SRAM 数据为"0"，可以实现三端输入与门电路的功能。

通过这种方式，FPGA 甚至可以仿真复杂的微处理器。

4.2.2　处理器

图 4.9 给出了有序处理器中执行的典型流水线处理流的示意图，其中的指令按顺序一个一个地执行[7]。通常有如下五步：

1. IF（取指令）：从主存储器到高速缓冲存储器，从高速缓冲存储器到指令寄存器，取出指令。

2. ID（指令译码/寄存器读）：指令译码为控制命令，如需要则读寄存器。

3. EX（执行）：通过访问寄存器数据和计算地址或分叉目标来执行指令。

4. MA（存储器存取）：存储器中加载数据或存储数据至存储器。

5. WB（回写）：数据存储在寄存器中。

原则上，连续处理每一条指令，如图 4.9 所示。

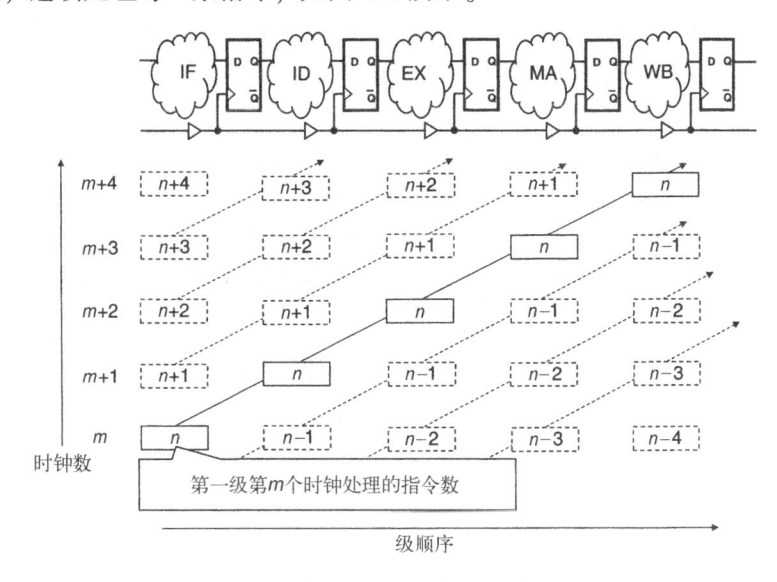

图 4.9　有序处理器中的流水线处理

例如在 IF 级第 m 个时钟取第 n 个指令，在第 $m+1$ 个时钟在 ID 级将指令译码，同时在 IF 级取第 $n+1$ 个指令。

当一个指令要求执行完之前的指令，该进程可能无法实施。但 OS（操作系统）通过使用寄存器文件中存储的数据，可以处理序列和时序。OS 的功能包括调度、中断处理、存储器控制和通信控制，图 4.10 给出了相应的部分和功能。中断处理器接受来自中断控制器的硬件中断或者软件中断（例如，除零或保护区域的写操作）。

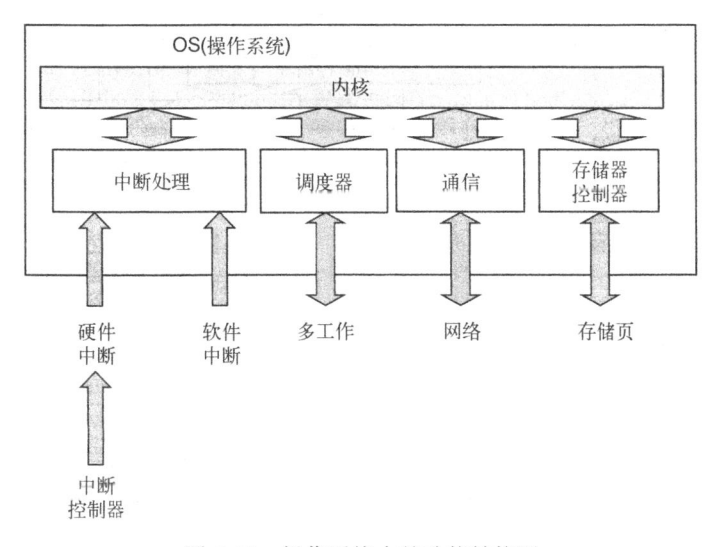

图 4.10　操作系统中的功能结构图

图 4.11 描绘了微处理器的简化架构。微处理器包含有操作系统和带有外部 I/O 及主存储器的 CPU。在 CPU 中，保存寄存器文件和高速缓冲，通过流水线处理器访问。在寄存器文件中，程序立即执行的数据存储在数据寄存器中，通过高速缓冲将执行结果转移至主存储器。有很多类型的寄存器，常用的如下：

1. 索引寄存器：通常存储下次访问指令的相对地址。
2. PC（程序计数器）：存储下次访问指令的地址。
3. 堆栈指针：存储堆栈中（通常位于主存储器）最近访问程序的地址。
4. 状态寄存器：存储标识位集，来表述微处理器的特定条件。其数据主要用于分支。
5. 浮点寄存器：用于浮点计算的寄存器。
6. 常数寄存器：例如 π 等经常使用的数值常数保存在此处。

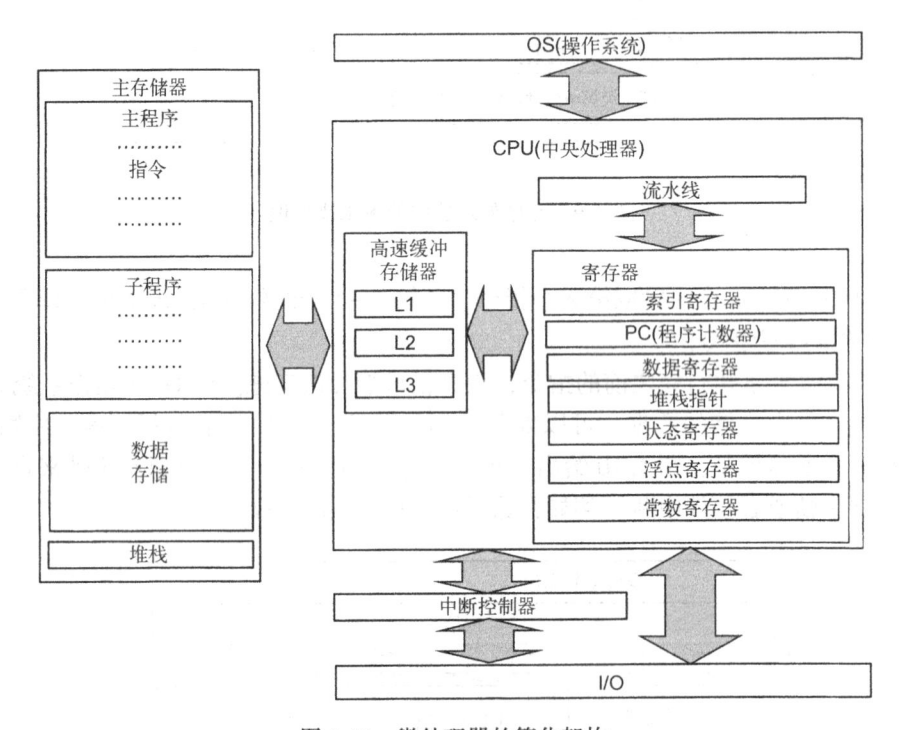

图 4.11 微处理器的简化架构

4.3 本章小结

本章介绍了电子器件和系统的基础知识，从而更好地理解第 6 章至第 8 章中的内容。本章简要地介绍了 DRAM、反相器、SRAM、浮栅存储器、组合逻辑电路、时序逻辑电路、FPGA 和处理器。

参考文献

[1] Slayman, C., Ma, M. and Lindley, S. (2006) Impact of error correction code and dynamic memory reconfiguration on high-reliability/low-cost server memory. IEEE International Integrated Reliability Workshop Final Report, 2006, pp. 190–193.
[2] Baze, M., Wert, J., Clement, J. *et al.* (2006) Propagating SET characterization technique for digital CMOS libraries. *IEEE Transactions on Nuclear Science*, **53** (6), 3472–3478.
[3] Ishibashi, K. and Osada, K. (eds) (2010) *Low Power and Reliable SRAM Memory Cell and Array Design*, Springer.
[4] Cellere, G., Pellati, P., Chimenton, A. *et al.* (2001) Radiation effects on floating-gate memory cells. *IEEE Transactions on Nuclear Science*, **48** (6), 2222.
[5] Velazco, R., Foucard, G. and Peronnard, P. (2010) Combining results of accelerated radiation tests and Fault injections to predict the error rate of an application implemented in SRAM-based FPGAs. *IEEE Transactions on Nuclear Science*, **57** (6), 3500–3505.
[6] Zhang, M., Wang, N.J., Shi, Q. *et al.* (2006) Sequential element design with built-in soft error resilience. *IEEE Transactions on Very Large Scale Integration Systems*, **14** (12), 1368–1378.
[7] Kellington, J. and McBeth, R. (2007) IBM POWER6 processor soft error tolerance analysis using proton irradiation. *IEEE Workshop on Silicon Errors in Logic – System Effects* 3, Austin TX, 3 April, 4.

第 5 章 单粒子效应辐照测试方法

5.1 场测试

单粒子效应（SEE）过去常在航空高度进行测试，那里的辐照强度比在地面高度上强 100 倍[1]。即使中子流强度已经很高，为获得统计学上可靠的数据，必须要有足够长的测试时间，这将导致实验成本高昂。

另一方面，在场测试中，待测器件（DUT）被放在经纬度（地理位置）及海拔高度已知的特定位置进行测试，这样一来成本将得到降低。由于海拔高度为零的地面辐照强度非常低，（要获得相同效果）通常就要将成千上万个 DUT 暴露在辐照场中几年。这些类型的测量原则上讲可以给出直观易懂的结果，因此被称为"实时测试"（real time tests）。要注意的是周围屏蔽条件如高楼和地板，太阳活动和大气压力也会影响地面辐照强度[2]。

太空天气预测[3,4]也得注意，因为一次大的太阳耀斑爆发可能会对器件的测试结果产生巨大影响。为精确分析需要，也应测量并记录全球定位系统（GPS）数据和中子流密度，可以使用 Bonner 球系统[2]来测量中子能谱，数据本身比数据分析更为有用。由于实时测量是在周围无操作人员的远程情况下进行的，静态测量通常使用大容量电池供能。强烈推荐使用无线电波方式在远程办公室获取数据。

为获得更强的辐照流密度，通常进行高海拔（HA）或者高山测试[5-13]。仪器和位置包括海拔高度和经纬度都被总结在表 5.1 中。表中也包括了使用束流计算器[14]计算的相对中子流强度。在 HA 测试如白山山脉（海拔 3883 m），莫纳克亚山（海拔 4200 m，4023 m），皮尔奇山（海拔 2552 m），普诺（海拔 3889 m），浅间山（海拔 2200 m），少女峰（海拔 3570 m）和太浩湖（海拔 1700 m，2000 m）中，这些地方的中子流强度是纽约市（NYC，海拔为 0）的 3~16 倍，正如图 2.3 所展示的那样，中介子和质子在航空高度测试时，其剂量对试验的影响不可忽略。为验证和比较需要，推荐进行近海平面（表 5.1 的 G 型）的场测试。

Ibe 等人用中子放射性剂量测量仪在日本的三个不同的地点（地理位置和海拔高度）对 250 nm 线宽的 4 MB 静态随机存取存储器（SRAM）进行了 HA 场测试。使用宇宙辐射影响仿真器（CORIMS）得到的蒙特卡罗软错误模拟结果和测得的实验数据吻合[7]。

第5章 单粒子效应辐照测试方法

表 5.1 场中 SEE 测量点信息表

地 点	设备名称	类型[a]	海拔/m	地理位置[b] 经度	地理位置[b] 纬度	归一千纽约市的中子流密度(50%最大值)	备 注	参 考 文 献
加州,白山山脉	Barcroft Station	HA	3883	37N	118W	16	http://www.wmrs.edu/	Lesea[5]
夏威夷莫纳克亚山	CSO	HA	4023	19N	155W	8.3	http://www.cso.caltech.edu/	—
—	昴星团望远镜	HA	4200	—	—	9.1	http://www.naoj.org/	Tosaka[6]
法国,马赛	IM2NP[c]	G	123	43N	5E	0.93	http://www.im2np.fr/	Lesea[5]
法国,吕斯特勒	LSBB[d]	UG	−457 (care)	43N	5E	—	http://lsbb.oca.eu/spip.php?article165	Lesea[5], Autran[8], Alxandrescu[11] and Hubert[10]
法国,皮尔匀山	—	HA	2552	44N	5E	7.2	—	Hubert[10]
秘鲁,普诺	—	HA	3889	15.5S	70W	8.1	—	Kameyama[13]
加州,圣何塞	—	G	0	37N	122W	0.95	—	Ibe[15]
日本,小诸市	—	G	70	35N	139E	0.66	—	—
日本,浅间山	—	HA	700	36N	138E	1.1	—	—
—	—	HA	2200	36N	138E	3.2	—	—
法国,弗雷瑞斯山脉,莫达纳	LSM[e]	UG	4800~1700 隧道3100	45N	6E	(9)[f]	http://www-extension-lsm.in2p3.fr/	Alxandrescu[11]
瑞士,少女峰	—	HA	3570	46N	7E	13	—	Torok[9] and Alxandrescu[11]
日本,大任町	Oto Cosmo 天文台	UG	845~467 隧道378	34N	135E	(0.83)[f]	http://wwwkm.phys.sci.osaka-u.ac.jp/info/syoukai/oto.html	Kobayashi[12]
加州,太浩湖	—	HA	2000	39N	120W	4.7	—	Kameyama[13]
—	—	HA	1700	—	—	3.8	—	—
日本,大分市	—	G	0	33N	131E	0.6	—	Kobayashi[12]
日本,横滨市	—	G	0	35N	140E	0.63	—	—

[a] HA:高海拔;G:海平面;UG:地下
[b] N:北纬;S:南纬;W:西经;E:东经
[c] 普罗旺斯纳米材料微电子所
[d] 低噪声地下实验室
[e] 莫达纳地下实验室
[f] 忽略岩石屏蔽效应

Lesea 等人在新墨西哥、白山山脉、莫纳克亚山、皮尔奇山等地进行了 HA 测试，并在 Rosetta 项目中进行了地面测试[5]。洛斯阿拉莫斯国家科学中心（LANSCE）和加州大学戴维斯分校克罗克核实验室（CNL）分别进行了 Xilinx 公司的 150 nm、130 nm 和 90 nm 工艺的 FPGA 的 HA/G/UG（地下）的中子和质子场测试。人们在基于场中子流的模拟结果估测得出的软错误率（SER）和 HA 场测试下的 SER 中发现了很大的不同。对 90 nm 的 FPGA 而言估测得出的 SER 比实验测出来的高三倍。误差根源并未确定。

Autran 等人搭建了一个集高海拔、海平面和海平面以下基础设施为一体的单粒子效应海拔测试欧洲平台（ASTEP），这里说的基础设施既包括硬件后勤支持也包括长期技术支持[8]。

为了区分总的 SER 中来自 DUT 的 α 射线的影响并更正海平面中子流引起的 SER，人们也在深的山洞[5]和报废隧道[11,12]里开展了深 UG 测试。Kobayashi[12]等人也曾在场测试中评估了热中子效应的影响，他们证明无论实验开展的海拔高度是多少，对于含有 ^{10}B 的 DUT，在场测试中的热中子效应影响必须从总 SER 中分离出来。可以在分析中使用能衰减热中子的镉屏蔽方法（详见 5.6 节）。Tosaka 等人在夏威夷的 Mauna Kea 天文台进行了 90 nm 工艺 CMOS SRAM 的场测试并使用 4 个 Bonner 球测量了中子谱线[6]。Autranf 等人在 ASTEP 开展了 40 nm 工艺的 SRAM 高海拔场测试[8]。Kameyama 等人在加利福尼亚开展了 180 nm 和 130 nm 工艺的 SRAM 的 HA/G 场测试，他们还观测到了中子流的异常[13]。Torok 等人在 LANSCE 开展了电荷耦合器件（CCD）的 HA/G 场测试和中子加速测试。CCD 的收集电荷谱可用来进行分析[9]。

5.2 α 射线 SEE 测试

表 5.2 总结了加速实验 α 射线源的性质[16-21]。α 射线软错误实验最常使用一张含有 ^{241}Am 的铝箔。这样的铝箔可以商业购买，并应用于 α 射线 SEE 测试。诸如 JESD89A[18]，IEC60749-38[19]和 EDR4705[20]之类的标准定义了源距 DUT 的距离和源覆盖 DUT 的面积。也有使用高能加速器产生高能 He 离子束流的案例[16,17,22-25]。

如表 2.3 所示，α 射线的能量约为 5 MeV，它们在 DUT 中的穿透距离相对较短，在金属中则更短[21]。实际上，DUT 本身就含有 α 射线源，所以 α 射线可以达到它的敏感部分。要想从 DUT 外部使用 α 射线评估 SEE，DUT 基底层的解封装是必不可少的，尤其是从 DUT 底部或者想要获得 α 粒子流均匀穿透 DUT 的情况下。

正如表 5.2 所示，硅中的 α 粒子的 LET 并不是很高，单个位翻转（SBU）才是 α 粒子引起软错误的主要模式。

Roche 等人使用 ^{241}Am 和 ^{232}Th 源在 250 nm、130 nm 和 90 nm 的 SOI/bulk 工艺 SRAM 中进行了 α 射线软错误实验，演示了与使用 bulk 工艺的 SRAM 相比，使用 SOI 工艺的 SRAM 敏感性更低[16]。

Gasiot 和 Roche 进一步使用 ^{241}Am α 射线在 130 nm，90 nm 和 65 nm 工艺的 SRAM 进行了软错误测试，结果显示，由于双极效应，部分 65 nm SRAM 的多单元翻转（MCU）率有所上升[17]。

第 5 章 单粒子效应辐照测试方法

表 5.2 α 射线 SEE 测量方法列表

首字母缩写	设备名称/源	地 点	能 量 (MeV)	Si 中 LET (MeV-cm²/mg)	流 量 (α/cm²/s)	备 注	参考文献
—	IBM TJ Watson Lab. 3MV 串列加速器	纽约, 纽约州高地	4~7	0.5~4	5×10⁶	65 nm SOI* 闩锁工艺	KleinOsowski[22]
—				0.6~9	—	32 nm, 45 nm SOI 闩锁工艺	Rodbell[23]
TAMU	得克萨斯农机大学回旋研究所	得州大学城	60, 99	0.11, 0.07 (初始真空) 1.5 (布拉格峰处)	—	—	Swift[24]
—	²⁴¹Am	—	4	0.7	—	90 nm, 130 nm 及 250 nm SRAM 工艺 100μCi	Roche[16]
—							Gasiot[17]
—	²³²Th	—	5.4	0.6	—	90 nm, 130 nm 及 250 nm SRAM 工艺	Roche[16]

* 绝缘体上硅

KleinOsowski 等人[22]和 Rodbell 等人[23]使用 IBM 的 T. J. Watson Lab. 3 MV 串列加速器在 65 nm, 45 nm 和 32 nm SOI 闩锁工艺中评估了 α 射线软错误, 分析了晶体管的线宽和版图及束流入射角度带来的影响。加速器的优点是 α 射线的束流可以瞄准, 而且其角度和落点可控。

Swift 也将 TAMU 的回旋加速器当作了 α 射线源[24]。

为分析 α 射线在场中实际产生的 SER, 也得测量器件中的污染物（主要是 ^{210}Po, ^{232}Th 和 ^{238}U）产生的 α 射线。^{210}Po 主要以铅中污染物的形式存在于焊料凸块中。^{232}Th 和 ^{238}U 主要存在于封装材料中。随着尺寸的缩小及随之而来的 Q_{crit} 下降, SRAM 对 α 射线的敏感性已经高至即使是低于 1×10^{-3} h^{-1}·cm^{-2}（超低 α 水平, VLA）的 α 射线束流也会引起严重 SER 的地步。由此, 在制造过程中必须严苛控制具有发射 α 射线能力的材料的比例。开发检测如此低含率的测试手段变得异常困难, 但是又不得不在这类检测中发展和使用这类手段。Takasu 等人开发出一种把 CR-39 单体放在真空管中的器件上的方法。在化学刻蚀 CR-39 单体后, 在它上面由 α 粒子轰击造成的坑洞数量将会得到计数, 此法证实了它的 α 射线束流的检测下限是 3.2×10^{-5} h^{-1}·cm^{-2}, 此下限远低于 HLA (超低 α 水平, 5×10^{-4} h^{-1}·cm^{-2})。

5.3 重离子辐照测试

核子与靶核发生核裂变反应之后, 产生大量高能次级离子。加速器产生的高能粒子可以用来模拟这样的次级离子的影响或者是太空环境下高能离子的直接轰击。这些影响可以是直接电离机制的 SEU、TID（总剂量效应）或者是第 3 章介绍的位移效应。这些高能粒子通常来讲初始时以气体或蒸汽的形式被充进高真空腔里, 然后如图 5.1 所示在电离室充电变成正离子或负离子。这些离子被提取电极到加速腔（同步加速器、回旋加速器或线性粒子加速器LINAC）, 接着被加速到特定能量并引导至放置 DUT 或者 BUT（待测电路板）的辐照腔内。因为束线被保持在高真空的条件下, 所以 DUT 必须放置在高真空靶室或放置在大气压力下的电路板上。在后一种情况下, 加速离子在束线末端通过薄膜从真空条件过渡到大气环境。

可以通过在辐照前的束流中或者束流回收时的束流末端放置一个法拉第杯的方式来测量束流强度（电流）。DUT 在加热、充电或者辐照"激活"过程中必须小心对待。在高能粒子设施中辐照过的 DUT 和 BUT, 必须在安全室放置一段时间以安全地辐照"退火"。

通常情况下, DUT 有相对厚层或者用铜做的散热鳍片, BUT 有很多芯片和组件, 这些结构会散射离子, 使它们失去能量。DUT 相关深度中的离子分布范围和 LET 必须预先用 SRIM (Stopping and Range of Ions in Matter, 离子在物质中停止和射程)[27]或者是像 PHITS (Particle and Heavy Ion Transport code System, 粒子和重离子输运程序系统)[28]之类更复杂的工具估算。设备和电源的布局和屏蔽应慎重考虑, 因为束流粒子和墙体材料在束流线或辐照室的相互作用可能产生高能 X 射线、γ 射线或中子, 它们可能会导致设备故障。

第 5 章 单粒子效应辐照测试方法

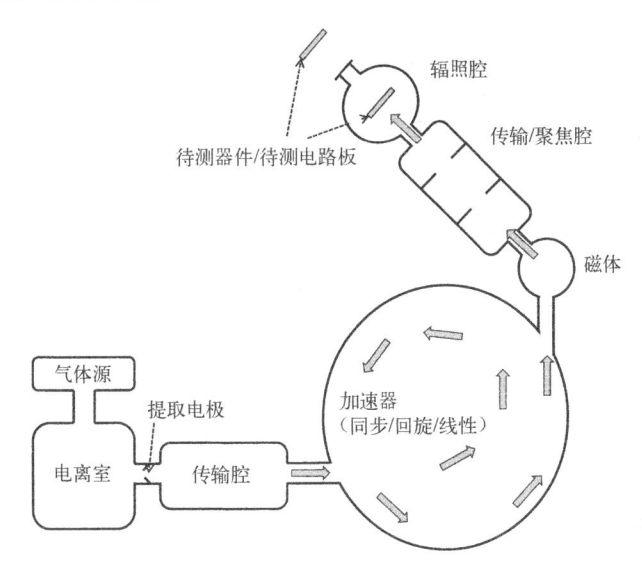

图 5.1 高能粒子辐照使用的典型加速器系统

表 5.3 总结了典型的粒子加速器设施，它们用于评估陆地或宇宙辐射的影响[23,29-43]。表 5.3 还从文献中收集并总结了关于设施功能的可靠数据，之后的表格也如此记录了其他类型的辐照设施。

可以使用回旋加速器[23,29-34,38-42]或范德格拉夫（Van de Graaf）加速器和珠链式静电加速器之类的串列加速器[29,37-40,43]生成高能重离子。串列加速器以如图 5.2 所示的生产负离子开始。带负电离子通过高压电极加速，然后通常通过一个金属箔提取轨道电子变成带正电离子，然后再加速到地面。离子可以有一个 $2ZV$ 的能量，Z 是离子的原子序数，V 是端电压。

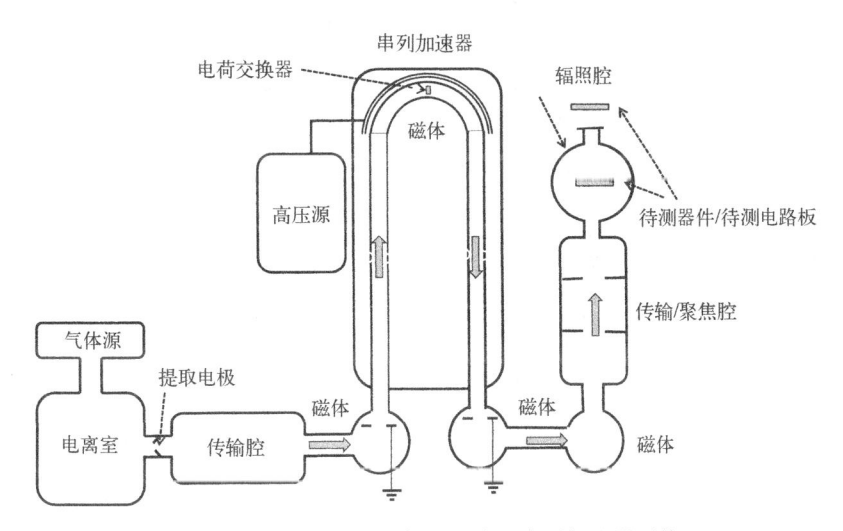

图 5.2 高能粒子辐照使用的典型串列加速器系统

表 5.3 高能重离子辐照设施表

首字母缩写	机构/设施名	地点	类型	离子	能量 (MeV)	能量 (MeV/amu)	LET (MeV-cm²/mg)	备注	参考文献
HIF/CYCLONE	奥蒂尼-新鲁汶回旋加速器	比利时,奥蒂尼-新鲁汶	回旋加速器	N, Ne, Ar, Kr, Xe, Ar, Kr, Xe	60~420	—	3.3~67.7	http://www.cyc.ucl.ac.be/HIF/HIF.html	Gerardin[29]
				He, Be, C, N, O, Ne, Ar	—	0.56~10	—	可获得20~80 MeV中子源	Sierawski[30]
TVDG/BNL	布鲁克海文国家实验室	美国,纽约,阿普顿	范德格拉夫串列加速器	F, Si, Ti, Br, Ag, I	—	—	3.4~59.7	http://tvdg10.phy.bnl.gov	Irom[31]
TAMU	得克萨斯农机大学回旋研究所	美国,得州	回旋加速器	N, Ne, Ar, Kr, Xe	—	10	—	http://cyclotron.tamu.edu	Rodbell[23]
				Ar, Cu, Kr, Ag, Xe, Pr, Ho, Ta	—	15, 25	5.6~130		Irom[31]
				Au, Xe	2200~2600	—	42~86		Dodd[32]
				Ne, Ar, Kr, Xe	300~1935	—	2.9~55.6		Oldham[34]
HMI	哈恩-迈特纳研究所	德国,柏林	回旋加速器	C, O	68	—	—	—	Sonia[33]
—	纽伦堡大学应用物理研究所	德国,埃朗根市	—	C, O, Fe	2	—	—	—	—
NSCL	国家超导回旋加速器实验室	美国密歇根州立大学	回旋加速器	Ne, Ar, Kr, Xe	300~14280	15, 70, 105	2.9~55.6	http://www.nscl.msu.edu	Oldham[34]

第 5 章 单粒子效应辐照测试方法

续表

首字母缩写	机构/设施名	地点	类型	离子	能量 (MeV)	能量 (MeV/amu)	LET (MeV·cm²/mg)	备注	参考文献
INFN (SIRAD)	莱尼亚罗国家实验室	意大利,帕多瓦	15 MeV 串列加速器	O, Si, Ni, Ag	100~256	—	2.85~58.2	http://sirad.pd.infn.it/	Gerardin[35]
				I, Ag, Ni	239~275	—	25.3~64.2	流量:4×10^4粒/cm²/s	Larcher[36]
				Au, I	273, 286	—	85, 65	—	Cellere[37]
				O, Ne, Ar, Kr, Xe	—	10	—	http://www.lbl.gov/	Rodbell[23]
LBNL	劳伦斯伯克利国家实验室	美国,加州,伯克利	回旋加速器	N, Ar, Cu, Kr	234~1226	—	1.2~2.5		Chatterjee[38]
				N, N₂, Ar, Kr, Xe	68~612	—	2.9~64		Dodd[39]
				B, N, Ne, Ar, Cu	45~293	—	1.25~28.6		McMarr[40]
RADEF	辐照效应设施	芬兰,于韦斯屈莱	回旋加速器	Ne, Ar, Fe, Kr, Xe	186~1217	—	3.8~56.4	https://www.jyu.fi/fysiikka/en/research/accelerator/radef	Cellere[41]
—	加州大学	美国,加州,伯克利	回旋加速器	Ne, Ar, Kr, Xe, Bi	90~950	—	5.6~190	—	Liu[42]
ALTO	核物理研究所	法国,奥赛	串列加速器	F, Cl, Br	106~236	—	4.8~41	http://ipnweb.in2p3.fr/tandem-alto/index_E.html	FerletCavrois[43]

Chatterjee 等人在劳伦斯伯克利国家实验室（LBNL）对 40 nm 工艺 SRAM 进行了重离子辐照测试[38]。实验结果显示低 LET（1.16 MeV-cm²/mg）情况下，双阱的 SRAM 的 MCU 率比三阱的高，对高 LET 条件（24.98 MeV-cm²/mg）亦然。这是由于高密度电荷拘束在三阱，导致受影响的节点被重置。此现象即为单粒子翻转效应。

Liu 等人在美国加州大学伯克利分校使用回旋加速器观测质子和重离子辐照后 4 Mb SRAM 的 TID 和 SEE 效应，发现全耗尽绝缘体上硅（FDSOI）SRAM 比 PDSOI（部分耗尽绝缘体上硅）SRAM 表现出更高饱和度的 SEU 截面，而 FDSOI 的 LET 阈值远远低于 FD-SOI[42]。

McMarr 等人分别用 14 MeV 中子和劳伦斯伯克利国家实验室（LBNL）的重离子辐照来评估PDSOI 150 nm SRAM[40]。

Gerardin 等人在 SIRAD 研究重离子辐照对 FDSOI 工艺的 MOSFET 的 ESD（静电放电）的影响，发现辐照后器件的静电击穿电压从 5 V 减少至 3.5 V[35]。

Irom 和 Nguyen 使用布鲁克海文国家实验室（BNL）重离子束线对 Micron 公司 4 Gb NAND 闪存和 Spansion 公司 64 Mb NOR 闪存进行了 SEU 测试，他们在两种闪存中都发现了更高的 SEU/SEFI（单粒子功能中断）率[31]。在 NOR 闪存中观察到了彻底失效现象。

Oldham 等人分别用 NSCL（国家超导回旋加速器实验室）、TAMU 的重离子和 IUCF（印第安纳大学回旋加速器设施）质子辐照 Micron 公司 90 nm 2 Gb NAND 闪存以研究 SEE 和 TID 效应对辐照的敏感度[34]。

在 SIRAD，重离子（I, Ag 和 Ni 离子）辐照浮栅存储器后，观察到数据保持特性的恶化[36]。在 SIRAD，Cellere 等人也分析了等效电压浮栅 NOR 闪存在辐照试验中观察到的阈值电压 V_{th} 的变化。测试结果在 17 eV 的能量沉积下产生一个电子空穴对的隧道氧化层的渗流路径模型中得到验证，并总结出当使用比产生 SILC（应力致漏电流）厚得多的隧道氧化层时[37]，会产生 RILC（辐照致漏电流）的结论。

Cellere 等人还使用 RADEF（辐射效应设施）分析了 NOR 闪存 V_{th} 的漂移及其与轰击离子入射角的关系[41]。入射角越小，V_{th} 的漂移就越大。

Dodd 等人在布鲁克海文国家实验室（BNL）的帮助下研究横向功率 MOSFET 的 SEB 效应[32]。

Ferlet Cavrois 等人使用 ALTO（Accélérateur Linéaire auprès du Tandem d'Orsay）的激光和重离子辐照在反向长链中分析 SET 脉冲和脉冲调制评价机制即 PIPB（传输致脉冲展宽）[43]。PIPB 可能由双极行为引起。

5.4 质子束测试

质子和中子都是核子，它们仅有的区别是自旋方向和质量的不同（见表 2.1）。质子具有同位旋 1/2，中子具有同位旋 -1/2。质子引起的核散裂反应如图 3.9 所示，由于库仑势垒的影响，在界面的中子能量低于 50 MeV，这导致了它们的不同。

表 5.4 总结了用于海平面和太空辐射效应的典型质子加速器设施[44-65]。

第 5 章 单粒子效应辐照测试方法

表 5.4 高能质子辐照设施表

首字母缩写	机构/设施名	地点	类型	能量(MeV)	流量 $(p/cm^2/s)^a$	备注	参考文献
PIF/TRIUMF	加拿大粒子和核物理国家实验室	加拿大温哥华	回旋加速器	34.5~498	$1.44 \sim 8.52 \times 10^{11}$	http://www.triumf.ca/	Cellere[44]
				35.4,105,498	—		Gerardin[29]
				20~498	—		Shaneyfelt[48]
				20~520	$1 \times 10^5 \sim 1 \times 10^8$		Hiemstra[49]
				50,100,200,350,500	—		Baggio[50]
				20~500	—		Schwank[51]
				105	—		Rufenscht[52]
PAULA/TSL	乌普萨拉大学	瑞士,乌普萨拉	回旋加速器	24,49,119,196	—	http://www.tsl.uu.se/proton-therapy/	Johansson[53]
				21,46,88	—		Granlund[54]
—	东北质子治疗中心	美国,马萨诸塞州,波士顿	回旋加速器	10~225	—	http://neurosurgery.mgh.harvard.edu/protonbeam/nptcbrochure.pdf	Liu[42]
				220	2.5×10^8		McMarr[40]
IUCF	印第安纳大学回旋加速器设施	美国,印第安纳州,伯明顿	回旋加速器	100,200	—	http://www.iucf.indiana.edu/	Sonia[33]
				52,89,198	—		Lawrence[55]
				65,200	—		Quinn[56]
				50,100,150,200	—		Gadlage[57]
				98,198	—		Sierawski[30]
				100,200	—	剂量: $1 \times 10^{10} \sim 1 \times 10^{11} p/cm^2$	Oldham[34]
				27,198	—	—	Seifert[58]
LBNL	劳伦斯伯克利国家实验室	美国,加州,伯克利	回旋加速器	1.2,6,32.5	—	http://www.lbl.gov/	Sierawski[30]
				0.35,3,5	—		Skarin[59]
				0.65,1.2	$6 \times 10^2 \sim 5 \times 10^6$		Lawrence[55]

续表

首字母缩写	机构/设施名	地 点	类 型	能量(MeV)	流 量 ($p/cm^2/s$)[a]	备 注	参考文献
INFN-LNL	莱尼亚罗国家实验室	意大利,莱尼亚罗	范德格拉夫串列加速器	5	—	http://www.lnl.infn.it/~newweb/index.php/en/introduction-to-the-lnl-accelerators	Zanata[61]
				4.2	2.4 krad(Si)/s		Bagatin[62]
IBM Tandem	托马斯·J.华生研究中心	美国,纽约州,约克城高地	范德格拉夫串列加速器	0.6~6	—	—	Rodbell[23]
CNL	加州大学戴维斯分校核实验室	美国,加州,戴维斯	回旋加速器	19.8,2.6	—	http://crocker.ucdavis.edu/	Sierawski[30]
				8~63	—		Schwank[51]
				1.09,4.47	—		Seifert[58]
—	哈恩-迈特纳研究所	德国,柏林	回旋加速器	2,68	—	http://www.helmholtz-berlin.de/zentrum/historie/lise-meitner-campus/index_en.html	Sonia[33]
—	弗朗西斯·H.玻尔质子治疗中心	美国,马萨诸塞州,波士顿	回旋加速器	150	8.2×10^7	http://www.massgeneral.org/radiationoncology/BurrProtonCenter.aspx	Kellington[64]及Rao[65]
GSFC	戈达德太空飞行中心	美国,马里兰州,绿带城	范德格拉夫串列加速器	<2	—	http://www.nasa.gov/centers/goddard/home/	Sierawski[30]

第 5 章 单粒子效应辐照测试方法

Schwank 等人利用 TRIUMF（Tri-University 高能介子设备）① 测试了应用于太空的商业 SRAM（500 nm 到 140 nm 工艺）。结果表明质子辐照的 SRAM，由于 TID［10～50krad(Si)］的影响，SEU 的有效截面比 Co-60 伽马辐射的辐照增加了 10 倍[51]。

Dyer 等人在 NPL（国家物理实验室），TSL（瑞典乌普萨拉大学斯韦德贝格实验室）和 TRIUMF 的帮助下测量了各种能量中子和质子辐照后 4 Mb SRAM 的 SEU 截面[46]。

低能质子对 SRAM 和闩锁中 SEU 特性的影响正在成为质子辐照试验中的关键问题。

Rodbell 等人使用 IBM 的托马斯·J. 华生研究中心的串列加速器研究了 Q_{crit} 的减小对 65 nm SOI 工艺 SRAM 和闩锁的 SEU 特性影响[63]。他们从 SEU 刚发生时的临界质子入射角度估测出了 Q_{crit}，并且分别在 SRAM 和闩锁中测出低至 0.24～0.27 fC 和 0.14～0.16 fC 的 Q_{crit}。他们还强调不同金属层结构对 Q_{crit} 的影响。

Sierawski 等人在 GSFC（戈达德太空飞行中心），CNL（加州大学戴维斯分校核实验室），IUCF（印第安纳大学回旋加速器中心）和 LBNL（劳伦斯伯克利国家实验室）研究了低能质子对 65 nm SRAM SEU 敏感性的影响[30]。研究表明，能量低于 2 MeV 的质子的影响约超过能量在 100 MeV 以上的质子 2 个数量级。他们把这种现象归因于低能质子引起的直接电离。与因缩小尺寸导致的 Q_{crit} 减小相比，低能质子在布拉格峰值能量附近能量沉积更大。

Lawrence 等人在 LBNL 测试了 90 nm bulk 工艺 CMOS SRAM 对低能质子的敏感性并将结果与在 IUCF 进行的高能质子测试对比[55]。电容和寄存器加固的 SRAM 和未加固的 SRAM 都进行了测试。1 MeV 以下辐照的未加固 SRAM 的 SEU 敏感性出现了 5 到 6 个数量级的剧烈下降。

Puchner 等人在 LBNL 使用下调至 0.35 MeV 的低能质子束，研究了低能质子的单粒子翻转效应对尺寸为 65 nm 和 90 nm SRAM（静态随机存取存储器）的影响[60]，结果显示在低于 2 MeV 的情况下单粒子翻转截面增加了两个数量级。

Seifert 等人在 IUCF 和 CNL 研究低能质子对尺寸为 45 nm 和 32 nm CMOS 门电路净损耗的影响[58]。他们使用降能器来使质子能量低于 1 MeV，结果显示对于尺寸为 32 nm 和 45 nm 闩锁，如果操作电压不降低，截面的单粒子翻转没有急剧增加。

Gadlage 等人研究了在双互锁单元技术反相器的链管道架构和边缘场开关技术中，操作频率对于单粒子翻转截面的影响[57]，正如 5.8.2 节所述，边缘场开关技术中的单粒子翻转速率是边缘场开关技术中质子直接命中敏感节点造成的影响和边缘场开关技术的逆转和俘获中组合逻辑电路（反相器链）中的单一事件瞬态的影响的总和。俘获的概率随着频率的增加而增加，这样边缘场开关技术中单粒子翻转效应从特定的频率（交叉频率）开始增加。在能量为 200 MeV 的质子辐照和几百兆电子伏的重离子辐照下，它们的交叉频率大约为 1 GHz。

Cellere 等人在 TRIUMF（加拿大粒子和核物理国家实验室）使用质子和重离子辐照测试 NAND 闪存器，研究显示了钨中核子反应的质子退缩效应的影响[44]。

Bagatin 等人在 LNL（莱尼亚罗国家实验室）研究了能量为 4.2 MeV 质子辐照 90 nm 工艺节点 NOR 型多值单元存储器的 TID（总剂量效应）和 70 nm 工艺节点的单值单元 NAND

---

① TRIUMF，也称 Tri-University 高能介子设备、加拿大粒子和核物理国家实验室，由加拿大西蒙·弗雷泽大学、不列颠哥伦比亚大学和维多利亚大学于 1968 年创建，以满足任何一所单独的大学都无法提供的研究需求。——编者注

闪存器[62]，结果显示在或非门存储器中 V_{th} 分布发生了改变。

Gerardin 等人在 LNL（莱尼亚罗国家实验室）研究了重离子辐照，在 TRIUMF 研究了质子辐照对于尺寸为 41 nm 的快闪存储器中的浮栅错误的影响[45]，强调了质子对浮栅错误的影响是通过直接电离作用和散裂反应造成的。

Zanata 等人研究了 FRAM（铁电随机存取存储器）的 TID（总剂量效应），使用了一个 PZT（钛酸锆酸铅）铁电薄膜作为电容，其可能代替闪存器作为非易失性闪存器[61]。研究结果发现在 FRAM 中的辐照损伤只发生在部分区域且表现出强烈的温度依赖性。

Sonia 等人研究了质子辐照对 ALGaN/GaN 异质结 FETS 的影响[33]。

Shaneyfelt 等人在 TRIUMF，IUCF 和 LANSCE（洛斯阿拉莫斯国家科学中心）使用质子和中子辐照研究总剂量效应（TID）对场效应晶体管的影响（增加泄漏电流）[48]，在 TRIUMF 的实验中使用镉片来减少中子能量，使之减少一个热级。

Hiemstra 等人在 TRIUMF 研究了质子辐照对奔腾 MMX 芯片（233 MHz，350 nm，4.5 M 晶体管）和奔腾 II（333 MHz，250 nm，7.5 M 晶体管）在其 L1 和 L2 缓存中，纠错码/错误检测和纠正（ECC）的影响[49]。

高能质子和中子常用于系统级的辐照测试：

Rufenacht 等人在 TRIUMF，使用能量为 105 MeV 的质子辐照研究了部分 ESP603 单板计算机和 Power PC 603r 微处理器[52]。他们将 ESP603 单板计算机分为 8 个区域（6 cm×6 cm），包括 DRAM（动态随机存取存储器）、FPGA（现场可编程门阵列）、clock buffers（时钟缓存）、EEPROM（电可擦除可编程只读存储器）、电压调节器等，测试了每个区域的 SEU（单粒子翻转）。

Kellington 等人在马萨诸塞州综合医院的弗朗西斯·H. 玻尔质子治疗中心，使用能量为 150 MeV 的质子辐照 IBM power6 微处理器（65 nm 的 SOI[64]，双核搭载在 L2 和 L3 缓存）进行静态和动态的测试。使用 AVP（架构验证程序），在 AVP 上指令是随机产生的，各种模式的错误，包括 SDC（静默数据破损）可以被评估。

Rao 等人在马萨诸塞州综合医院的弗朗西斯·H. 玻尔质子治疗中心使用能量为 145~150 MeV 的质子和 LANSCE（洛斯阿拉莫斯国家科学中心）使用散射中子辐照 IBM 的 power6，英特尔的 Core2 5160，至强的 Woodcrest 微处理器，研究了 SER 对工作负载的依赖性[65]。用到了 NOP（无操作状态），OS（操作系统）闲置，Linpack（线性系统软件包），LDPC（低密度奇偶校验）浮点工作量和拉普拉斯算子的滤波工作负载等。

虽然通常认为空闲状态相对于工作状态受辐照影响较小，但在辐照下没有观察到这两个状态有明显的差别。

5.5 高能 μ 介子测试方法

人工产生 μ 介子需要高能质子加速器和粒子束传输与碰撞设备，因此，在全球范围内可用的设备有如表 5.5 所示的限制[66-70]。

μ 介子不会因为引发任何核反应从而导致直接电离作用。它们的特性可以以类似带电电子测试的方式来体现。

第 5 章 单粒子效应辐照测试方法

表 5.5 μ 介子辐照设施列表

首字母缩写	机构/设施名	地点	主要粒子	靶材	能量或动量	流量	备注	参考
MUSE/J-PARC	日本复杂质子加速器研究	日本,武城县	p	石墨	4~55 MeV	4×10^6/(4π)/s	—	http://nuclpart.kek.jp/pac/1101/pdf/JPARCPAC110113.pdf
PRISM/J-PARC	—	—	500 GeV p	—	68 MeV/C	1×10^{12}/(4π)/s	在建	http://nop.kek.jp/~arimoto/researches/prism-ffag/docs/muon_facility.pdf
MICE/ISIS	卢瑟福·阿普尔顿实验室	英国,牛津郡	800 MeV p	中空的钛缸	140~240 MeV/C	—	μ介子电离作用冷却实验	http://wrap.warwick.ac.uk/48594/1/WRAP_Back_1748-0221_7_05_P05009.pdf
RIKEN-RAL/ISIS	日本理化学研究所/科学与国际安全研究所	—	800 MeV p	—	20~120 MeV/C	—	—	http://nectar.nd.rl.ac.uk/en.html
LAMPF	洛斯阿拉莫斯介子物理设施	美国,新墨西哥州,洛斯阿拉莫斯	800 MeV p	石墨	109 MeV/C	5×10^4/s/cm^2	动量为 164 MeV/C,流量为 1.6×10^6/cm^2/s 的介子束可用	Dicello[71]
M20B/TRIUMF	Tri-University 高能介子设备	加拿大 温哥华	500 MeV p	丙烯酸	20~200 MeV/C	1.4×10^6/(4π)/s	6 束线	Sierawski[72]
PSI	保罗·谢勒研究所	瑞士,菲利根	590 MeV p	—	10~280 MeV/C	3.0×10^7/(4π)/s	6 束线	http://lmu.web.psi.ch/facilities/facility.html

一个简化的 μ 介子辐照系统的方案如图 5.3 所示。

μ 介子可以由 π 介子的衰变产生：

$$\pi^- \to \mu^- + \nu_{\bar{\mu}}$$
$$\pi^+ \to \mu^+ + \nu_{\mu} \tag{5.1}$$

为了产生一个介子 π^+，一个动量大于 300 MeV 的高能质子和一个质子在靶核上（C，Cu 等）碰撞，反应式如下：

$$p + p \to p + n + \pi^+ \tag{5.2}$$

负介子 π^- 可以由高能中子轰击靶目标产生

$$n + p \to p + p + \pi^- \tag{5.3}$$

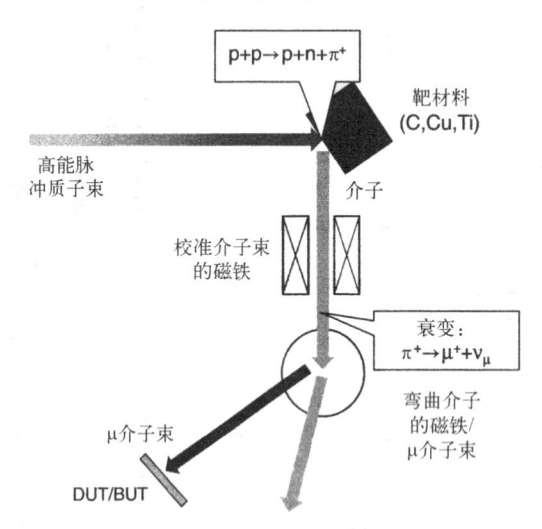

图 5.3 μ 介子辐照系统的简化方案

在 p-p 碰撞点的附近——高能中子产生的地方，式（5.2）可以如式（5.3）那样产生负介子 π^-。

可以用偶极弯磁铁和四聚焦磁铁从介子束中将 μ 介子束分开。

在表 5.5 中，大多数设备可以利用介子束，因为 π 介子是 μ 介子束的中间产品，正如图 5.3 所示，然而这里只有 Dicello 等人[71]使用 LANSCE［以前的 LAMPF（洛斯阿拉莫斯介子物理设施）］的旧报告。他们有效地报道了 π^- 介子在横截面单粒子翻转速率为 6×10^{-8} cm²/片 AM9114 4Kb 的 SRAM 产生的软错误。π^+ 介子引起的 SEU 截面小于 1×10^{-11} cm²/芯片。在实际领域中，如果两粒子的注量相同，在软错误上 π 介子相对的影响是 μ 介子的 10 000 倍。然而，正如图 2.3 所示，π 介子的通量比 μ 介子低得多，因此在单粒子翻转上 π 介子的影响应该更多地定量评估。

Sierawski 等人在 TRIUMF 使用 μ^+ 介子束线 M20B 进行辐照[72]，研究表明在能量大约为 0.3~0.8 MeV 时，低能量 μ 介子，特别是 μ^+ 介子，可以造成尺寸分别为 40 nm，45 nm 和 60 nm 的 SRAM（静态随机存取存储器）的单粒子翻转截面速率为 1×10^{-13} cm²/bit。他们的结论是：相比于中子的影响，μ 介子引起的软错误没有带来实质性的电流改变。但是随着 Q_{crit} 的尺度的减小可能会产生影响。

Ibe 等人通过模拟 μ 介子谱研究海平面 μ 介子影响下总的电荷收集效应,发现当 Q_{crit} 减小到低于 1 fC 时,μ 介子的影响比中子大[73]。

5.6 热/冷中子测试方法

热/超热中子可用的辐照设备如表 5.6 所示[74-80]。

在核裂变反应实验中可以获得热能中子(0.025~1 eV),在水冷却下,中子在反应堆堆芯处于热平衡(约为 25 meV)状态[74-78]。可以通过在屏蔽材料中高能中子的衰减来获得热和超热中子[80]。

Baumann 等人第一次在 BPSG(硼磷硅玻璃)薄膜中找到 ^{10}B,常用其在精确光刻过程中对半导体晶片表面进行光滑处理并在中子俘获反应中负责热中子诱导产生软错误。反应式 n+^{10}B→α+^{7}Li 如 3.6 节所示[78]。在 CNRF(冷中子研究设备)、NIST(美国国家标准技术研究所)的 NG0 光束线上,使用冷中子和 20 K 环境温度平衡,他们通过比较有 BPSG(硼磷硅玻璃)层和没有 BPSG 层条件下软错误的数量来测量 SRAM 的单粒子翻转以及确认热能中子的影响。在实验室中,使用与俘获反应机理相同的 BF_3 热中子计数器来检测,据报道它有容易校准的特点。

如图 3.11 所示,镉和硼具有高的俘获截面,因此,它们可以用来作为热能中子的屏蔽材料。利用镉做低能中子屏蔽材料,其绘制的横截面数据如图 5.4 所示,可以用作参考。

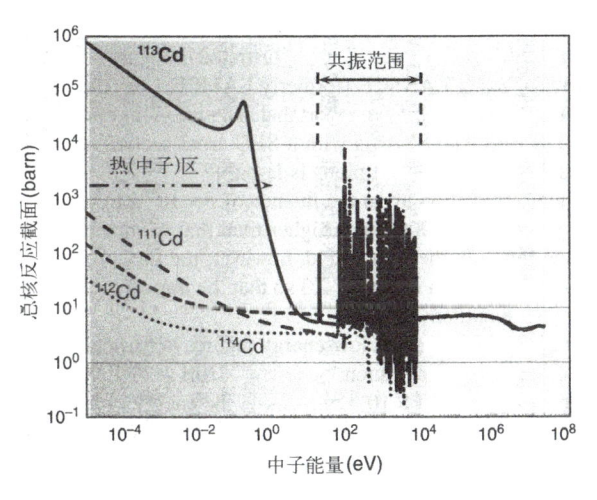

图 5.4 镉同位素的核俘获截面

在自然界丰富的镉同位素中,镉-113 是屏蔽热能中子最有效的同位素。不像硼-10,在峰值范围约为 100 eV 到 10 keV 时镉有小的共振峰。在商业中,包含这样密度的材料常用作热能中子的屏蔽材料[81]。可以验证进行 SEE 领域/加速器测试时,在束流出口和 DUT(待测设备)之间放置这种材料是否可以增加热能中子的影响[77]。

表 5.6 热/超热中子可用的辐照设备列表

首字母缩写	机构/设施名	地址	源	能量	流量 n/cm²/s	备注	参考
MITR	核反应堆实验室	美国，波士顿	核裂变反应堆	热–超热	超热的 5×10⁹ 热<1×10¹⁰	中子俘获（硼中子俘获；BNCT）	http://mit.edu/nrl
Apsara	Apsara 研究反应堆	印度，孟买	核裂变反应堆	0.025 eV	1.5×10⁴	—	http://www.nti.org/facilities/818/
KUR	京都大学反应堆研究所	日本，大阪	重水核反应堆	热，24 keV	3.9~28×10¹² 6.8×10⁶ (24 keV)	—	http://www.rri.kyoto-u.ac.jp/en/facilities/kur, Kobayashi[12]
CNRF	冷中子研究机构	美国，马里兰州盖瑟斯堡	重水核反应堆	冷 (20 K)	6.29×10⁸	NG0 束线使用	Baumann[78]
TRIUMF	热中子设施	加拿大，温哥华	回旋加速器 (500 MeV 质子)	热	1×10¹²	超热中子束也可用	Dyer[79]
J-PARC	日本复杂质子加速器研究	日本，茨木市	汞 (p,n)	10^{-4} ~ 0.1 eV（衰减后）	0.4~4.6×10⁸	—	http://jparc.jp/researcher/MatLife/en/instrumentation/ns3.html

Dyer 等人使用 IUCF 和 LENS（低能中子源）(3~5 MeV 中子)，TRIUMF，NIST（美国国家标准技术研究所）/NPL（国家物理实验室），为热能中子筛选出了一个宽泛的中子和质子能量范围，在 LANSCE（洛斯阿拉莫斯国家科学中心）(10~800 MeV 散裂中子)，TSL (20~180 MeV 准单能中子，QMN) 和 TRIUMF (10~400 MeV 散裂中子) 比较了这个能量范围内 SRAM 的高能中子测试数据，研究发现一些先进的 SRAM 对于 SEL（单粒子闩锁）和热中子诱发的软错误具有很高的敏感性[79]。

Zhang 等人使用两种热中子设备研究了尺寸为 32 nm 的 HKMG（高 k 栅）材料 SRAM 中热中子诱发的软错误[82]。他们发现热中子不会使 SRAM 发生 MBU（多位翻转）/SEFI（单粒子功能中断）/SEL（单粒子闩锁），还指出流量精确测量的重要性，计算出了有效流量和包装材料的屏蔽效应。

5.7 高能中子测试

5.7.1 使用放射性同位素的中能中子源

表 5.7 总结了在使用放射性同位素或加速器时可用的中能中子束设备。

表 5.7 低能中子辐照的设备列表

首字母缩写	机构/设施名	地址	源	能量	流量 n/cm²/s	备注	参考
FNL	日本东北大学快中子实验室	日本，仙台市	T(p,n)³He D(d,n)³He T(d,n)⁴He	1, 2, 5, 15 MeV	离目标中心 10 cm 为 1.2~9×10⁵	—	Nakamura and Yahagi [83]
IUCF/LENS	低能中子源	美国，布卢明顿	Be(p,n)B	3~5 MeV	—	使用 IU 回旋加速器的 200 MeV 质子	Dyer [79]
CEA/DIF	法国 Bruyères le châtel	法国，埃松省	D(d,n)³He	2, 5, 4, 6 MeV	3×10⁴	4MV 范德格拉夫串列加速器	Baggio [84]
CEA/CVA	Valduc 核研究中心	法国，第戎	T(d,n)⁴He	14 MeV	1×10⁹ 1×10¹¹(4π)	萨麦斯加速器	Baggio [84] and Gasiot [85]
IUCF	印第安纳大学回旋加速器设施	美国，布卢明顿	Pu-Be	1~11 MeV	—	—	Savage [86]
—	日本北海道大学	日本，札幌市	Pb(γ,n)	10~20 MeV	1×10¹² (4π)	45 MeV 直线加速器的高能电子用来打击铅靶	Makinaga [87]

首字母缩写	机构/设施名	地址	源	能量	流量 n/cm²/s	备注	参考
NMIJ	日本国家计量研究所	日本，茨木市	^{9}Be(α,n)^{12}C ^{7}Li(p,n)^{7}Be	5 MeV, 8 MeV	$10^{11} \sim 10^{15}$	pelletron 加速器产生的质子和 α 粒子	Harano [88]
			D(d,n)^{3}He	2.5, 14.8 MeV	$10^{11} \sim 10^{15}$	考克罗夫特-瓦尔顿加速器	

中能中子可以通过使用如 ^{241}Am-^{9}Be[89,90]，^{239}Pu-^{9}Be[91] 和 ^{252}Cf[92] 等放射性同位素来获得。原则上，^{241}Am-^{9}Be 和 ^{239}Pu-^{9}Be 源包含 α 射线发射器，^{241}Am，^{239}Pu 和利用核反应产生的 ^{9}Be(α,n)^{12}C。^{252}Cf 通过自发裂变反应衰变产生中子。

从这些中子源中产生的典型中子光谱总结在图 5.5 中。^{252}Cf 有一个单的流量峰大约为 1 MeV，^{241}Am-^{9}Be 和 ^{239}Pu-^{9}Be 源在 2~10 MeV 范围有几个峰。

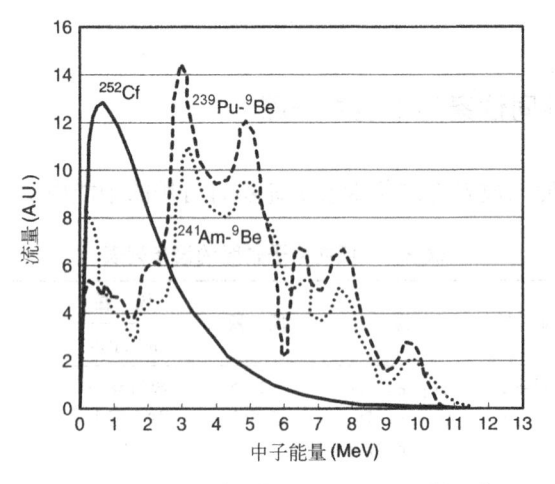

图 5.5 放射性同位素中子源的中子能量谱

5.7.2 单色的中子测试

单色的低能（1~20 MeV）中子可以由 pT（质子-氚核），DD（氘核-氘核）和 DT（氘核-氚核）反应产生。当一个加速粒子 X 碰撞目标 y 核，产生光粒子 ω 和剩余的 Z 核，这个反应可以由下列反应式体现：

$$X(y,\omega)Z \tag{5.4}$$

产物（ω 和 Z）和反应物（X 和 y），$(m_X+m_y)c^2$ 与 $(m_\omega+m_Z)c^2$ 在静态时的差值称为 Q 值，其反应式定义如下：

$$Q = (m_X + m_y)c^2 - (m_\omega + m_Z)c^2 \tag{5.5}$$

当 Q 值为正时，正如式（5.7）和式（5.8）所示，这个反应式是一个放热反应，只有与目标相关的粒子 X 的动能对于促进反应是必要的。当 Q 值为负时，如式（5.6）所示,这个反应式是一个吸热反应,粒子 X 必须加速使动量大于 Q 值来触发反应,这里有一些从网上下载的计算 Q 值的计算工具[93]。

在日本东北大学的快中子实验室中,pT,DD 和 DT 反应产生中子可以由如下表达式说明:

$$T(p, n)^3He \ (Q_{value} = -0.7638 \text{ MeV}, E_n = 1 \text{ and } 2 \text{ MeV}) \tag{5.6}$$

$$D(d, n)^3He \ (Q_{value} = 3.2689 \text{ MeV}, E_n = 5 \text{ MeV}) \tag{5.7}$$

$$T(d, n)^4He \ (Q_{value} = 17.589 \text{ MeV}, E_n = 15 \text{ MeV}) \tag{5.8}$$

在 FNL(快中子实验室)中,实际的中子光谱是单色的,如图 5.6 所示。

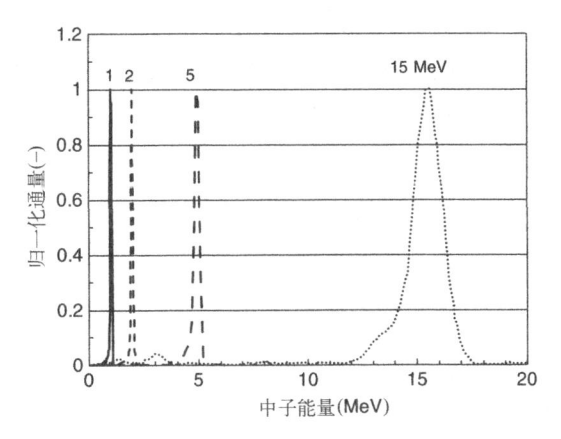

图 5.6 单色中子束设施的中子能量谱

单色的中子可以使用的设备如表 5.7 所示,按照其可用的位置、源、能量和流量排列[2,77,83-88]。

Yahagi 等人通过使用 FNL,第一次指出 1~5 MeV 范围内的中子对于 CMOS SRAM 软错误的重要性[83]。

Dyer 等人通过使用各种设备,比如加热器(TRIUMF),3~5 MeV(LENS),20~80 MeV(TSL),500 MeV(TRIUMF)和 800 MeV(LANSCE),在一个宽的能量范围内(热中子能量至 800 MeV)研究了 CMOS SRAM 对软错误的敏感性[79]。

Gasiot 等人从 CEA(Commissariat a l'energie atomique et aux energies alternatives)/CVA(Corporate Value Associates)包括角度依赖性等方面,研究了尺寸为 250 nm 的模块和 SOI SRAM 对 14 MeV 中子的敏感度[85]。

Baggio 等人研究了 PD(部分耗尽)/FD(全耗尽)的 SOI SRAM,在中子能量为 1~10 MeV(2.5 MeV,4.6 MeV 和 14 MeV)时的 SER(软错误率),研究结果表明 body-tie 会减少,100 晶向截面的单粒子翻转和 PD SOI 对于低能量中子有高的敏感度[84]。

Savage 等人在美国印第安纳大学回旋加速器设施上使用 ^{239}Pu-Be 中子源和质子束辐照对软错误具有高度灵敏性的 Omni Wave 256 Kb SRAM[86]。实验观察到中子诱发软错误的角度依赖性,氢的冲击碰撞会在设备中导致质子的直接电离作用。

在 NMIJ(日本国家计量研究所),^{9}Be$(\alpha, n)^{12}$C 反应被用来产生能量为 5 MeV 和 8 MeV

的单色中子，此外还有 ^{7}Li(p,n)^{7}Be 和 D(d,n)^{3}He 反应也被使用[88]。

低能中子（10~20 MeV）也可以用光核反应（γ,n）产生。

在日本北海道大学的 45 MeV 直线加速器就是这样的一个设备，在其中，用低能电子轰击铅靶来产生高能 γ 射线和低能中子[87]。

5.7.3 类似单色的中子测试

QMN 可以通过轰击一个由锂和高能质子组成的薄靶产生，其光谱类似单色。一个应用于 QMN 设备简化的设置如图 5.7（a）所示，通过以下反应产生中子：

$$p(^7Li, n)^7Be \tag{5.9}$$

这个反应通过使用随机的质子和中子在靶核上迎面碰撞，这样中子和碰撞的质子的动能几乎相同，由于质子和靶核有一个正电荷及库仑势垒，质子的动能和被释放中子的动能会减少 E_c：

$$E_c = \frac{e^2}{4\pi\varepsilon_0} \times \frac{Z_I Z_T}{r_I + r_T} = 1.438 \times \frac{Z_I Z_T}{r_I + r_T} \quad (MeV) \tag{5.10}$$

其中，

ε_0：真空介电常数；

Z_I：入射粒子的原子序数；

Z_T：靶核的原子序数；

r_I：入射粒子的半径（fm）；

r_T：靶核的半径（fm）。

当入射的粒子是质子（$Z_I = 1$，$r_I = 1.2\,\text{fm}$），靶材料原子核为 Li（$Z_T = 3$，$r_T = 1.55\,\text{fm}$）时，式（5.10）得出 $E_c = 1.57\,\text{MeV}$。因此，当一个中子被一个质子击中的时候，中子就会拥有比入射的质子稍低一点的动能。

CYRIC（回旋加速器和放射性同位素中心）已经应用了 QMN 测试，如图 5.8 所示，此时中子束有一个特殊的能量且其通量处于峰值，日本东北大学和 TSL（瑞典乌普萨拉大学斯韦德贝格实验室）的 QMN 束发现在一些低能量区域，中子光谱会出现一些平坦区，这被称为 "tail"。当通量达到峰值时，SEU 的横截面 σ_{seu} 可以被定义为：

$$\begin{aligned}\sigma_{seu} &= \frac{N_{event}^{peak}}{\Phi_{peak}} = \frac{R_{event}^{peak}}{\varphi_{peak}} \\ &= \frac{N_{event}^{total}}{\Phi_{total}} \times C_{peak}\end{aligned} \tag{5.11}$$

其中，N_{event}^{peak} 代表当中子的通量处于峰值的时候所引起的错误（event）的数目（errors）；

Φ_{peak} 代表在通量处于峰值的区域的剂量（n/cm^2）；

R_{event}^{peak} 代表中子通量处于峰值的区域所引起的单个错误的概率（errors/h）；

φ_{peak} 代表通量处于峰值的区域的通量（n/cm^2/h）；

N_{event}^{total} 代表所有的中子所引起的错误的数目（errors）；

第 5 章 单粒子效应辐照测试方法

Φ_{total}代表中子的总剂量（n/cm²）；
C_{peak}代表 tail 的修正因子。

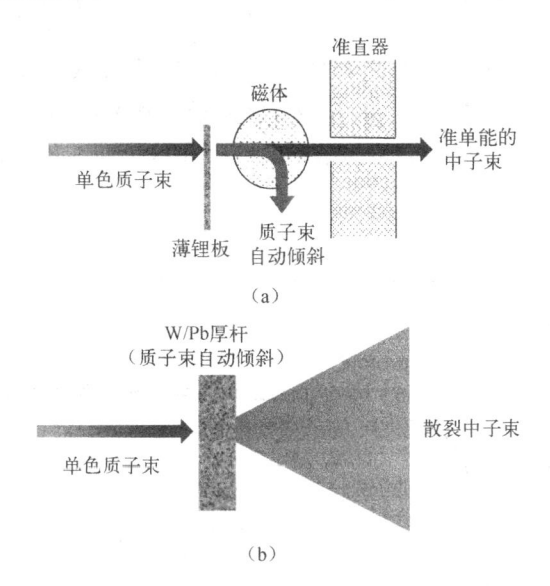

图 5.7 简化的高能中子束源。(a) 类似单色的中子源；(b) 散裂中子源

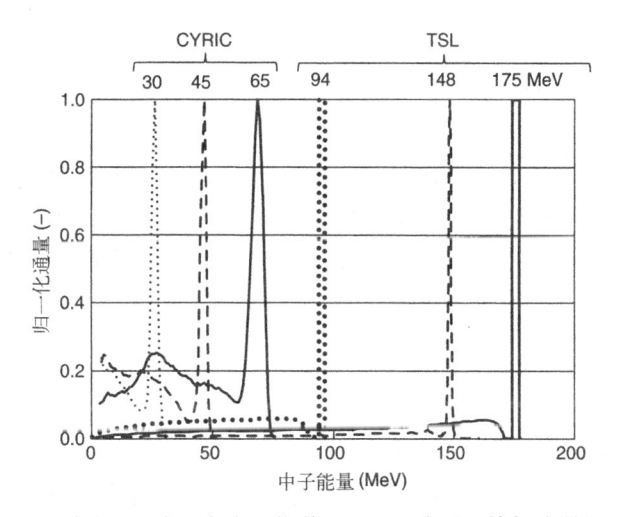

图 5.8 准单能中子束设备中子能谱（CYRIC 表示回旋加速器和放射性同位素中心，TSL 表示瑞典乌普萨拉大学斯韦德贝格实验室）

tail 的修正因子消除了所有错误的 tail 的影响，并且可以通过一些被公开的实验数据来获取，这些实验数据则是通过一些不同的能量峰值来获得的[53]，或者，tail 的修正因子也可以通过一些如 CORIMS 一样的软错误模拟软件来获取[15]。

SEU 的横截面积 $\sigma_{\text{seu}}(E_n)$ 可以通过以中子能量为变量的函数计算得到。测得数据用 Weibull 分布拟合激励函数拟合，Weibull fit 型激励方程可以表示为：

$$\sigma_{\text{seu}}(E_n) = \sigma_\infty \left[1 - \exp\left\{ -\left(\frac{E_n - E_{\text{th}}}{W}\right)^S \right\} \right] \tag{5.12}$$

其中，σ_∞ 代表 SEU 的横截面积的饱和值（cm^2）；E_n 代表通量最大时，中子的能量值（MeV）；E_{th} 代表开启能量（MeV）；W 代表宽度因子（MeV）；S 代表形状系数。

在图 5.9 中提到了一个这种类型的激励曲线。在这个曲线中，横截面积从能量 E_{th} 处逐渐增加，最后达到饱和值 σ_∞。

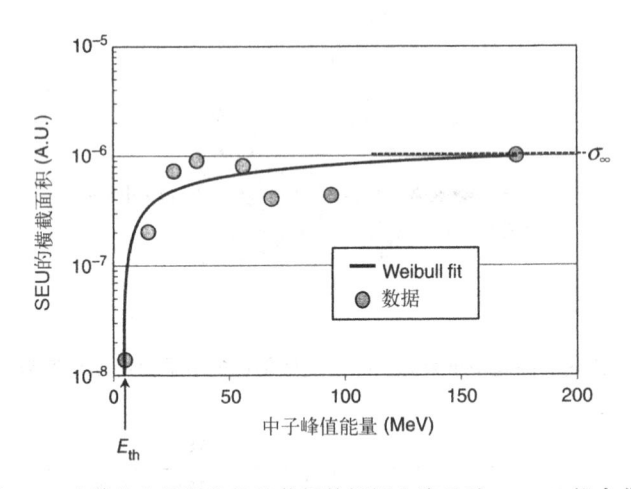

图 5.9 准单能中子源获得的截面数据概念演示及 Weibull 拟合曲线

Weibull fit 型激励方程中的参数 σ_∞、E_{th} 及 S 都是器件/成分/系统的固有的特殊参数，因此 SER 可以被任何中子光谱（包括地球上的中子光谱）所计算得到。

在地球任何位置上的 SER，都可以通过利用 Weibull fit 型激励方程对能量从 E_{th} 一直积分到无穷大来获得，具体公式可以表示为：

$$\text{SER} = 10^9 \times \int_{E_{\text{th}}}^{\infty} \sigma_{\text{seu}}(E_n) \frac{\partial \phi(E_n)}{\partial E_n} dE_n \tag{5.13}$$

其中，SER 代表软错误率；$\phi(E_n)$ 代表中子通量（$n/cm^2/h$）。

QMN 的相关设备的数据已经在表 5.8 中列举了出来，其中包括它们的位置、辐照源、能量及可以辐照的剂量[15,94-101]。

Johansson 等人是第一批运用 QMN 束来进行存储器 SER 测试的，他们还将实验的结果与在 TSL 进行的质子束辐照的实验结果进行了对比[53]。在运用几乎相同的粒子能量辐照的准单能量和质子束测试中，结果出现大量的不同之处。

Ibe 等人利用 FNL[83]、CYRIC[15,83,94,97] 和 TSL[94] 建立起了 QMN 的测试方法，并将其作为半导体存储器的标准测试手段。QMN 也被 JESD89A（JEDEC 标准）[18]，IEC60749-38[19] 及 EDR4705（JEITA 标准）[20] 认证为标准的测试方法。

第 5 章 单粒子效应辐照测试方法

表 5.8 高能中子辐照设施表

种类	缩写	机构/设施名	地区	辐照源	辐照能量 (MeV)	通量 (n/cm²/s)	备注	参考文献
准单能中子束	QMN /TSL	斯维德贝格实验室准单能中子束	瑞典，乌普萨拉	p→Li	21,47,96,176 22,47,95,144 21,46,88	3×10^5	应用可变尺寸的准直镜，中子通量线上监控器可能出现直径 1~80 cm 束流 (TFBC[a])	Yahagi[83]，Ibe[94] Radaelli[95] Granlund[54]
	CYRIC	日本东北大学回旋加速器和放射性同位素中心	日本，仙台市	p→Li	35,45,65 65	3×10^5（辐照能量为 65 MeV）	束流尺寸为 $10\times10\,cm^2$	Ibe[97]，Yahagi[83]，Shimbo[98]，Uezono[100]
	CYCLONE	奥蒂尼-新鲁汶回旋加速器	比利时，奥蒂尼-新鲁汶	p→Li	38,63	8×10^4	—	http://www.cyc.ucl.ac.be/Papers/hif/radecs97.pdf Berger[101]
				d→Be	20	3×10^{10}（距靶材料 14 cm 处）		
散裂	LANSCE	洛斯阿拉莫斯国家科学中心	美国，新墨西哥州，洛斯阿拉莫斯	p→W	0.1~800	3×10^5 (>1 MeV)	束流尺寸为 8、5、2.5 cm	Eto[102] and Wender[103]，http://lansce.lanl.gov/media/accelneutrontesting.pdf Dodd[104] and Gasiot[105]
	TRIUMF	Tri-University 介子设施	加拿大，温哥华	p→Pb	1~450	3×10^6 (>10 MeV)	束流尺寸为 $5\times12\,cm^2$	Blackmore[106]
	ANITA /TSL	厚靶材气化中子斯维德贝格实验室	瑞典，乌普萨拉	p→W	1~150	$>10^6$	与 QMN/TSL 相同	Prokofiev[107]，Hubert[10] and Uezono[100]
	ISIS	卢瑟福·阿普尔顿实验室	英国，牛津部	p→W	0.1~800	$10^5\sim10^7$（平行） $10^3\sim10^5$（展宽）	平行 $11\times16\,cm^2$ 展宽 $1\sim2\,m^2$ 也可获得热中子	Rech[108] and Frost[109]
	RCNP	大阪大学核物理研究中心	日本，大阪	p→W	1~400	5×10^5 (>10 MeV)	束流直径为 10.8 cm	Nakauchi[110]，Furuta[111] and Uemura[112]
	MLF/J-PARC	材料和生命科学设施	日本，茨城县	p→Hg	1~400	—	—	Matsukawa[113]

[a] TFBC，薄膜击穿计算器

虽然在 SEE 测试实验中，高能量的中子被高能量的质子所替代[49-54]，用质子和中子辐照同样的一批 SRAM 器件所提供的实验数据也并不总是与图 5.10 中显示的数据相一致[53]。在很多情况下，器件在中子辐照和质子辐照的时候显示出了不同的敏感性[53,54]。

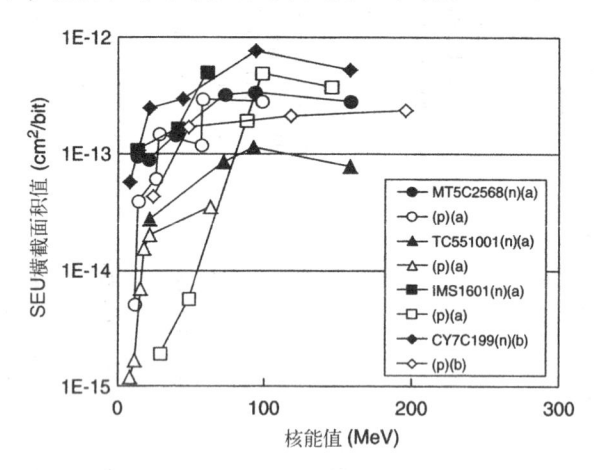

图 5.10　高能质子和中子辐照存储器件测得截面的比较。(a) Normand, E. [1]；(b) Johansson, K. [53]

Baggio 等人在 TRIUMF 利用含核子能参数的函数[50]，计算 14 MeV 的中子和 50~500 MeV 的质子束辐照 SRAM (800 nm 到 250 nm) 后所得到的 SEU 横截面积，并且与相应区域中依赖于能量的 SER 值和 LANSCE 测试中直接估算的数据相比较。

Granlund 和 Olsson 利用 PAULA 质子束辐照源和 250~130 nm 的 SRAM 进行了 SEU 测试，并且与在 QMN 和 LANSCE 进行的关于中子的 SEU 测试的结果进行比较[54]。他们发现当忽略 SRAM 的某些局部情况后，用质子辐照后所得到的 SEU 测试结果要比用 46 MeV 的中子辐照后所得到的结果大 1.9 倍。

McMarr 等人利用重离子、质子和 14 MeV 的中子对 150 nm 的 CMOS/SOI 和 64 Kb 的 SRAM 进行了辐照测试，结果显示在中子和质子的测试中所获得的碰撞数基本相等[40]。

Yamamoto 等人使用 RCNP (大阪大学核物理研究中心) 的中子 QMN 辐照源，对 180 nm、150 nm 和 130 nm 的 SRAM FF 的被中子辐照所诱导的 SEU 横截面积进行了测量[99]。他们制造了一个与 SRAM 模型相似的 FF 模型，并且证明了 FF 的 SEU 横截面积已经可以与 SRAM 的相比较。

Ibe 等人是第一批利用 QMN 测试方法在 130 nm 的 CMOS SRAM 中发现双极软错误和 MCBI (Multi-Coupled Bipolar Interaction，多耦合双极交互) 的人[94] (参见 5.7 节)，同时他们也是首先证明当应用交叉存取技术和 MCBI 时，在存储设备中的软错误可以被抑制，这都依赖于它们的拓扑性质；MCU 沿着位线排列，沿着字线只有 1 或 2 比特宽度。据相关报道称，在靠近 p 阱的地方，MCU 会骤然减少，但是这一现象对于 SBU 来说是不对的，在 SBU 和 MCU 之间有着不同的 SEU 机制相互关联。Gasiot 等人也观察到了同样的现象[105]。

Radaelli 等人在峰值能量为 22 MeV、48 MeV、97 MeV 和 144 MeV 时，利用 TSL 演示了在 150 nm 的 SRAM 中的高 MCU 比率[95]。当峰值能量增加时，MCU 的比率也会增加[94]。据报道，MCU 只会在靠近 p 阱时才会减少。

第 5 章 单粒子效应辐照测试方法

高能量的质子和中子经常被用于系统级辐照。

Shimbo 等人利用 CYRIC 的中子源对 90 nm 的路由器主板进行了局部辐照[98]。FPGA、CPU 和 SRAM 芯片都被分别进行辐照,结果发现 SRAM 芯片是最容易被损坏的,而 FPGA 则会因为中子辐照所诱导的软错误而变得极易被损坏,但是因为在 BUT 中的 FPGA 的数量很少,所以一般没有采用相关的防护措施。当一部分 SRAM 没有很高的速度要求时,就会被 DRAM 所替换。在 CYRIC 进行的实时测试和加速测试中发现,在开发板上的 ECC 和总的错误率会减少。

Uezono 等人在各种工作负载下利用中子辐照了机动车,评估了 ECU 的错误表现[100]。在所有设施中都获得了统一的测试结果。

5.7.4 散裂中子测试

与之相比,在地球的任何地方都可以通过不同类型的中子源来获取 SER。在图 5.7(b)中展示了一个简化了的散裂中子设施。与准单能量源相似,一个散裂的中子源利用高能量的单能质子束来轰击一个较厚的靶材料,如钨和铅[102-104,106,107,114]。这个靶材料拥有使质子束倾斜的功能。散裂的中子光谱相当宽,并且被认为与图 5.11 显示的地球上的光谱相类似。

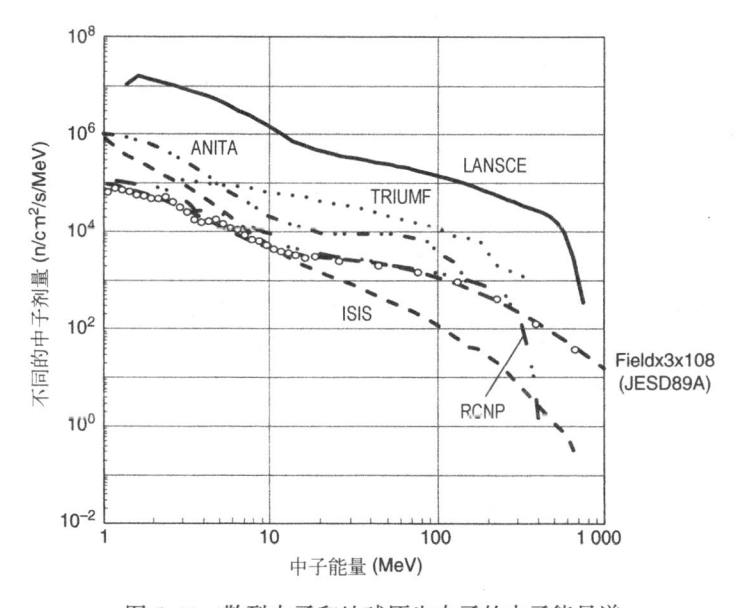

图 5.11 散裂中子和地球原生中子的中子能量谱

由于质子和靶材料的散裂反应只会在质子的能量很高时发生,中子谱不像地球上的中子谱,它不会在低能量的情况下出现高通量。

通过以下方式,可以在纽约市的海平面上获得 SER:第一步,定义好中子能量的最小值 E_{min} 和最大值 E_{max}。在 JESD89A 中,$E_{min} = 10 \text{ MeV}$,$E_{max} =$ 散裂中子源的最大能量。第二步，获得基于测试结果的有效横截面积：

$$\sigma_{\text{seu}}^{\text{eff}} = \frac{N_{\text{err}}}{\int_{E_{\min}}^{E_{\max}} \frac{\partial \varphi}{\partial E_n} \mathrm{d}E_n} \tag{5.14}$$

其中，N_{err}代表经过总的中子辐照后，在输出端口得到的错误的数目；φ代表能量范围在E_n到$E_n+\mathrm{d}E_n$之间的中子通量。第三步，通过以下公式估算RTSER（Real-Time SER）：

$$\text{RTSER} = \sigma_{\text{SEU}}^{\text{eff}} \times \phi(E_{\min}, E_{\max}) \tag{5.15}$$

其中，$\phi(E_{\min}, E_{\max})$代表在纽约市的海平面上，能量范围为$E_{\min}$到$E_{\max}$之间的中子通量。根据JESD89A相关规定，$E_{\min} = 10\,\text{MeV}$，$\phi(E_{\min}, E_{\max}) = 12.9\,\text{n/cm}^2/\text{h}^{[22]}$。

在21世纪，散裂中子源的数量正在持续增长。在20世纪，只有LANSCE和TRIUMF[106]这两个实验室有散裂中子源[102-104,114]。在2000年至2010年间，人们建立了J-PARC（Japan Proton Accelerator Research Complex，日本质子加速器研究综合体）作为中子源[113]。表5.8总结了散裂中子源的性能。

Hubert等人利用ANITA证明了SEU在CAM（Content Addressable Memories，内容可寻址存储器）中独特的缓和技术[10]。

Rech等人证明了GPU在汽车制造产业中的图形媒介、高端计算和图像处理过程中，有很高的敏感系数。他们运用ISIS来进行辐照测试[108]。

Nakauchi等人利用RCNP和反偏压的方法估算了被引入的寄生双极模式软错误[94,97]，因此他们证明了MCU的缓和技术[110]。

Furuta等人利用RCNP估算出了在65 nm FF中的双极软错误。MCU的"tap"处的寄生物与SRAM的有些不一样：在FF中，远离tap处的MCU的比率很大。

Uemura等人也利用RCNP对FF的缓冲技术进行了测试，在MNT中的多余的节点会使FF变硬[112]。

Nishida等人利用LANSCE和RCNP对IGBT中的SEB进行了估算[116,117]。

利用散裂中子源进行SER测试相对于单能或者QMN测试来说比较容易，因为他们不需要测试多个能量束。尽管如此，散裂中子源也有其缺点：

1. 其与图5.11展示的地球上的中子谱的形状并不完全一致。估算出来的SER就免不了具有唯一性[118]。

2. 最小的能量$E_{\min}$被设置在10 MeV、这种情况只能用于当中子能量小于10 MeV、对于SEE的影响可以忽略的时候。即使在2006年建立了JESD89A，低能量的中子辐照的影响被指出是十分大的[83]。当尺寸继续缩小到90 nm的时候，人们发现因为临界电荷Q_{crit}的减小，使得低能量（<10 MeV）质子的影响要比高能量质子的大[119]。如图3.13所示，因为在此区域的Si发生了核裂变反应，大量的次级离子由质子组成，因此低能量的中子的影响要比之前大一些，并且$E_{\min}$应该以一个更加合理的方式来确定。

5.7.5 中子能量和通量的衰减

在中子SEE测试中，两个或者更多的BUT顺着粒子束结合在一起，以此来节省测试

第 5 章 单粒子效应辐照测试方法

时间。然而，因为 BUT 自身的原因，中子通量和能量的衰减效应也要引起注意。因为板的结构使得定量分析此衰减效应要比带电粒子的辐照复杂得多。图 5.12 显示了在 LANSCE 利用聚乙烯作为屏蔽材料得到的高能量中子的衰减效应[102]。利用 5~20 cm 厚的聚乙烯块显示了 1~10 MeV 的中子通量显著衰减。图 5.13 显示了由聚乙烯块计算得到的衰减率，即屏蔽效应。1 MeV 的中子衰减因子为 1000，能量超过 100 MeV 的中子基本没有影响。

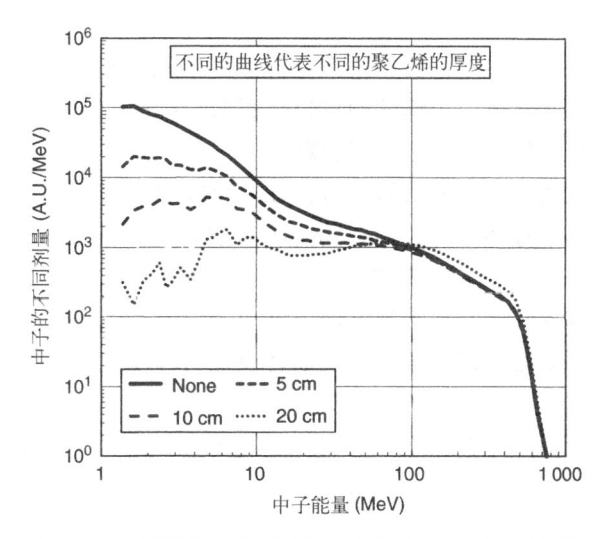

图 5.12 在 LANCE 所做的光谱受不同厚度的聚乙烯屏蔽所得的衰减曲线

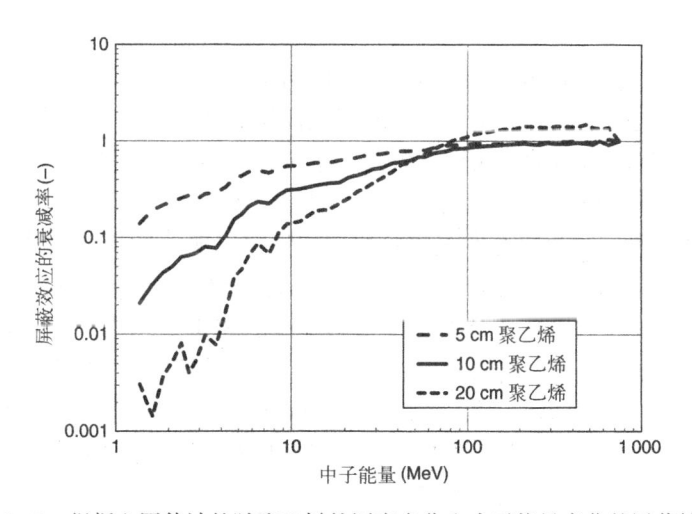

图 5.13 根据上图估计的随聚乙烯的厚度变化和中子能量变化的屏蔽效应

中子束衰减大约为 4%[120]，在一个 BUT 中也可以达到 22%，这取决于中子的能量[121,122]。值得注意的是，在不同的衰减机理下，能量谱会发生改变。当多个 BUT 都在同一束中子束下连成一条线时，BUT 的中子光谱的低能量部分明显减小，SEU 的特征会因为一条直线上的 BUT 的不同位置而发生改变。

5.8 测试条件以及注意事项

5.8.1 存储器

在进行存储实验的时候，起初数据通常会被编码一次，在实验的最后会被读取一次。即使实验的周期长达一年之久，出错的频率也会很低，以至于在一个单独的比特内出现两个以上软错误的情况会很稀少，甚至可以忽略。

当利用加速器测试到存储中的软错误时，在一个确定的周期中，一个确定的 1/0 的数据模式会被用来改写整个存储矩阵，因为我们不希望有错误发生，并且在每一个循环中，数据都会被读取至少一次。这种方法被称为"静态测试"。这种读/写模式会影响 SER。Tsiligiannis 等人应用 Marching 算法来观察这种读/写模式是否真的影响了 SER 测量（参见附录 A.2）。这种读/写动态模式的重要影响最终被证明可以加剧 SER，影响值最大可以达到 3[123]。

温度和工作电压也会影响存储中的 SER。总的来说，降低电压会通过减少 Q_{crit} 来增加收集电荷模型中的 SER，但是会减少双机模型中的 SER。

5.8.2 电路

在门极电路中，gate chain 是被用来测量门极电路的 SET 敏感性的（参见 7.2.1 节）。对于时序逻辑电路来说，把 scan-chain 嵌入商用芯片中可以用来检测门极电路的 SEU 率。一个对于时序逻辑电路的特殊设计模式，也可以用来进行 SEU 测量。

在更多复杂的功能逻辑电路（包括 CPU）中，操作频率将会是一个重要的因素。

在图 5.14 中阐明了，SET 会在电路中的任何位置出现，当 FF 的栅极同时被时钟信号开启的时候，SET 只会因为被俘获到 FF 的下端而成为 SEU。电路中 SEU 的总数将会等于由于 FF 的直接碰撞而产生的 SEU 和被俘获到 FF 中的 SET 的总数，并且会在 FF 的上端的组合块中形成。基本上，被引起的 SEU 的数目与所有的操作频率和固有的 SET 率成正比。就如在图 5.15（a）中阐述的一样，当频率在 SET 脉冲被俘获到 FF，并且固有的 SET 率很高时，有一个固定的窗口，SET 在 FF 的输入端被俘获的概率会增加，并且在一个确定的频率处，SEU 的总数也会增加。既然如此，一个与固有的 SET 率相联系的稳定阶段就应该出现。最主要的 SEU 是由于 FF 受到带电粒子的直接碰撞而产生了敏感节点，因此才形成了 SEU[124,125]。与此同时，当组合逻辑电路中的频率和固有的 SET 率很低的时候，如图 5.15（b）所示，此时 SER 的附属物是不会出现的。

随着器件的比例进一步缩小，SET 的脉冲宽度增加到两个甚至更多的时钟脉冲，SER 的停滞阶段将会增加到超过固有的级别。Inoue 等人针对这样的多重循环的瞬态情况提出了一个新奇的探测/恢复的算法[126]。

第 5 章 单粒子效应辐照测试方法

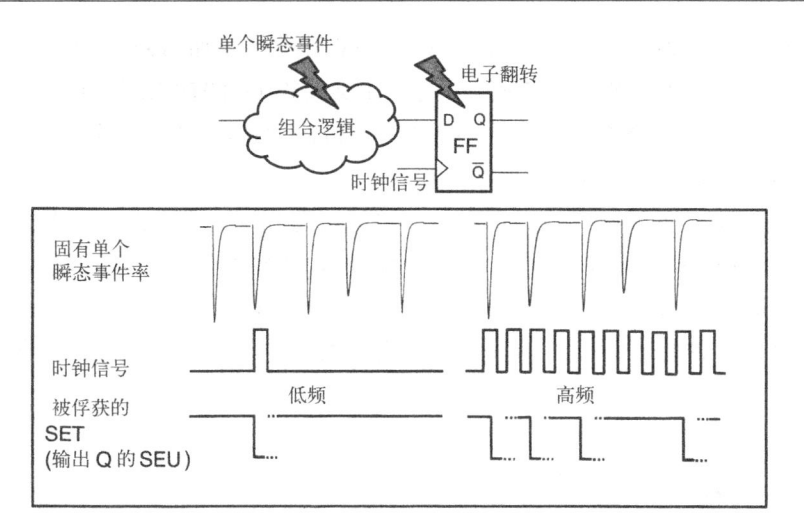

图 5.14 SEU 在触发器中的两种方案：俘获来自组合逻辑电路的 SET 和直接入射触发器中的存储节点（概念性描述时钟频率对于触发器的SET俘获率的影响；俘获率正比于时钟频率）

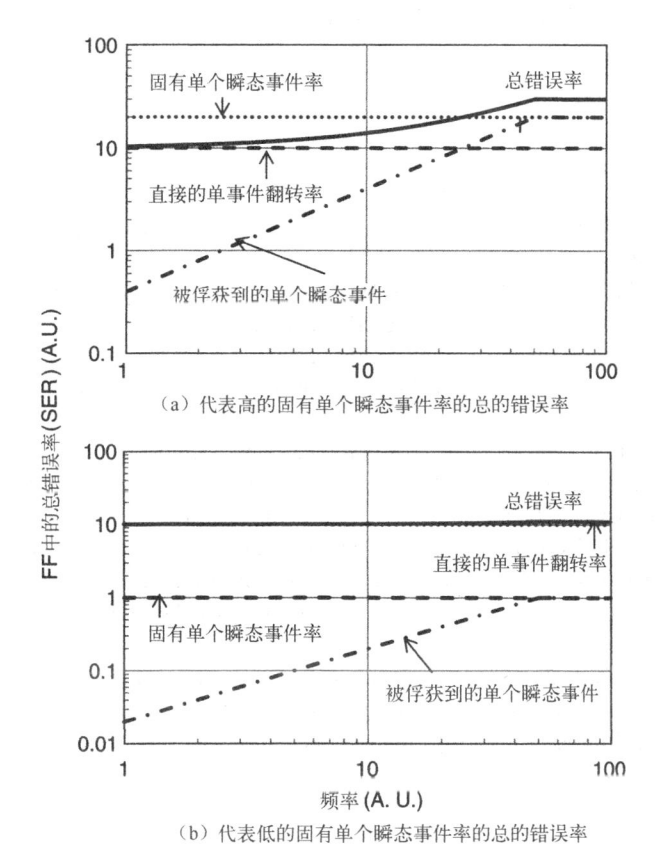

（a）代表高的固有单个瞬态事件率的总的错误率

（b）代表低的固有单个瞬态事件率的总的错误率

图 5.15 在触发器的时钟频率上的 SEU 的附属物

在做电路级辐照测试的时候，需要在全局控制线上多加留意，例如时钟线[127,128]、SET/RESET 线[129]。在这些全局控制线中的 SET 会使得 FF 的输入端出现不好的输入信号或者在 FF 中引入直接的数据。SET 会引起 PLL（Phase Locked Loop，锁相环），这将造成时钟脉冲的变形，最终引起输入信号的错误[130,131]。

在实际情况下，各种各样的应用和指令将被运用到同一个电路中。我们需要评估一下因为这些应用和指令的改变而引起的错误和模型的变化。一系列的工作负载，如 ISCAS'85（International Symposium on Circuits and Systems）或者 SPEC CINT2000 的工作标准都被用来估测这种变化[134,135]，但是与其他系统相比，这种工作负载不是很复杂且尺寸较小。

5.9 本章小结

辐照测试是一种针对地面上的辐照的测试方法，例如场、重离子、质子、α射线、热低能中子（<1 MeV）以及高能中子，都被评估过，并且它们的优点、缺点和局限性都被讨论过。辐照测试的一些关键点也进行了总结。

参考文献

[1] Normand, E. (1996) Single-event effects in avionics. *IEEE Transactions on Nuclear Science*, **43** (2), 461–474.
[2] Nakamura, T., Baba, M., Ibe, E. et al. (2008) *Terrestrial Neutron-Induced Soft-Errors in Advanced Memory Devices*, World Scientific, Hackensack, NJ.
[3] http://spaceweather.com/ (accessed 7 November 2013).
[4] NOAA Today's Space Weather, http://www.swpc.noaa.gov/today.html (accessed 23 May 2013)
[5] Lesea, A. and Fabura, J. (2006) The Rosetta experiment: atmospheric soft error rate testing in differing technology FPGAs. The Second Workshop on System Effects of Logic Soft Errors, Urbana-Champaign, IL, 11–12 April 2006.
[6] Tosaka, Y., Takasu, R., Uemura, T. et al. (2008) Simultaneous measurement of soft error rate of 90 nm CMOS SRAM and cosmic ray neutron spectra at the summit of Mauna Kea. IEEE International Reliability Physics Symposium, Anaheim, CA, 15–19 April (SE01), pp. 727–728.
[7] Ibe, E., Yahagi, Y., Kataoka, F. et al. (2002) A self-consistent integrated system for terrestrial-neutron induced single event upset of semiconductor devices at the ground. 2002 International Conference on Information Technology and Application, Bathurst, Australia, 25–28 November, 2002, pp. 273–221.
[8] Autran, J.L., Serre, S., Munteanu, D. et al. (2012) Real-time soft-error testing of 40nm SRAMs. IEEE International Reliability Physics Symposium, Anaheim, CA, 15–19 April (3C-5).
[9] Torok, Z. and Platt, S.P. (2007) SEE-inducing effects of cosmic rays at the high-altitude

research station jungfraujoch compared to accelerated test data. 9th European Conference Radiation and Its Effects on Components and System, Deauville, France, 10–14 September.

[10] Hubert, G., Velazco, R., Federico, C. et al. (2013) Continuous high-altitude measurements of cosmic ray neutrons and SEU/MCU at various locations:correlation and analyses based-On MUSCA SEP. *IEEE Transactions on Nuclear Science*, **60** (4), 2418–2426.

[11] Alexandrescu, D., Lhomme-Perrot, A., Schaefer, E. and Beltrando, C. (2009) Highs and lows of radiation testing. 15th IEEE International On-Line Testing Symposium, Sesimbra-Lisbon, Portugal, 24–26 June (S3.1).

[12] Kobayashi, H., Shiraishi, K., Tsuchiya, H. et al. (2002) Soft errors in SRAM devices induced by high energy neutrons, thermal neutrons and alpha particles. International Electron Devices Meeting, San Francisco, CA, 9–11 December, 2002, pp. 337–340.

[13] Kameyama, H., Yahagi, Y. and Ibe, E. (2007) A quantitative analysis of neutron-induced multi-cell upset in deep sub micron SRAMs and of the impact due to anomalous noise. 45th Internationall Reliability Physics Symposium, Phoenix, AZ, 15–19 April 2007, pp. 678–679.

[14] Flux Calculation http://www.seutest.com/cgi-bin/FluxCalculator.cgi (accessed 25 April 2013)

[15] Ibe, E., Yahagi, Y., Kataoka, F. et al. (2002) A self-consistent integrated system for terrestrial-neutron induced sungle event upset of semiconductor devices at the ground. 2002 International Conference on Information Technology and Application, Bathurst, Australia, 25–28 November 2002, pp. 273–321.

[16] Roche, P., Gasiot, G., Forbes, K. et al. (2003) Comparisons of soft error rate for srams in commercial SOI and bulk below the 130-nm technology node. *IEEE Transactions on Nuclear Science*, **50** (6), 2046–2054.

[17] Gasiot, G., Giot, D. and Roche, P. (2006) Alpha-induced multiple cell upsets in standard and radiation hardened SRAMs manufactured in a 65 nm CMOS technology. *IEEE Transactions on Nuclear Science*, **53** (6), 3479–3486.

[18] JEDEC JESD89A. (2006) *Measurement and Reporting of Alpha Particle and Terrestrial Cosmic Ray Induced Soft Errors in Semicondyctor Devices*, JEDEC, pp. 1–94.

[19] IEC IEC60749-38. (2008) *IEC60749 Part 38: Soft Error Test Method for Semiconductor Devices with Memory. Semiconductor Devices. Mechanical and Climatic Test Methods (Edition 1.0)*, IEC, pp. 1–9.

[20] JEITA (2005) JEITA SER Testing Guideline. EIAJ EDR-4705, pp. 1–62.

[21] Tang, H.H.K., Murray, C.E., Fiorenza, G. and Rodbell, K.P. (2009) Modeling of alpha-induced single event upsets for 45 nm node SOI devices using realistic C4 And 3D BEOL geometries. *IEEE Transactions on Nuclear Science*, **56** (6), 3093–3097.

[22] KleinOsowski, A.J., Cannon, E.H., Gordon, M.S. et al. (2007) Latch design techniques for mitigating single event upsets in 65 nm SOI device technology. *IEEE Transactions on Nuclear Science*, **54** (6), 2021–2027.

[23] Rodbell, K.P., Heidel, D.F., Gordon, M.S. et al. (2011) 32 and 45 nm Radiation Hardened by Design (RHBD) SOI latches. *IEEE Transactions on Nuclear Science*, **58** (6), 2702–2710.

[24] Swift, G. (2011) An improved approach to charactcrizing alpha – induced upset susceptibility. 2011 IEEE Workshop on Silicon Errors in Logic – System Effects, Champaign, IL, 29–30 March.

[25] Radiation Effects Facility http://cyclotron.tamu.edu/ref/beams.php (accessed 7 November 2013)

[26] Takasu, R., Tosaka, Y., Fukuda, H. and Kataoka, Y. (2005) A novel method for accurately estimating alpha-induced soft error rates. 2005 IEEE International Reliability Physics Symposium Proceedings, 17–21 April, San Jose, CA, 17–21 April, 2005, pp. 230–233.

[27] SRIM Particle Interactions with Matteer, http://www.srim.org (acceced 17 April 2013)

[28] Wakasa, T., Hirao, T., Sanami, T. et al. (2004) Measurement and analysis of single event transient current induced in si devices by quasi-monoenergetic neutrons. The 6th International Workshop on Radiation Effects on Semiconductor Devices for Space Application, Tsukuba, Japan, 6–8 October 2004, pp. 213–216.

[29] Gerardin, S., Bagatin, M., Paccagnella, A. et al. (2011) Single event effects in 90-nm phase change memories. *IEEE Transactions on Nuclear Science*, **58** (6), 2755–2760.

[30] Sierawski, B.D., Reed, R.A., Schrimpf, R.D. et al. (2009) Impact of low-energy proton induced upsets on test methods and rate predictions. *IEEE Transactions on Nuclear Science*, **56** (6), 3085–3092.

[31] Irom, F. and Nguyen, D.N. (2007) Single event effect characterization of high density commercial NAND and NOR nonvolatile flash memories. *IEEE Transactions on Nuclear Science*, **54** (6), 2547–2553.

[32] Dodd, P.E., Shaneyfelt, M.R., Draper, B.L. et al. (2009) Development of a radiation hardened lateral power MOSFET for POL applications. *IEEE Transactions on Nuclear Science*, **56** (6), 3456–3462.

[33] Sonia, G., Mai, F., Brunner, A. et al. (2006) Proton and heavy ion irradiation effects onAlGaN/GaN HFET devices. *IEEE Transactions on Nuclear Science*, **53** (6), 3661–3666.

[34] Oldham, T.R., Ladbury, R.L., Friendlich, M. et al. (2006) SEE and TID characterization of an advanced commercial 2Gbit NAND flash nonvolatile memory. *IEEE Transactions on Nuclear Science*, **53** (6), 3217–3222.

[35] Gerardin, S., Cester, A., Tazzoli, A. et al. (2007) Electrostatic discharge effects in irradiated fully depleted SOI MOSFETs with ultra-thin gate oxide. *IEEE Transactions on Nuclear Science*, **54** (6), 2204–2209.

[36] Larcher, L., Cellerle, G., Paccagnella, A. et al. (2003) Data retention after heavy ion exposure of floating gate memories:analysis and simulation. *IEEE Transactions on Nuclear Science*, **50** (6), 2176–2183.

[37] Cellere, G., Paccagnella, A., Visconti, A. and Bonanomi, M. (2006) Variability in FG memories performance after irradiation. *IEEE Transactions on Nuclear Science*, **53** (6), 3349–3355.

[38] Chatterjee, I., Mahatme, N., Bhuva, B. et al. (2011) Single-event charge collection and upset in 40 nm dual- andtriple-well bulk CMOS SRAMs. *IEEE Transactions on Nuclear Science*, **58** (6), 2761–2767.

[39] Dodd, P.E., Shaneyfelt, M.R., Draper, B.L., Young, R.W., Savington, D., Witcher, J.B., Vizkelethy, G., Schwank, J.R., Shen, Z.J., Shea, P., Landowski, M., Dalton, S.M. (2009) Development of a Radiation Hardened Lateral Power MOSFET for POL Applications. *Trans. Nucl. Sci.*, **56** (6), 3456–3462.

[40] McMarr, P., Nelso, M.E., Liu, S.T. et al. (2005) Asymmetric SEU in SOI SRAM. *IEEE Transactions on Nuclear Science*, **52** (6), 2481–2486.

[41] Cellere, G., Paccagnella, A., Visconti, A. et al. (2007) Traces of errors due to single ion in floating gate memories. International Conference on IC Design and Technology, Austin, TX, 18–20 May.

[42] Liu, S.T., Heikkila, W.W., Golke, K.W. et al. (2003) Single event effects in PDSOI

4 M SRAM fabricated in UNIBOND. *IEEE Transactions on Nuclear Science*, **50** (6), 2095–2100.

[43] Ferlet Cavrois, V., Pouget, V., McMorrow, D. *et al.* (2008) Investigation of the Propagation Induced PulseBroadening (PIPB) effect on single event transients in SOI and bulk inverter chains. *IEEE Transactions on Nuclear Science*, **55** (6), 2842–2853.

[44] Cellere, G., Paccagnella, A., Visconti, A. *et al.* (2008) Direct evidence of secondary recoiled nuclei from high energy protons. *IEEE Transactions on Nuclear Science*, **55** (6), 2904–2913.

[45] Gerardin, S., Bagatin, M., Paccagnella, A. *et al.* (2011) Proton-induced Upsets in 41-nm NAND floating gate cells. The Conference on Radiation Effects on Components and Systems, Sevilla, Spain, 19–23 September (C-2).

[46] Dyer, C.S., Clucas, S.N., Sanderson, C. *et al.* (2004) An experimental study of single-event effects induced in commercial srams by neutrons and protons from thermal energies to 500 MeV. *IEEE Transactions on Nuclear Science*, **51** (5), 2817–2824.

[47] Truscott, P., Dyer, C., Frydland, A. *et al.* (2005) Neutron energy-deposition spectra and seu measurements and comparisons with predictions. 2005 Radiation and Its Effects on Components and Systems, 19–23 September, Palais des Congres, Cap d'Agde, France (LN-11).

[48] Shaneyfelt, M.R., Felix, J.A., Dodd, P.E. *et al.* (2008) Enhanced proton and neutron induced degradationand its impact on hardness assurance testing. *IEEE Transactions on Nuclear Science*, **55** (6), 3096–3105.

[49] Hiemstra, D.H., Baril, A. and Dettwiler, M. (1999) Single event upset characterization of the pentium MMX and pentium II microprocessors using proton irradiation. *IEEE Transactions on Nuclear Science*, **46** (6), 1453–1460.

[50] Baggio, J., Ferlet-Cavrois, V. and Flament, O. (2004) Analysis of proton/neutron SEU sensitivity of commercial SRAMs-application to the terrestrial environment test method. *IEEE Transactions on Nuclear Science*, **51** (6), 3420–3426.

[51] Schwank, J.R., Dodd, P.E., Shaneyfelt, M.R. *et al.* (2004) Issues for single-event proton testing of SRAMs. *IEEE Transactions on Nuclear Science*, **51** (6), 3692–3700.

[52] Rufenacht, H., Le, K.A., Gazdewich, J. *et al.* (2005) Single event upset characterization of the ESP603 single board spacecomputer with the power PC603r processor using proton irradiation. Radiation Effects Data workshop, Seattle, Washington, 11–15 July 2005 (W-11), pp. 65–69.

[53] Johansson, K., Dyreklev, P., Granbom, B. *et al.* (1998) Energy-resolved neutron SEU measurements from 22 to 160 MeV. *IEEE Transactions on Nuclear Science*, **45** (6), 2519–2526.

[54] Granlund, T. and Olsson, N. (2005) A comparative study between proton and neutron induced SEUs in SRAMs. *IEEE Transactions on Nuclear Science*, **53** (4), 1871–1875.

[55] Lawrence, R.K., Ross, J.F., Haddad, N. *et al.* (2009) Soft error sensitivities in 90 nm bulk CMOS SRAMs. 2009 IEEE Radiation Effects Data Workshop, Quebac, Canada, 20–24 July, pp. 123–126.

[56] Quinn, H., Morgan, K., Graham, P. *et al.* (2007) Static proton and heavy ion testing of the Xilinx Virtex-5 device. Radiation Effects Data Workshop, Honolulu, HI, 23–27 July (W-31), pp. 177–184.

[57] Gadlage, M.J., Turflinger, T., Eaton, P.H. and Benedetto, J.M. (2005) Comparison of heavy ion and proton induced combinatorial and sequential logic error rates in a deep submicron process. *IEEE Transactions on Nuclear Science*, **52** (6), 2120–2124.

[58] Seifert, N., Gill, B., Pellish, J.A. *et al.* (2011) The susceptibility of 45 and 32 nm bulk

CMOS latches to low-energy protons. *IEEE Transactions on Nuclear Science*, **58** (6), 2711–2718.

[59] Skarin, D., Karlsson, J. (2008) Software Implemented Detection and Recovery of Soft Errors in Brake-by-Wire System, IEEE Seventh European Dependable Computing Conference, Kaunas, Lithuania, May 7–9, 2008, 145–154.

[60] Puchner, H., Tausch, J. and Koga, R. (2011) Proton-induced single event upsets in 90 nm technology high performance sram memories. Radiation Effects Data Workshop, Seattle, Washington, 11–15 July 2005 (W-26), pp. 1–3

[61] Zanata, M., Wrachien, N. and Cester, A. (2008) Ionizing radiation effect on ferroelectric nonvolatile memories and its dependence on the irradiation temperature. *IEEE Transactions on Nuclear Science*, **55** (6), 3237–3245.

[62] Bagatin, M., Gerardin, S., Cellere, G. *et al.* (2009) Error instability in floating gate flash memories exposed to TID. *IEEE Transactions on Nuclear Science*, **56** (6), 3267–3273.

[63] Rodbell, K.P., Gordon, M.S., Heidel, D.F. *et al.* (2007) Low energy proton induced single event upsets in 65 nm silicon-on-insulator latches and memory cells. *IEEE Transactions on Nuclear Science*, **54** (6), 2474–2479.

[64] Kellington, J. and McBeth, R. (2007) IBM POWER6 processor soft error tolerance analysis using proton irradiation. IEEE Workshop on Silicon Errors in Logic – System Effects 3, Austin Texas, 3 and 4 April.

[65] Rao, S., Hong, T., Sanda, P. *et al.* (2008) Examining workload dependence of soft error rates. IEEE Workshop on Silicon Errors in Logic – System Effects, University of Texas at Austin, 26 and 27 March.

[66] Miyake, Y. Current Status of J-PARC MUSE, http://nuclpart.kek.jp/pac/1101/pdf/JPARCPAC110113.pdf (accessed 6 November 2013).

[67] TRIUMF http://nop.kek.jp/~arimoto/researches/prism-ffag/docs/muon_facility.pdf (accessed 7 November 2013).

[68] Bogomilov, M., Karadzhov, Y., Kolev, D. *et al.* The MICE Muon Beam on ISIS and the Beam-Line Instrumentation of the Muon Ionization Cooling Experiment, http://wrap.warwick.ac.uk/48594/1/WRAP_Back_1748-0221_7_05_P05009.pdf (accessed 7 November 2013)

[69] TRIUMF http://www.triumf.ca/ (accessed 7 November 2013).

[70] http://www.psi.ch/lmu/ (accessed August 22, 2014).

[71] Dicello, J.F., McCabe, C.W., Doss, J.D. and Paciotti, M. (1983) The relative efficiency of soft-error induction in 4 K static RAMs by Muons and Pions. *IEEE Transactions on Nuclear Science*, **30** (6), 4613–4615.

[72] Sierawski, B.D., Mendenhall, M.H., Reed, R.A. *et al.* (2010) Muon-induced single event upsets in deep-submicron technology. *IEEE Transactions on Nuclear Science*, **57** (6), 3273–3278.

[73] Ibe, E., Toba, T., Shimbo, K. and Taniguchi, H. (2012) Fault-based reliable design-on-upper-bound of electronic systems for terrestrial radiation including muons, electrons, protons and low energy neutrons. IEEE International On-Line Testing Symposium, Sitges, Spain, 27–29 June 2012 (3.2).

[74] MIT Nuclear Reactor Laboratory http://mit.edu/nrl (accessed 7 November 2013).

[75] NTI http://www.nti.org/facilities/818/ (accessed 7 November 2013).

[76] Kyoto University Research Reactor Institute http://www.rri.kyoto-u.ac.jp/en/facilities/kur (accessed 7 November 2013).

[77] Kobayashi, H., Usuki, H., Shiraishi, K. *et al.* (2004) Comparison between neutron-induced system-SER and accelerated-SER in SRAMs. 2004 IEEE International

Reliability Physics Symposium, Phoenix, AZ, 25–29 April, pp. 288–293.

[78] Baumann, R.C. and Smith, E.B. (2000) Neutron-induced boron fission as a major source of soft errors in deep submicron SRAM devices. 2000 IEEE International Reliability Physics Symposium Proceedings, San Jose, CA, 10–13 April, pp. 152–157.

[79] Dyer, C., Hands, A., Hunter, K. *et al.* (2006) Neutron-induced single event effects testing across a wide range of energies and facilities and implications for standards. *IEEE Transactions on Nuclear Science*, **53** (6), 3596–3601.

[80] J-PARC http://j-parc.jp/researcher/MatLife/en/instrumentation/ns3.html (accessed 7 November 2013).

[81] indiamart http://www.indiamart.com/shah-marketingco/radiation-shielding-products.html (accessed 7 November 2013).

[82] Zhang, M., Park, J., Kim, G. *et al.* (2011) Thermal neutron SER testing and analysis: findings from a 32nm HKMG SRAM case study. 2011 IEEE Workshop on Silicon Errors in Logic – System Effects, Champaign, IL, 29–30 March, pp. 7–10.

[83] Yahagi, Y., Ibe, E., Takahashi, Y. *et al.* (2004) Threshold energy of neutron-induced single event upset as a critical factor. 2004 IEEE International Reliability Physics Symposium, 25–29 April, Phoenix, AZ, pp. 669–670.

[84] Baggio, J., Lambert, D., Ferlet-Cavrois, V. *et al.* (2007) Single event upsets induced by 1-10 MeV neutrons in static-RAMs using mono-energetic neutron sources. *IEEE Transactions on Nuclear Science*, **54** (6), 2149–2155.

[85] Gasiot, G., Ferlet-Cavrois, V., Baggio, j. *et al.* (2002) SEU sensitivity of bulk and SOI technologies to 14-MeV neutrons. *IEEE Transactions on Nuclear Science*, **52** (6), 2433–2437.

[86] Savage, M.W., McNulty, P.J., Roth, D.R. and Foster, C.C. (1998) Possible role for secondary particles in proton-induced single event upsets of modern devices. *IEEE Transactions on Nuclear Science*, **45** (6), 2745–2751.

[87] Makinaga, A., Akimune, H., Kim, G.N. *et al.* (2012) Activities on the Neutron and Photon Experiments at Hokkaido University, http://anrdw-3.knu.ac.kr/resources/PDF/17-IV_2_3rdAASPP-makinaga.pdf (accessed 18 April 2014).

[88] Harano, H., Matsumoto, T., Taniimura, Y. *et al.* (2010) Monoenergetic and quasi-monoenergetic neutron reference fields in Japan. *Radiation Measurements*, **45** (10), 1076–1082.

[89] Chabane, H., Vaille, J-R., Barelaud, B. *et al.* (2005) Comparison of experimental and simulated Am/Be neutron source energy spectra obtained in silicon detector. 8th European Conference on Radiation Effects on Components and Sysatems, Cap d'Agde, France, 19–23 September, pp. LN2-1–LN2-4.

[90] Marsh, J.W., Thomas, D.J. and Burke, M. (1995) High resolution measurements of neutron energy spectra from Am-Be and Am-B neutron sources. *Nuclear Insrruments and Methods in Physics Research A*, **366**, 340–348.

[91] Héctor René Vega, C. and Celia Torres, M. (0000) Low Energy Neutrons From a ^{239}PuBe Isotopic Neutron Source Inserted in Moderating Media, http://www.ejournal.unam.mx/rmf/no485/RMF48503.pdf (accessed 13 November 2013).

[92] Reinig, W.C. Californium-252: A New Isotopic Source for Neutron Radiography, http://www.orau.org/ptp/PTP%20Library/library/Subject/Neutrons/dpms6848.pdf (accessed 13 November 2013).

[93] http://nrv.jinr.ru/nrv/webnrv/qcalc/ (accessed 13 November 2013).

[94] Ibe, E., Chung, S., Wen, S. *et al.* (2006) Spreading diversity in multi-cell neutron-induced upsets with device scaling. The 2006 IEEE Custom Integrated Circuits Conference, San Jose, CA, 10–13 September, 2006, pp. 437–444.

[95] Radaelli, D., Puchner, H., Chia, P. et al. (2005) Investigation of multi-bit upsets in a 150 nm technology SRAM device. *IEEE Transactions on Nuclear Science*, **49** (6), 3032–3037.

[96] Tsiligiannis, G., Dilillo, L., Bosio, A. et al. (2012) Evaluation of test algorithms stress effect on SRAMs under neutron radiation. IEEE International On-Line Testing Symposium, Sitges, Spain, 27–29 June 2012 (7.4), pp. 121–122.

[97] Ibe, E., Kameyama, H., Yahagi, Y. et al. (2004) Distinctive asymmetry in neutron-induced multiple error patterns of 0.13umocess SRAM. The 6th International Workshop on Radiation Effects on Semiconductor Devices for Space Application, Tsukuba, 6–8 October 2004, pp. 19–23.

[98] Shimbo, K., Toba, T., Nishii, K. et al. (2011) Quantification & mitigation techniques of soft-error rates in routers validated in accelerated neutron irradiation test and field test. 2011 IEEE Workshop on Silicon Errors in Logic – System Effects, Champaign, IL, 29–30March, pp. 11–15.

[99] Yamamoto, S., Kokuryou, K., Okada, Y. et al. (2004) Neutron-induced Soft-error in logic device using quasi-monoenergetic neutron beam. 2004 IEEE International Reliability Physics Symposium, Phoenix, AZ, 25–29 April, pp. 305–309.

[100] Uezono, T., Yoneki, S., Toba, T. et al. (2013) Evaluation of neutron-induced soft Error effects on CPU in automotive microcontrollers. 2013 Convention on Radiation Effects on Components and Systems, Oxford, UK, 23–27 September.

[101] Berger, G. et al. (1997) CYCLONE-A Multipurpose Heavy Ion, Proton, and Neutron SEE Test Site, RADECS Workshop, September 15–29, 1997, Cannes, France, 51–55.

[102] Eto, A., Hidaka, M., Okuyama, Y. et al. (1998) Impact of neutron flux on soft errors in MOS memories. International Electron Devices Meeting, San Francisco, CA, 6–9 December 1998, pp. 367–370.

[103] Wender, S. (2003) Neutron single-event effects testing at LANSCE. IEEE International Reliability Physics Symposium, Tutorials, Dallas, Texas, 30 March – 4 April (242.2).

[104] Dodd, P.E., Shaneyfelt, M.R., Schwank, J.R. and Hash, G.L. (2002) Neutron-induced softerrors, latchup, and comparison of SER test methods for SRAM technologies. International Electron Devices Meeting, San Francisco, CA, 9–11 December 2002, pp. 333–336.

[105] Gasiot, G., Giot, D. and Roche, P. (2007) Multiple cell upsets as the key contribution to the total SER of 65 nm CMOS SRAMs and its dependence on well engineering. *IEEE Transactions on Nuclear Science*, **54** (6), 2468–2473.

[106] Blackmore, E.W. (2009) Development of a large area neutron beam for system testing at TRIUMF. 2009 IEEE Radiation Effects Data Workshop, Quebec City, Canada, 20–24 July, pp. 157–160.

[107] Prokofiev, A.V., Blomgren, J., Nolte, R. et al. (2009) ANITA – a new neutron facility for accelerated SEE testing at the svedberg laboratory. IEEE International Reliability Physics Symposium 2009, Montreal, Quebec, Canada, 28–30 April (SE2), pp. 929–935.

[108] Rech, P. and Carro, L. (2013) Experimental evaluation of neutron-induced effects in graphic processing units. The 9th Workshop on Silicon Errors in Logic – System Effects, Palo Alto, CA, 26–27 March (5.3).

[109] Frost, C.D., Ansell, S. and Gorini, G. (2009) A new dedicated neutron facility for accelerated SEE testing at the ISIS facility. IEEE International Reliability Physics Symposium 2009, Montreal, Quebec,Canada, 28–30 April (SE6), pp. 952–954.

[110] Nakauchi, T., Mikami, N., Oyama, A. et al. (2008) A novel technique for mitigating neutron-induced multi-cell upset by means of back bias. IEEE International Reliability Physics Symposium, Anaheim, CA, 15–19 April (2 F.2), pp. 187–191.

[111] Furuta, J., Kobayashi, K. and Onodera, H. (2010) Measurement results of multiple cell upsets on a 65nm tapless flip-flop array. IEEE Workshop on System Efects of Logic Soft Errors, Stanford University, 23 and 24 March.

[112] Uemura, T., Sakoda, T. and Matsuyama, H. (2011) Layout optimization to maximize tolerance in SEILA: soft error immune latch. International Conference on IC Design and Technology, Kaohsiung, Taiwan, 2–4 May 2011.

[113] Matsukawa, F., Sato, T., Sato, K. et al. (2012) Neutron dose rate measurements in J-PARC MLF. *Progress in Nuclear Science and Technology*, **3**, 76–78.

[114] LANSCE http://lansce.lanl.gov/media/accelneutrontesting.pdf (accessed 7 November 2013).

[115] Platt, S.P. and Torok, Z. (2007) Charge-Collection and single-event upset measurements at the isis neutron source. 9th European Conference Radiation and Its Effects on Components and Systems, Deauville, France, 10–14 September (F-2).

[116] Nishida, S., Shoji, T., Ohnishi, T. et al. (2010) Cosmic ray ruggedness of IGBTs for hybrid vehicles. The 22nd International Symposium on Power Semiconductor Devices & ICs, Hiroshima, Japan, 6–10 June, pp. 129–132.

[117] Shoji, T., Nishida, S., Ohnishi, T. et al. (2010) Neutron induced single-event burnout of IGBT. The 2010 International Power Electronics Conference, Sapporo, Hokkaido, Japan, 21–24 June, pp. 142–148.

[118] Slayman, C.W. (2010) Theoretical correlation of broad spectrum neutron sources for accelerated soft error testing. *IEEE Transactions on Nuclear Science*, **57** (6), 3163–3168.

[119] Ibe, E., Taniguchi, H., Yahagi, Y. et al. (2010) Impact of scaling on neutron-induced soft error in SRAMs from a 250 nm to a 22 nm design rule. *IEEE Transactions on Electron Devices*, **57** (7), 1527–1538.

[120] Hazucha, P., Karnik, T., Maiz, J. et al. (2003) Neutron soft error rate measurements in a 90-nm CMOS process and scaling trends in SRAM from 0.25-micron to 90-nm generation. 2003 IEEE International Electron Devices Meeting, Washington, DC, 7–10 December, 2003 (21.5).

[121] Ando, H. and Hatanaka, S. (2007) Accelerated testing of a 90nm SPARC64 V microprocessor for neutron SER. IEEE Workshop on Silicon Errors in Logic – System Effects 3, Austin Texas, April 3, 4.

[122] Tsiligiannis, G., Vatajelu, E., DiLillo, L. et al. (2013) SRAM soft error rate evaluation under atmospheric neutron radiation and PVT variations. 19th IEEE International On-Line Testing Symposium, Chania, Crete, July 8–10 (8.2), pp. 145–150.

[123] Buchner, S., Baze, M., Brown, D. et al. (1997) Comparison of error rates in combinational and sequential logic. *IEEE Transactions on Nuclear Science*, **44** (6), 2209–2216.

[124] Jagannathan, S., Loveless, T.D., Bhuva, B.L. et al. (2012) Frequency dependence of alpha-particle induced soft error rates of flip-flops in40-nm CMOS technology. *IEEE Transactions on Nuclear Science*, **59** (6), 2796–2802.

[125] Grando, C., Lisboa, C., Moreira, A. and Carro, L. (2009) Invariant checkers: an efficient low cost technique for run-time transient errors detection. 15th IEEE International On-Line Testing Symposium, Sesimbra-Lisbon, Portugal, 24–26 June (2.2).

[126] Inoue, T., Henmi, H., Yoshikawa, Y. and Ichihara, H. (2011) High-level synthesis for multi-cycle transient fault tolerant datapaths. 17th IEEE International On-Line Testing Symposium, Athens, Greece, 13–15 July (1.3), pp. 13–18.

[127] Seifert, N., Gill, B., Zhang, M. *et al.* (2007) On the scalability of redundancy based SER mitigation schemes. International Conference on IC Design and Technology, Austin, Texas, 18–20 May (G2), pp. 197–205.

[128] Uemura, T., Tosaka, Y. and Matsuyama, H. (2010) SEILA: soft error immune latch for mitigating multi-node-SEU and local-clock-SET. IEEE International Reliability Physics Symposium 2010, Anaheim, CA, 2–6 May, pp. 218–223.

[129] Cabanas-Holmen, M., Cannon, E.H., Kleinosowski, A. *et al.* (2009) Clock and reset transients in a 90 nm RHBD single-core tilera processor. *IEEE Transactions on Nuclear Science*, **56** (6), 3505–3510.

[130] Seifert, N., Shipley, P., Pant, M.D. *et al.* (2005) Radiation-induced clock jitter and race. 2005 IEEE International Reliability Physics Symposium Proceedings, April 17–21, San Jose, CA, 17–21 April, 2005, pp. 215–222.

[131] Kim, S., Tsuchiya, A. and Onodera, H. (2013) Perturbation-immune radiation-hardened PLL with a switchable DMR structure. 19th IEEE On-Line Testing Symposium, Chania, Crete, 8–10 July.

[132] Chen, L. and Tahoori, M. (2012) An efficient probability framework for error propagation and correlation estimation. IEEE International On-Line Testing Symposium, Sitges, Spain, 27–29 June, 2012 (9.1).

[133] George, N., Lach, J. and Brown, C.L. (2011) Characterization of logical masking and error propagation in combinational circuits and effects on system vulnerability. 2011 International Conference on Dependable Systems and Networks, Hong Kong, China, 28–30 June.

[134] Cook, J. and Zilles, C. (2008) Characterizing instruction-level error derating. IEEE Workshop on Silicon Errors in Logic – System Effects, University of Texas at Austin, 26 and 27 March.

[135] Mizan, E. (2008) Reliability improvements enabled by self-imposed temporal redundancy. IEEE Workshop on Silicon Errors in Logic – System Effects, University of Texas at Austin, 26 and 27 March.

第 6 章 集成器件级仿真技术

6.1 多尺度多物理软错误分析系统概述

图 6.1 中所示为软错误分析系统 SECIS（Self Consistent Integrated System for terrestrial neutron soft error，地球中子软错误自洽积分系统）[1-4]的整体构架，它包括以下几个部分：

(i) SEE（单粒子效应）-MC（蒙特卡罗）仿真器，CORIMS（Cosmic Radiation Impact Simulator，宇宙辐射影响仿真器）和 SEALER（单粒子不利效应和局部效应缓解器）

(ii) 程序语言 Visual Basic 广泛应用的原因（见附录 A.3 和附录 A.4）

(iii) TCAD（计算机辅助设计技术）器件仿真器

(iv) 基于器件版图数据库 GDS-II（图形数据系统）的自动器件模型生成器

(v) 基于 SQL 的数据库处理程序（见附录 A.5 和附录 A.6）

(vi) LET（线性能量转移）、同位素、核反应、材料、地球物理和地面辐射谱数据库

(vii) 太阳活动数据

(viii) 场中子数据

(ix) 软错误场数据

(x) GPS（全球定位系统）数据

(xi) 通过加速器获得的单粒子效应（SEE）翻转截面辐射数据

上述数据库可实现仿真以及仿真结果的验证。作为典型例子，采用 SRAM 器件模型仿真。

一个 SRAM 是由位于 p 阱中的两个 n⁺存储节点和位于 n 阱中的两个 p⁺存储节点所构成的，如图 6.2 所示。典型情况下，相邻的 n⁺和 p⁺节点由晶体管上层的金属线连接，对应于高或低电势。存储数据"1"或"0"，被赋值给高电势的一边（图中的右侧或左侧）。当栅$_1$电势为低时，p⁺节点连接到 V_{cc}，同时栅$_2$电势为高时，n⁺节点被接到地或者 V_{ss}。当栅$_3$电势为高时，位线的数据被写到 n⁺和 p⁺节点，或者节点中的数据被通过位线写入。位线节点、栅$_2$、n⁺节点、栅$_3$以及地节点位于同一 p 阱内（n⁺有源区）。V_{cc}节点，栅$_1$和 p⁺存储节点位于同一 n 阱（p⁺有源区）。n⁺有源区和 p⁺有源区被 SiO$_2$形成的 STI（Shallow Trench Isolation，浅沟道隔离）隔离，如图 6.3 所示。图 6.4 给出了 SRAM 的等效电路，两个节点 Q 和 $\overline{Q}$ 对应于图 6.2 中的 p⁺和 n⁺存储节点。当中子穿过 SRAM 时，在中子和器件中的核子（主要是硅）之间会发生核裂变反应，如图 6.5 所示。作为一个瞬态反应，核子（质子和中子）会彼此碰撞。当核子拥有足够高的动能时，会逃离原子核的束缚。上述过程被称为核内级联（Intra Nuclear Cascade，INC）[5]。快速反应过程之后，

更轻的核子可能被从剩余的核中激发[6]。结果，核子、轻核及剩余核子在 SRAM 单元中沿离子轨迹产生电子-空穴对，在硅中产生一个电子-空穴对所需的能量是 3.6 eV。当一个这样的次级离子轰击到存储节点时，其部分电荷被存储节点通过漏斗效应及漂移扩散过程所收集[7]。在漂移扩散过程中，带电粒子不一定会通过耗尽层，而是通过耗尽层附近，沉积电荷通过扩散过程收集到扩散层。如果收集的电荷量超过了临界电荷 Q_{crit}，SRAM 的逻辑状态将被翻转，发生一次软错误。

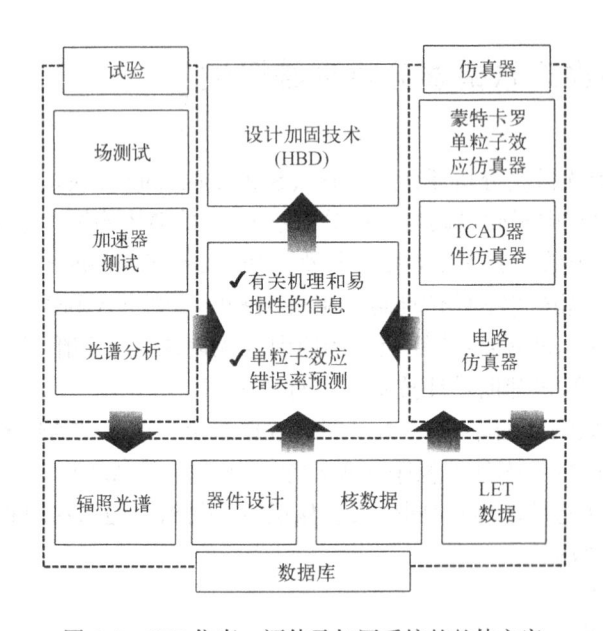

图 6.1 SEE 仿真、评估及加固系统的整体方案

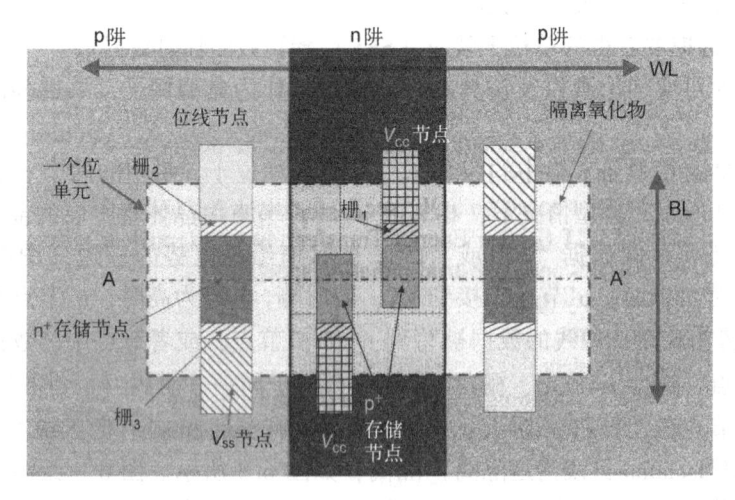

图 6.2 SRAM 模型顶视图

图 6.6 所示为仿真流程。首先，选择一种粒子的能量谱，它被分为多个能量刻度。带有一定能量的粒子被注入到器件模型的随机位置。然后，沿着核反应所产生的主要粒子和

次级粒子的径迹，计算其所沉积的能量和电荷。基于相应物理模型，可将存储节点所收集到的电荷计算出来，并将其作为一个暂时错误存储在内部数据库中。单粒子翻转（SEU）被分析、分类并存储在最终的数据库中。必要时，材料数据库、粒子谱数据库、核反应数据库、LET 等信息均可调用。数据库很容易采用 Visual Basic 实现。对于一个具体的变量如何选择数据库中数据的简单代码的例子在附录 A.5 中给出。本章只涉及所有半导体材料中的 Si 材料，因为其他更重的元素的材料，比如 Cu，W 在 SEU 仿真中与 Si 材料仿真的模型只有略微的不同[8]。首先，更重的元素看似对单粒子效应的影响更大，因为它们有更多的轨道电子，铜互连线和钨材料常常位于晶体管源极和漏极的附近。

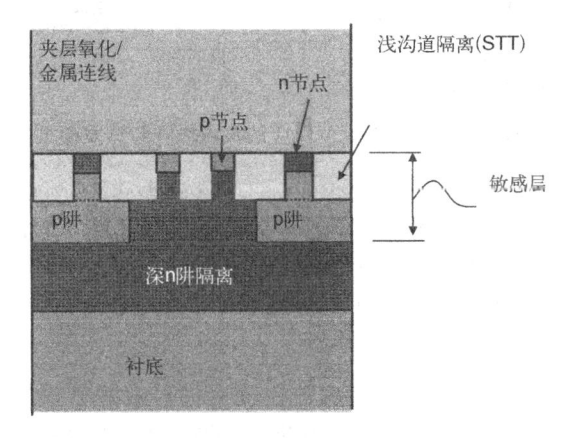

图 6.3　SRAM 模型剖面图（图 6.2 中 A-A′横断面）

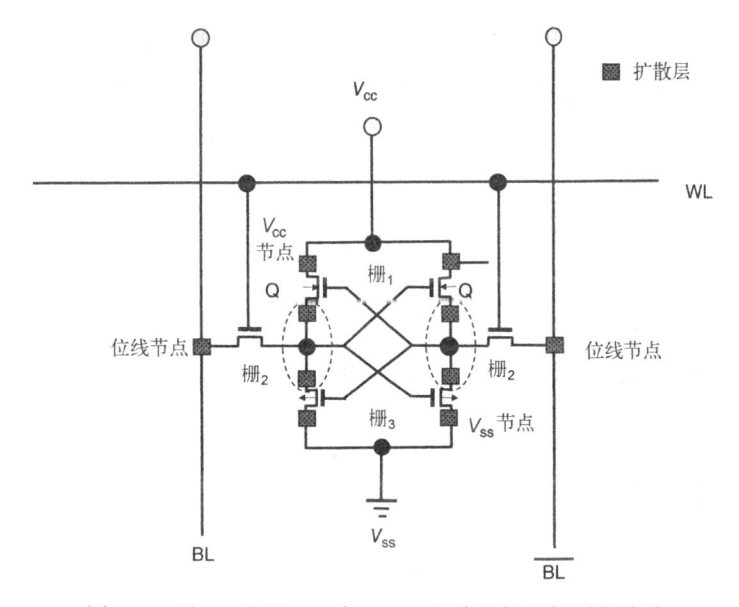

图 6.4　图 6.2 和图 6.3 中 SRAM 电路的物理版图的关系

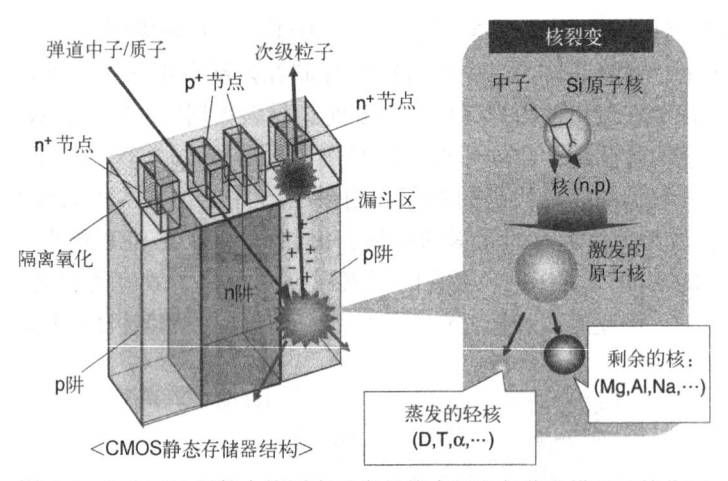

图 6.5　Si SRAM 器件中核裂变反应的核内级联与蒸发模型的简化图

SEALER 的仿真揭示了以下事实：

（ⅰ）由于在裂变反应之后，次级粒子的多数动量都传递给了轻的粒子，比如质子，基于能量和动量守恒定律，重离子不会获得较大的动能。

（ⅱ）在较重的材料中所产生的较重的次级粒子，它们有较强的截止能，因此它们的射程较短。

作为上述（ⅰ）和（ⅱ）的结果，大多数在较重材料中的较重的次级粒子，它们在产生之后无法到达附近晶体管的敏感部分，因此，它们对于半导体器件的软错误不会产生较大的影响。

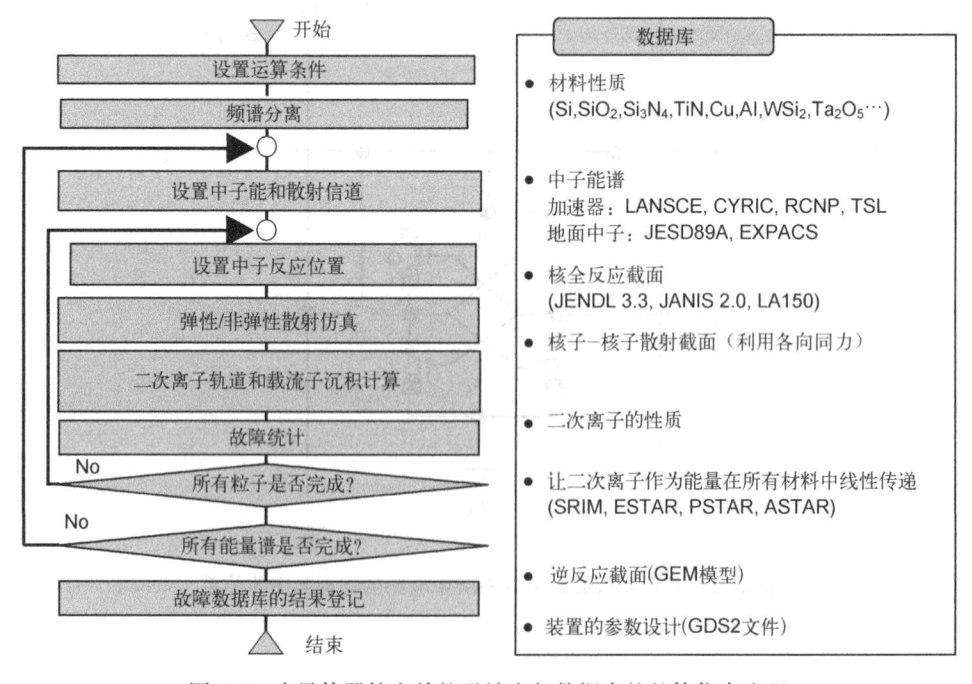

图 6.6　半导体器件中单粒子效应与数据库的整体仿真流程

6.2 相对二次碰撞和核反应模型

6.2.1 一个粒子能量谱的能量刻度设置

在软错误的蒙特卡罗（MC）仿真中，带有一定能量、角度和位置的粒子入射到器件中，并穿过器件。粒子通过与目标核子发生弹性或者非弹性次级碰撞而在器件中沉积电荷，根据不同的粒子能量而采用一个合适的模型来计算其电荷收集量。如第3章中所述，高能中子和质子会引起核裂变反应，在地面中子场下，更重的带电粒子所引起的电荷沉积的能量小于几十兆电子伏。

为了仿真基于地面或者加速器中粒子流强与能量谱所引起的单粒子效应（SEE），入射粒子能量的全范围的能量刻度都必须遵循如图6.7中的设置。在仿真中，在每一个能量刻度中的入射粒子的数目都对应于不同的粒子流强。通常如图2.3所示，当粒子的能量增加时，其流强通常会急剧下降，应该在仿真中分析入射粒子数量的较宽波动范围。这会导致不同能量之间统计数据可靠性差异。下面的能量刻度优化技术使入射粒子的数目更加均衡，采用此方法可以避免上述问题。

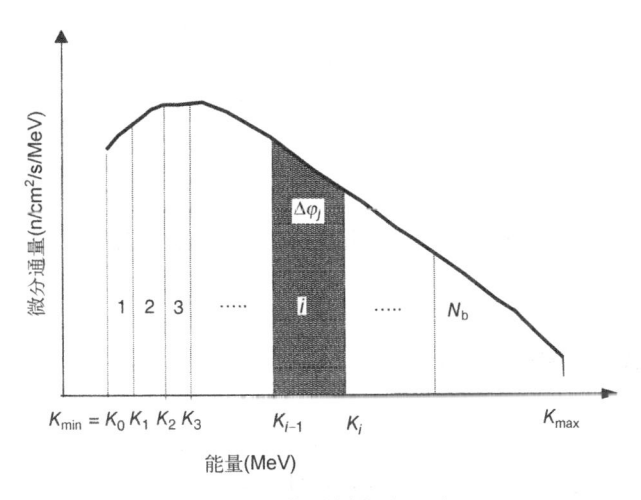

图 6.7 能量刻度设置图

首先我们定义最大和最小边界能量 K_{i-1} 和 K_i，然后定义典型（平均）能量 K_i^*

$$K_i^* = (K_{i-1} + K_i)/2 \tag{6.1}$$

通过之前获得的能量谱 N_b、最大能量 E_{max}、最小能量 E_{min} 之间总的入射粒子 N_{Total}，可通过下式获得粒子总的通量 ϕ_{TOT}：

$$\phi_{TOT} = \int_{E_{min}}^{E_{max}} \frac{d\phi_p}{dE_p} dE_p \tag{6.2}$$

可以通过满足下式条件，从最小能量 $K_{\min}(i=1)$ 向上或者从最大能量 $K_{\max}(i=N_b)$ 向下依次获得每个边界能量 K_{i-1} 和 K_i：

$$\int_{K_{i-1}}^{K_i} \frac{\mathrm{d}\varphi_p}{\mathrm{d}E_p} \mathrm{d}E_p = \phi_{\mathrm{TOT}}/N_b \tag{6.3}$$

在每个能量段（energy bin），都对能量为 K_i^* 的粒子入射进行了仿真，粒子的数目一般取整：$\mathrm{Int}(N_{\mathrm{Total}}/N_b)$，其中 $\mathrm{Int}(x)$ 表示不大于实数 x 的最大整数。

将一系列能量段配置仿真的粒子数目，然后依次执行仿真过程，所有的故障都记录到临时数据库中，如图 6.8 所示。

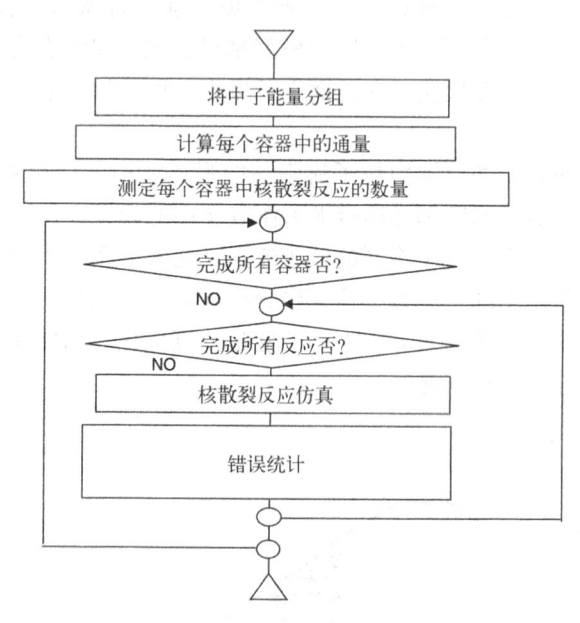

图 6.8　粒子在能量段中产生故障仿真流程

6.2.2　相对次级碰撞模型

如前文提到的，初始的核分裂反应物理阶段可以看成质子或者中子与核子或者原子核发生次级弹性散射反应的叠加。首先，相对弹性散射的细节将由一些基本的仿真模型来解释，包括核裂变反应模型和 $^{10}\mathrm{B}$ 的低能中子俘获反应仿真模型[9,10]。

核反应产生的粒子将依据能量和动量守恒定律散裂开。对于核裂变反应，散射问题必须通过狭义相对论处理，因为粒子能量非常大，粒子能量超过了简单的动能方程计算得到的值 $mv^2/2$，其中 m 表示粒子的质量，v 表示粒子的速度。两个粒子的一次散射过程，如图 6.9 所示。

$$\mathrm{I} + \mathrm{T}(\rightarrow \mathrm{C}) \rightarrow \mathrm{X} + \mathrm{R} \tag{6.4}$$

其中，

　　I：入射粒子；

T：目标粒子；
C：结合的核子（实际的）；
X：C 中释放的轻粒子；
R：C 中释放出 X 后剩余的核子。

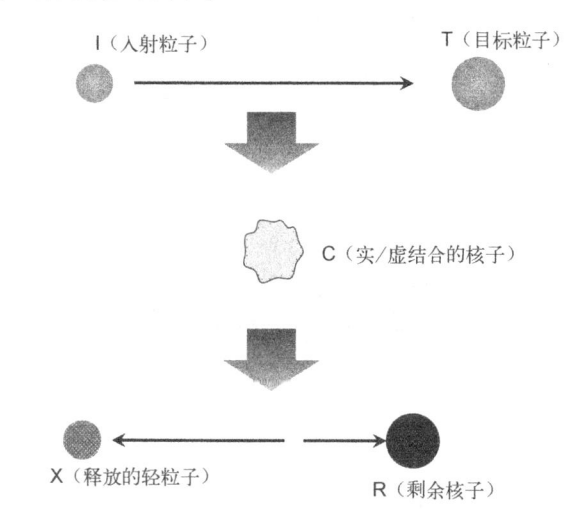

图 6.9 一个元件中的粒子散射示意图，散射粒子：I（入射粒子）+T（目标粒子）→C（结合核子）→X（释放的轻粒子）+R（剩余核子）

6.2.3 ALS（绝对实验系统）和 ALLS（联合实验系统）

我们定义在实验系统中的硅圆片是受辐射的目标，这就是绝对实验系统（ALS）。对于粒子 q，其相对总能量 E_q，可以由动量 p_q、静态质量 m_q、动能 K_q 得出，见下式：

$$E_q = \sqrt{m_q^2 c^4 + c^2 p_q^2} = m_q c^2 + K_q \tag{6.5}$$

因此，与 ALS 相关的粒子 I 和 T 的 CCM（典型中心质量）速度 $\beta_c = (v_c/c)$，可由下式给出：

$$\beta_c = \frac{c p_c^{\text{lab}}}{E_c^{\text{lab}}} = \frac{\sqrt{2 m_I c^2 K_I + K_I^2}}{K_I^{\text{lab}} + m_I c^2 + m_T c^2} \tag{6.6}$$

入射粒子的方向，也就是说，CCM 在 ALS 中的原始方向并不等于 ALS 原始移动方向。然而，在狭义相对论中，洛伦兹变换可以用于计算能量，动量仅仅应用于 CCM 原始的移动方向。因此，CCM 方向的坐标必须转换为三个方向的坐标，其中，Z 轴用于洛伦兹变换。具体的变换过程原理如图 6.10 所示，箭头表明粒子在 ALS 中，相对于 X_0，Y_0，Z_0 坐标轴的移动方向，我们定义 θ 顶角为 Z_0 和箭头之间的夹角，方位角 φ 为箭头映射到 X_0-Y_0 平面上与 X_0 之间的夹角。在新的坐标系中，Z 轴平行于粒子移动的方向，可以通过以下从（i）到（iv）的数学计算过程获得。我们把该新的坐标系称为联合实验系统（Aligned Laboration System，ALLS）。定义正向旋转为从坐标轴正向看逆时针旋转方向。

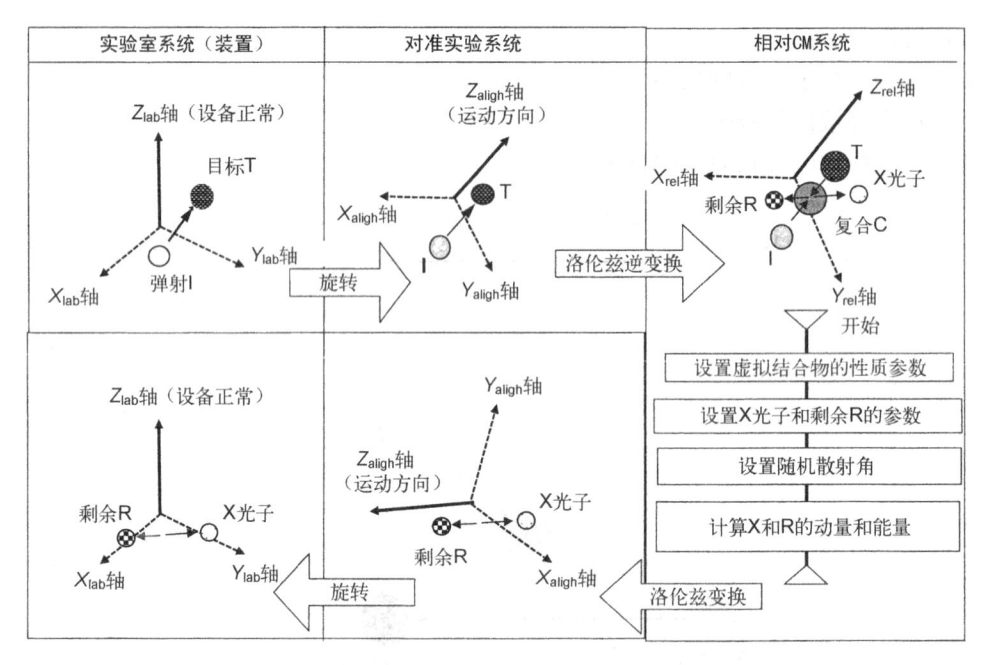

图 6.10 坐标的旋转和相对质量中心反旋转

(i) 在 ALS 系统中，沿着 Z_0 轴旋转 φ 角度建立 X_1-Y_1-Z_1 坐标系统，Z_0 和 Z_1 轴是相同的。

(ii) 沿着 Y_1 轴旋转 θ 角度，在 ALLS 中获得坐标系统 X_2-Y_2-Z_2，这里 Y_1 和 Y_2 坐标轴是相同的。

通过以下公式，X_0-Y_0-Z_0 系统的向量 (x_0, y_0, z_0) 可以通过映射转换，转换到 X_1-Y_1-Z_1 和 X_2-Y_2-Z_2：

$$\vec{r}_1 = \begin{pmatrix} x_1 \\ y_1 \\ z_1 \end{pmatrix} = \begin{pmatrix} \cos\phi & -\sin\phi & 0 \\ \sin\phi & \cos\phi & 0 \\ 0 & 0 & 1 \end{pmatrix} \begin{pmatrix} x_0 \\ y_0 \\ z_0 \end{pmatrix} = \boldsymbol{R}_\phi \vec{r}_0 \tag{6.7}$$

$$\vec{r}_2 = \begin{pmatrix} x_2 \\ y_2 \\ z_2 \end{pmatrix} = \begin{pmatrix} \cos\theta & 0 & \sin\theta \\ 0 & 1 & 0 \\ -\sin\theta & 0 & \cos\theta \end{pmatrix} \begin{pmatrix} x_1 \\ y_1 \\ z_1 \end{pmatrix} = \boldsymbol{R}_\theta \vec{r}_1 = \boldsymbol{R}_\theta \boldsymbol{R}_\phi \vec{r}_0 \tag{6.8}$$

通过式（6.8）的时间求导，可以获得 ALLS 中的速度向量为：

$$\vec{v}_2 = \begin{pmatrix} v_{2,x} \\ v_{2,y} \\ v_{2,z} \end{pmatrix} = \boldsymbol{R}_\theta \boldsymbol{R}_\phi \vec{v}_0 \tag{6.9}$$

因此，通过速度向量与粒子的质量进行简单的相乘，可以获得粒子的动态向量：

$$\vec{p}_2 = \boldsymbol{R}_\theta \boldsymbol{R}_\phi \vec{p}_0 \tag{6.10}$$

在 X_2-Y_2-Z_2 构成的笛卡儿坐标系中，Z 轴的正半轴方向被定义为粒子入射方向。

(iii) 在 RCM 系统（Relativistic Centre of Mass system，相对质量中心系统）中计算动量，Z 轴的洛伦兹变换矩阵 $\boldsymbol{L}$ 可通过如下方式计算：

$$L = \begin{pmatrix} \gamma_c & 0 & 0 & \beta_c\gamma_c \\ 0 & 1 & 0 & 0 \\ 0 & 0 & 1 & 0 \\ \beta_c\gamma_c & 0 & 0 & \gamma_c \end{pmatrix} \tag{6.11}$$

洛伦兹变换逆矩阵 L^{-1}：

$$L^{-1} = \begin{pmatrix} \gamma_c & 0 & 0 & -\beta_c\gamma_c \\ 0 & 1 & 0 & 0 \\ 0 & 0 & 1 & 0 \\ -\beta_c\gamma_c & 0 & 0 & \gamma_c \end{pmatrix} \tag{6.12}$$

其中，

$$\gamma_c = \frac{1}{\sqrt{1-\beta_c^2}}$$

在狭义相对论中，粒子 I 和 T 的四维动量可分别通过 $(E_I, 0, 0, cp_{z,I})$ 和 $(E_T, 0, 0, 0)$ 表示。

相对四维动量可以分别通过 RCM 系统进行洛伦兹逆变换获得：

$$\begin{pmatrix} E_I^* \\ cp_{x,I}^* \\ cp_{y,I}^* \\ cp_{z,I}^* \end{pmatrix} = L^{-1} \begin{pmatrix} E_I \\ 0 \\ 0 \\ cp_{z,I} \end{pmatrix} \tag{6.13}$$

$$\begin{pmatrix} E_T^* \\ cp_{x,T}^* \\ cp_{y,T}^* \\ cp_{z,T}^* \end{pmatrix} = L^{-1} \begin{pmatrix} E_T \\ 0 \\ 0 \\ 0 \end{pmatrix} \tag{6.14}$$

所有的二次散射参数都可以通过上述过程计算获得。

(iv) I 和 T 构成的粒子 C 在系统初始静止时拥有的总能量为 $U = E_I^* + E_T^* + G_I + G_T$。

接下来，我们假设合成的粒子 C 分裂成粒子 X 和粒子 R，考虑到在 RCM 系统中，粒子 X 和 R 的动量是相等的。粒子 X 和 R 的总的能量和动能可以通过如下公式计算：

$$E_X^* = \frac{U^2 + m_X^2 c^4 - m_R^2 c^4}{2U} \tag{6.15a}$$

$$E_R^* = \frac{U^2 + m_R^2 c^4 - m_X^2 c^4}{2U} \tag{6.15b}$$

$$p^* = \frac{\sqrt{\{U^2 - (m_X - m_R)^2 c^4\}\{U^2 - (m_X + m_R)^2 c^4\}}}{2U} \tag{6.15c}$$

两个粒子移动的方向在 RCM 系统中必须是绝对相反的，并且是各向同性的。假设粒子 X 的顶角和偏转角分别为 θ^* 和 φ^*，将 X 粒子的运动方向定义为新的 Z 轴，两个粒子在新的坐标中的动量方向，可以定义如下：

$$\vec{p}_X = (0, 0, p^*)^T, \vec{p}_R = (0, 0, -p^*)^T$$

对于粒子 q(=X,R) 在 RCM 系统中的总动量和能量可以定义如下：

$$\vec{p}_q^{CM} = R_{\phi^*}^{-1} R_{\theta^*}^{-1} \vec{p}_q \tag{6.16}$$

$$E_q^{CM} = \sqrt{m_q^2 c^4 + c^2 |\vec{p}_q^{CM}|} \tag{6.17}$$

粒子在 ALLS 系统中的总的能量和动量可以加上上标 lab 表示，通过下式给出：

$$(E_q^{lab'}, cp_{q,x}^{lab'}, cp_{q,y}^{lab'}, cp_{q,z}^{lab'})^T = L(E_q^{CM}, cp_{q,x}^{CM}, cp_{q,y}^{CM}, cp_{q,z}^{CM})^T \tag{6.18}$$

在 ALS 系统中：

$$E_q^{lab} = E_q^{lab'} \tag{6.19}$$

$$\vec{p}_q^{lab} = R_\phi^{-1} R_\theta^{-1} \vec{p}_q^{lab'} \tag{6.20}$$

动能为：

$$K_q^{lab} = E_q^{lab} - m_q c^2 \tag{6.21}$$

分裂角度为：

$$\varphi_q^{lab} = \tan^{-1}\left(\frac{p_{q,y}^{lab}}{p_{q,x}^{lab}}\right) \quad (p_{q,x}^{lab} \geq 0) \tag{6.22}$$

$$\varphi_q^{lab} = \pi + \tan^{-1}\left(\frac{p_{q,y}^{lab}}{p_{q,x}^{lab}}\right) \quad (p_{q,x}^{lab} < 0) \tag{6.23}$$

$$\theta_q^{lab} = \tan^{-1}\left(\frac{\sqrt{(p_{q,x}^{lab})^2 + (p_{q,x}^{lab})^2}}{|p_{q,z}^{lab}|}\right) \quad (p_{q,z}^{lab} \geq 0) \tag{6.24}$$

$$\theta_q^{lab} = \frac{\pi}{2} + \tan^{-1}\left(\frac{\sqrt{(p_{q,x}^{lab})^2 + (p_{q,x}^{lab})^2}}{|p_{q,z}^{lab}|}\right) \quad (p_{q,z}^{lab} < 0) \tag{6.25}$$

因此，可以获得 ALS 中的所有散射参数。

6.3 高能中子和质子的核内级联（INC）模型

图 6.11 演示了 INC（INC 被认为是目标核中两个核子之间的二次弹性碰撞）的仿真过程。从核子碰撞事件发生开始，系统就追踪核子的运动，直到它们停止或从靶核中释放出来。由入射核子（第一代）激发的核子的运动径迹被依次记录，并以与此类似的方式追踪碰撞之后核子的运动。同样，第二代或更下一代的核子被追踪，直到不发生下一次的核进化为止。记录释放的核子的所有运动学规律，以作为参数设定 INC 过程之后发生的蒸发过程的初始条件。未被释放出核的核子的能量相加，以获得剩余核所升高的能量。

程序的细节及步骤如下文所述。

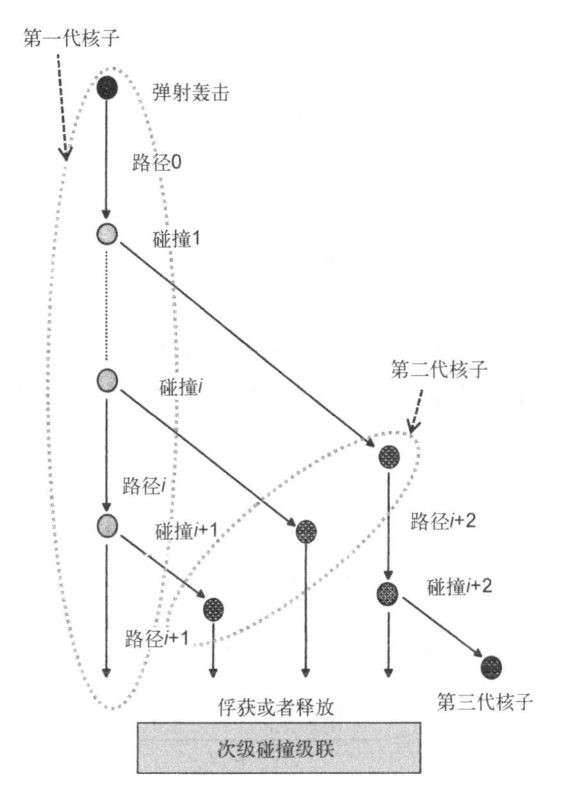

图 6.11 核内级联（INC）模型的概念

6.3.1 核子与靶向核子的穿透过程

有效反应半径 R_{eff} 由下式确定：

$$R_{\text{eff}} = r_{\text{I}} + r_{\text{T}} + R_{\text{nuc}} \quad (\text{fm}) \tag{6.26}$$

其中，

r_{I} 为入射核子的半径；

r_{T} 为靶核的半径；

R_{nuc} 为核力的有效距离（= 1.4 fm）。

在仿真模型中将半径为 R_{eff} 的球体设置为目标。

核的半径可通过下式计算得到：

$$r_{\text{q}} = r_0 \sqrt[3]{A_{\text{q}}} \quad (r_0 = 1.2 \text{ fm}) \tag{6.27}$$

由于存在入射粒子的散射参数 b_{c} 与 $b_{\text{c}}^2 \text{d}b$ 成比例的几率，入射核子的散射参数由随机数 Rnd 表示：

$$b_{\text{c}} = \sqrt{R_{\text{eff}}^2 \times \text{Rnd}} \tag{6.28}$$

设置所有核子穿过目标靶，且距离目标靶中心在 R_{eff} 范围以内。当核子是质子时，质

子能量低于库仑势垒，

$$V_{\text{coul}} = \frac{Z_\text{I} Z_\text{T} e^2}{R_{\text{eff}}} = 1.44 \frac{Z_\text{I} Z_\text{T}}{R_{\text{eff}}} \quad （当 R_{\text{eff}} 的单位是 fm 时，V_{\text{coul}} 的单位是 MeV） \quad (6.29)$$

不会渗透到靶核中，因此不会引起反应。

6.3.2 靶核中两个核之间二次碰撞概率的计算

入射核子或靶核包含的核子不能总是在靶核中发生反应，它们很大几率会相互作用。这里，我们假设核中核子的数量密度 ρ_N 是均匀的，为 $0.18/\text{fm}^3$。核中核子的平均自由程 $\lambda_{\text{n,p}}$ 由下式给出：

$$\lambda_{\text{n,p}} = \frac{1}{\rho_\text{N} \overline{\sigma}_{\text{n,p}}} \quad (6.30)$$

其中，$\overline{\sigma}_{\text{n,p}}$ 为中子或质子的平均碰撞截面，由下式给出：

$$\overline{\sigma}_\text{n} = \frac{N_\text{n} \sigma_{\text{n,n}}(E_\text{q}) + N_\text{p} \sigma_{\text{n,p}}(E_\text{q})}{N_\text{n} + N_\text{p}} \quad (6.31)$$

$$\overline{\sigma}_\text{p} = \frac{N_\text{n} \sigma_{\text{p,n}}(E_\text{q}) + N_\text{p} \sigma_{\text{p,p}}(E_\text{q})}{N_\text{n} + N_\text{p}} \quad (6.32)$$

N_n，N_p 为核中的中子和质子数。

将 L_{path} 定义为在靶核表面具有超过费米能量的激发核子的距离。核子可以在 L_{path} 的距离内移动而不与其他核子碰撞的概率 P_{out} 由下式给出：

$$P_{\text{out}} = \exp\left(-\frac{L_{\text{path}}}{\lambda_{\text{n,p}}}\right) \quad (6.33)$$

因此，当所选择的随机数 Rnd 小于 P_{out} 时，核子不会被设定为在靶核的表面没有碰撞反应。否则，碰撞位置应在 L_{path} 的距离内随机设定。确定核子是否到达靶核的表面，然后是否从靶核逃逸出来，后续将做详细解释。

靶核是中子还是质子是通过下列方程来确定的：

$$\text{Iso}_\text{n} = \frac{N_\text{n} \sigma_{\text{n,n}}(E_\text{n})}{N_\text{n} \sigma_{\text{n,n}}(E_\text{n}) + N_\text{p} \sigma_{\text{n,p}}(E_\text{n})} \quad (6.34)$$

当入射核子是中子并且所选择的随机数 Rnd 小于 Iso_n 时，靶核被设置为中子，否则设置为质子。

6.3.3 核子-核子碰撞条件的确定

为了分析一个核子-核子碰撞，必须首先设定靶核的能量，并应用费米气体模型[11]。假定靶核中的核力势能是平方阱电位，则计算后续在等式（6.36）中引入的费米能级所需的靶核的体积 Ω_{nuc} 为：

$$\Omega_{\text{nuc}} = \frac{4\pi}{3} R_{\text{eff}}^3 \tag{6.35}$$

费米能级 E_{qF} 由下式给出：

$$E_{\text{qF}} = \frac{3^{2/3} \pi^4 \hbar^2}{2 m_{\text{q}}} \left(\frac{N_{\text{q}}}{\Omega_{\text{nuc}}} \right) \tag{6.36}$$

中子和质子的 E_{qF} 的值通常非常相似，在原子核为 ^{28}Si 的情况下，使用其平均值 $E_{\text{F}} = (E_{\text{nF}} + E_{\text{pF}})/2$。在费米能级的核子的结合能被设定为从数据库获得的核子的平均结合能 B_{av}。

在势垒以下的费米能级之外的核中的有效动能 K_{q}^* 由下式给出：

$$K_{\text{q}}^* < \begin{cases} V_0, & \text{对于中子} \\ V_0 + V_{\text{coul}}, & \text{对于质子} \end{cases} \tag{6.37}$$

其中，V_0 为真空与费米能级之间的能量差异。

当任何核子本身不能从核中逃逸，并且不能向其他核子释放足够的能量逃逸时，核子的进一步的碰撞分析被中止，并且当所有核子的能量低于电势界面时，它们的动能被加到剩余核的激发能量上。换句话说，具有超过靶核表面势垒能量的核子被设定为逃逸核子。剩余激发核的运动学规律由这些逃逸核子的运动学规律决定。

6.4 高能中子和质子蒸发模型

在 INC 过程之后，诸如 n，p，D（氘），T（氚），^{3}He，^{4}He 的轻粒子 X 从激发的核心"蒸发"，留下残余的激发核。这个过程被认为是一个"逆"二次碰撞的续发事件，如图 6.12 所示。在蒸发过程中，反应沟道决定于每个同位素的随机数量。

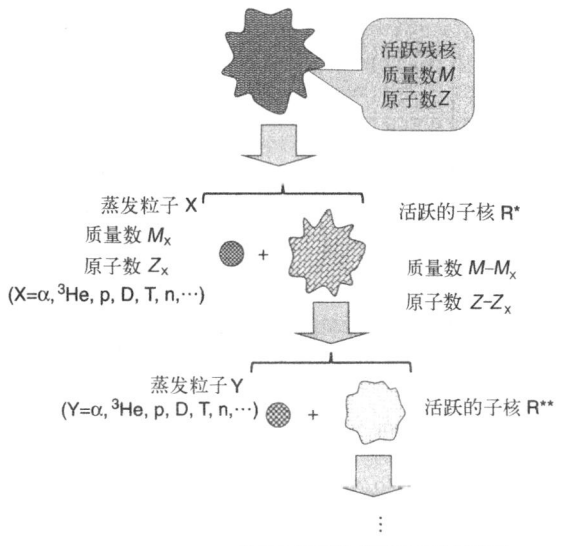

图 6.12 核裂变反应中蒸发模型的概念

INC 过程后初始激发残留核的特性计算如下：

（1）剩余质量和质量缺陷：基于从具有质量 m_T 的靶核释放的中子数 n_n 和质子数 n_p 计算残余核的原子数和质量数。剩余核残留物的剩余质量 m_{resid} 由同位素数据库确定。质量缺陷 Δm 由下式计算：

$$\Delta m = m_T - n_n m_n - n_p m_p - m_{\text{resid}} \tag{6.38}$$

（2）激发能量：在靶核子未被释放，且能量在费米能级之上的能量与 Δm 之和。

（3）动量矢量：靶核的加速度与入射核的初始动量减去从目标核释放的核子的力矩之和。

（4）动能：用式（6.15）与剩余核的动量和质量计算。

产生剩余激发核激发能量 E_T^* 的从核 T^* 基态粒子的蒸发过程分析如下：

首先，对粒子 X 蒸发的概率可以通过使用 Weisskopf-Ewing 方程计算：

$$P_X(E_T^*;\varepsilon) = \frac{(2S_X+1)m_X}{\pi^2\hbar^3}\varepsilon\sigma_{RX}(E_T^*;\varepsilon)\frac{\omega_R(E_R^*)}{\omega_T(E_T^*)} \tag{6.39}$$

其中，

σ_{RX}：逆反应的反向俘获截面 $R^* + X \to T^*$；

S_X, m_X：分别为粒子 X 的旋转和静止质量；

$\omega(E^*)$：能级密度，可由下式计算得出：

$$\begin{aligned}\omega(E^*) &= \omega_0 \exp(2\sqrt{aE^*}) \\ a &= \frac{A}{7.3}\left(1 + 1.5\frac{\Delta^2}{A^2}\right)\end{aligned} \tag{6.40}$$

E_R^* 可以通过式（6.41）连续求解（见附录 A.7）来获得，从第一项和第二项计算出的值开始求解：

$$E_R^* = E_T^* - B(X+R \to T) - \delta_R - \varepsilon\left(1 - \frac{m_X}{m_X + m_R + E_R^*/c^2}\right) \tag{6.41}$$

其中，$B(X+R \to T)$ 为质量缺陷，

$$B(X + R \to T) = (m_X + m_R - m_T)c^2 \tag{6.42}$$

δ_R 是基于中子数和质子的奇偶组合的校正因子，表示如下：

$$\delta_R = \begin{cases} 11/\sqrt{A_R} \text{ (MeV)}, & \text{偶—偶} \\ -11/\sqrt{A_R} \text{ (MeV)}, & \text{偶—奇} \\ 0 & \text{奇—奇} \end{cases} \tag{6.43}$$

当 E_R^* 为 0 时，X 具有最大能量，

$$\varepsilon_{\max} = \left(1 + \frac{m_X}{m_R}\right)(E_T^* - B - \delta_R) \tag{6.44}$$

释放的粒子和剩余核子组合的蒸发通道（evaporation channel）由以下步骤确定：

（i）通过对 $P_X(E_T^*;\varepsilon)$ 做 $X+R^*$ 的库仑势垒 V_c 为下限到最大能量 $\varepsilon_{\max}$ 为上限的积分，

可得到粒子 X 的生成概率 W_X：

$$W_X = \int_{V_C}^{\varepsilon_{max}} d\varepsilon P_X(E_T^*; \varepsilon) = \frac{(2S_X + 1)m_X}{N_0} \int_{V_C}^{\varepsilon_{max}} d\varepsilon \varepsilon \sigma_{RX}(E_T^*; \varepsilon)\omega_R(E_R^*) \tag{6.45}$$

（ii）计算全部通道产生 j 个粒子（j-1，2，…）的总和，粒子 q 的产生概率可由下式计算得出：

$$P_q = W_q / \sum_j W_j \tag{6.46}$$

为了获得粒子产生的动能，下式为分布函数：

$$f(\varepsilon) = \frac{(\varepsilon - V_c)}{N_\varepsilon} \exp\left[-\left(\frac{\varepsilon - V_c}{\varepsilon_0}\right)\right] \quad (V_c < \varepsilon < \varepsilon_{max}) \tag{6.47}$$

$$\varepsilon_0 = \frac{1}{2} <\varepsilon - V_c> \frac{1 - (1 + \bar{\varepsilon}_{max}/\varepsilon_0)\exp(-\bar{\varepsilon}_{max}/\varepsilon_0)}{1 - \left[1 + \bar{\varepsilon}_{max}/\varepsilon_0 + \frac{1}{2}(\bar{\varepsilon}_{max}/\varepsilon_0)^2\right]\exp(-\bar{\varepsilon}_{max}/\varepsilon_0)} \tag{6.48}$$

$<\varepsilon - V_c>$ 为 $\varepsilon - V_c$ 的平均值，

$$\bar{\varepsilon}_{max} = \varepsilon_{max} - V_c$$

方程（6.47）和方程（6.48）从 $<\varepsilon - V_c>/2$ 开始自洽计算，可以得到 ε_0。

这里获得的 X 的动能是在 babo-system 中剩余核子静止的情况下的值。实际上，T* 和 R* 都有动量，均为静止。因此，R* 和 X 的动能需要在 RCM 上计算。两个粒子的绝对动量大小相同，方向相反。$E_R^* + E_X$ 的总能量不依赖于坐标系。因此，可以获得以下关系：

$$f(p_{CM}) = \sqrt{c^2 p_{CM}^2 + m_X^2 c^4} + \sqrt{c^2 p_{CM}^2 + m_R^2 c^4} - \varepsilon + m_X c^2 + m_R c^2 = 0 \tag{6.49}$$

利用式（6.49）采用数次牛顿迭代法获得 p_{CM}。通过相对论 RCM 随机设定粒子 X 分裂的顶角和方位角 θ_{CM} 和 φ_{CM}，以及 X 和 $R^*(0,0,p_{CM})$，$(0,0,-p_{CM})$ 在 Z 轴与 X 的运动是平行的，可以计算 RCM 中的动量。ALS 中两个粒子的动量可以使用相同的步骤获得。继续蒸发的过程，直到激发能量为零。

6.5 用于逆反应截面的广义蒸发模型（GEM）

用 $R^* + X \rightarrow T^*$ 的任意组合，可以利用式（6.39）计算基于 GEM（广义蒸发模型）的逆反应截面 σ_{RX}[12]：

$$\sigma_{RX}(\varepsilon) = \pi R_b^2 c_j \left(1 - \frac{k_j V}{\varepsilon}\right) \tag{6.50}$$

$$V = \frac{Z_j Z_T e^2}{R_c} \tag{6.51}$$

对于带电荷的蒸发粒子，

Z_j：蒸发粒子的原子序数；

Z_T：激发核的原子序数；

R_b：核距离；
R_c：库仑势垒的核距离；
c_j：Dostrovsky 参数；
k_j：库仑势垒传递系数。

R_b 和 R_c 可以通过下式计算：

$$R_b = 1.5 A_T^{1/3} \text{（针对中子和质子）}$$

$$R_b = 1.5(A_T^{1/3} + A_j^{1/3}) \text{（针对其他粒子）}$$

$$R_c = 1.7 A_T^{1/3} \text{（针对中子和质子）}$$

$$R_c = 1.7 A_T^{1/3} + 1.2 \text{（针对其他粒子）}$$

其中，

A_T：表示激发核子的质量数。
A_j：表示蒸发粒子的质量数。

当 X 是中子时，

$$\sigma_{RX}(\varepsilon) = \pi R_b^2 c_n \left(1 + \frac{b}{\varepsilon}\right) \tag{6.52}$$

$$c_n = 0.76 + 1.93 A_T^{-1/3} \tag{6.53}$$

$$b = \frac{1.66 A_T^{-2/3} - 0.050}{0.76 + 1.93 A_T^{-1/3}} \tag{6.54}$$

结合表 6.1 中的参数，c_j 和 k_j 可以按照下式计算：

$$c_p = 1 + c$$

$$c_d = 1 + c/2$$

$$c_t = 1 + c/3$$

$$c_{^3He} = c_\alpha = 0$$

表 6.1 基于广义蒸发模型（GEM）用于计算逆反应截面的参数

Z_T	k	k_α	c
≤20	0.51	0.81	0
30	0.6	0.85	-0.06
40	0.66	0.89	-0.1
≥50	0.68	0.93	-0.1

并且，

$$k_p = k$$

$$k_d = k + 0.06$$

$$k_t = k + 0.12$$

$$k_{^3He} = k_\alpha - 0.06$$

图 6.13 表明，通过使用 GEM 测量逆反应截面的计算结果具有一致性[13]。

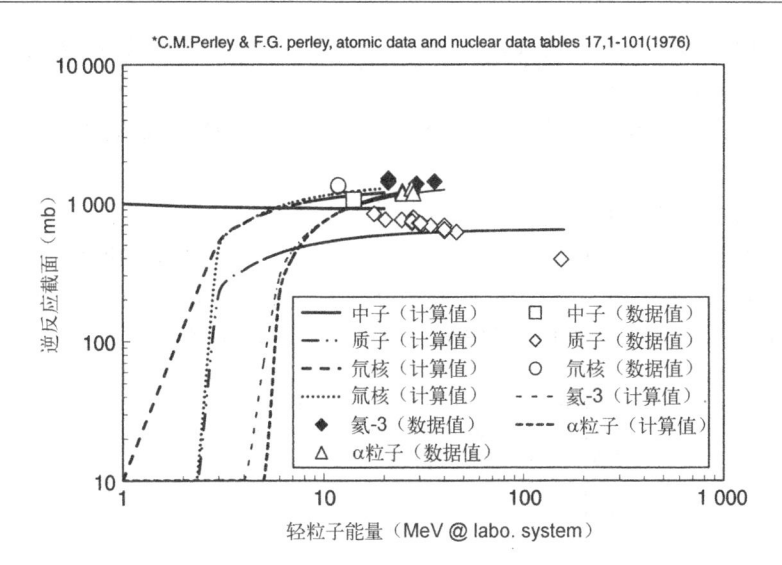

图 6.13 二次 Si 和轻粒子的测量逆反应截面的比较和来自广义蒸发模型（GEM）的计算结果

6.6 中子俘获反应模型

图 6.14 显示了美国纽约市海平面低能中子（<1 MeV）的累积通量。

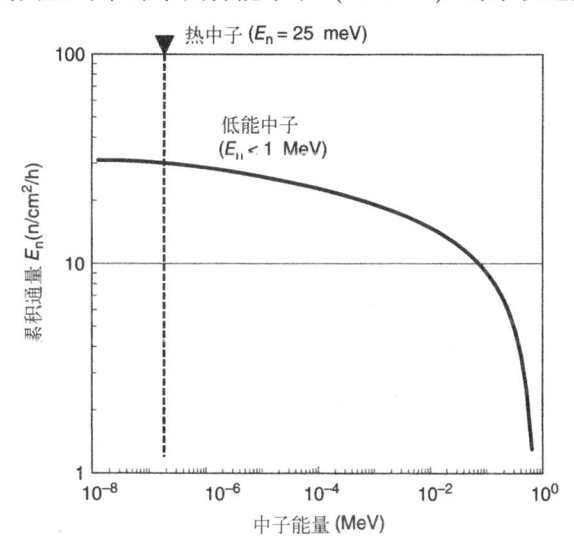

图 6.14 低能中子（<1 MeV）在纽约市海平面的累积通量

低能中子的能谱，图 3.11 中的中子俘获截面数据和中子谱数据用来进行模拟。基于在 5 μm 厚的金属层上每立方厘米有 10^{20} 个 ^{10}B 的假设，计算 SRAM 单元所包含的 ^{10}B 的数量[9]。

CORIMS 中的核反应的数量可以基于每个能量段的俘获截面和微分中子通量的乘积来确定。

对于低能中子而言，反应通道只有一个（n+^{10}B→Li+α），所以两种粒子在 RCM 系统下的动量应该是完全一致的。

两种粒子的方向在 RCM 系统下是严格相反的，并且可能是随机的。入射中子的方向是随机设置的。

Li 和 α 在 labo 系统下的能量和方向可以基于上述假设计算出来。

计算得到的能量谱如图 6.15 所示。当一个中子的动能足够低的时候，与反应的 Q 值相比，它可以被忽略，因此 ^{7}Li 和 ^{4}He 的能量分别等于 0.84 MeV 和 1.47 MeV。事实上，入射中子比外延中子有更高或者更低的能量，所以 ^{4}He 和 ^{7}Li 的能量谱有一定的宽度。

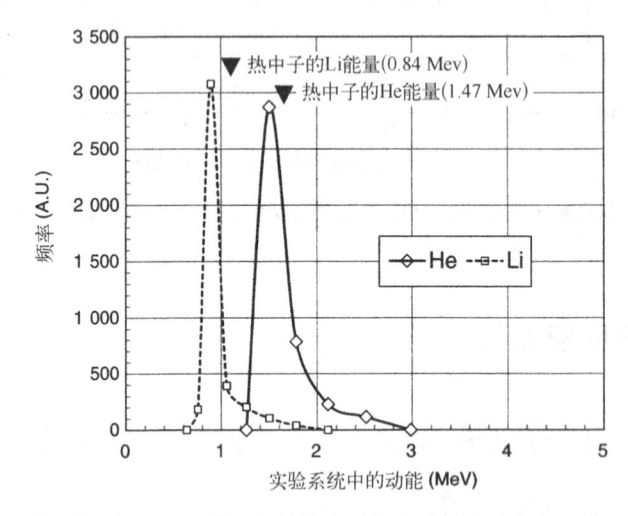

图 6.15　在纽约市海平面上通过 ^{10}B 与低能中子的中子俘获反应产生的 α 和 ^{7}Li 的能谱

6.7　自动器件建模

通过 GDS-II 文件可获得半导体器件的二维布局信息。利用深度信息，可以通过使用计算机几何技术半自动构建三维器件模型。

首先，由图层和元件组成的半导体器件，如基底、隔离氧化物、沟道、扩散层、耗尽层、金属线、接触等，被认为是图层和组件的复合体。

组件具有若干几何图层或零件，如顶点、线、曲面、单元、功能块和器件，如图 6.16 所示（图中为顶点、线、曲面、组件、单元、衬底、芯片）。

点具有三维坐标值。线在两端都有点 ID。曲面具有数值和一系列的点信息，来形成一个平面。曲面还可以由一系列的线组成，但在此并不适用。

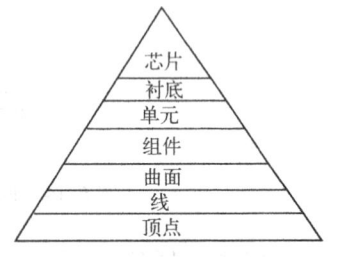

图 6.16　器件/复合体物理模型层

第 6 章　集成器件级仿真技术

长方体具有 6 个平面：顶部、底部、右侧、左侧、前部和后部的平面，如图 6.17 所示。粒子运动由方位角（ϕ）和动能与 z 轴的夹角（θ）定义。组件的入射点（x_{in}, y_{in}, z_{in}）和出口点（x_{out}, y_{out}, z_{out}）可以计算为粒子和平面路径的交叉点，见 6.9 节。

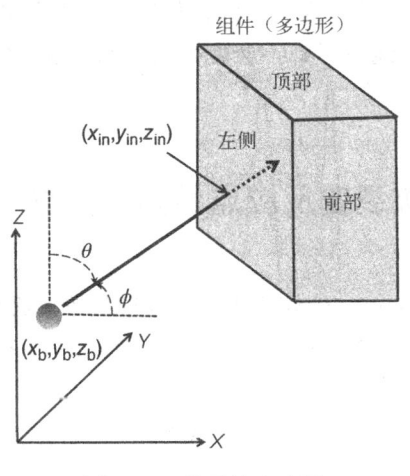

图 6.17　粒子轨迹略图

有时，半导体器件中的组件可以被建模为长方体。然而，有时它们不能，例如动态随机存取存储器（DRAM）单元的结构是蜂窝状的。一个更通用的平面定义是以多边形的形式给出的。

如图 6.18 所示，对于顶部上的多边形 ABCD…X，第一个相邻点 B 到初始点 A 的坐标，可以通过多边形第一个边的长度和方位角来计算。可以通过边缘 L_2 和角度 ϕ_1 的长度来计算下一个点 C 的坐标。可以通过这些过程计算多边形中所有点的坐标。

一个面的正面遵循右手螺旋规则，螺旋方向是面内点的旋转方向。此信息可以用于判断离子是否接近面，以此可判断离子是否入射在部件的内部。

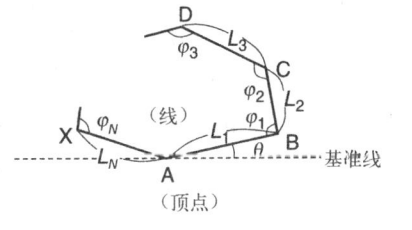

图 6.18　多边形定义示意图

和其他部件相比，基本单元（unit）（一个 SRAM 存储单元）具有独特的属性，以便具有整体必要的属性来构成单元电路（cell）。临界电荷 Q_{crit} 是导致 SRAM 状态翻转或软错误时存储节点所需要收集的电荷的数量。临界电荷 Q_{crit} 是一个单元的重要属性之一。正如前面所提到的，SRAM 有两个存储节点连接在 n 阱里的 p$^+$ 节点和 p 阱里的 n$^+$ 节点。这些节点称为"逻辑节点"，而单独的 p$^+$ 和 n$^+$ 节点称为"物理节点"。还有其他三个扩散层，连接到 V_{cc}、V_{ss} 和数据线上。连接到 V_{cc} 和 V_{ss} 的层被离子轰击不会有明显的影响，因为它们不是物理节点。当连接到数据线上的存储节点收集到一些电荷，并且处于读数据开启状态（ON），根据灵敏放大器的敏感性，会读出错误的数据，这种错误模式称为"位线模式"（bit-line-mode）。在这种情况下，与数据线相连的扩散层可以被设定为一个组件（component）。并且，漂移-扩散过程被认为是导致软错误的原因，扩散层下面的某特定体积可以设定为一个组件（component）。

当更上层的结构可以产生额外的次级离子，此部分必须设定为一个单元（unit）的组件（component）。可能情况如下：

（i）当一些结构含有高浓度^{10}B，由于中子会产生俘获效应^{10}B+n→^{7}Li+α，低能中子可能会导致软错误，这些结构的内部会在随机位置和随机方向激发^{7}Li 和 α。

（ii）当这些结构被 α 射线源污染，会发生 α 射线导致的软错误。这些结构内部会从随机位置，向随机方向发射 α 射线。

6.8　设置部件内部核裂变反应点的随机位置

原则上，在一个单元（unit）的体积内的核反应位置，必须随机（均匀地）设置。最简单的情况是单元形状是长方体，此时，可以通过在 X-Y-Z 轴上随机选择坐标 x、y、z 的值来指定随机位置，如下所示：

$$x = \text{Rnd} \times L_x$$
$$y = \text{Rnd} \times L_y \quad (6.55)$$
$$z = \text{Rnd} \times L_z$$

其中，

L_x，L_y，L_z：分别为单元平行于 X、Y、Z 轴的边缘的长度；

Rnd：为每一个边缘独立生成的随机数。

然而，对于多边形的其他情况，不能使用上述步骤，下面给出的方法更加通用。

首先，如图 6.19 所示，单元（unit）或组件（component）的顶层的一个多边形可以被分成多个三角形，每个三角形的面积可以通过三角形两条边的向量的矢量积得到，例如 △ABC 面积：

$$S_{\triangle ABC} = \frac{1}{2}|\overrightarrow{AB} \times \overrightarrow{AC}| \quad (6.56)$$

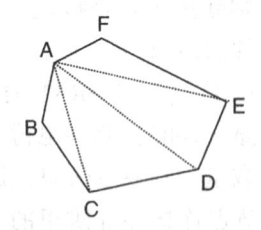

图 6.19　多边形的三角分解

然后，在三角形空间发生核裂变反应的概率为 P_i，P_i 与第 i 个三角形面积 S_i 成比例关系：

$$P_i = \frac{S_i}{\sum_j S_j} \quad (6.57)$$

对于每一个随机数 Rnd 发生在第 i 个三角形区间内，需满足下式：

$$P_{i-1} < \text{Rnd} \leqslant P_i \quad (P_0 = 0) \tag{6.58}$$

三角形顶层面（tile）发生核裂变反应的 X，Y 轴坐标通过以下步骤确定。

如图 6.20 所示，从最初的 △ABC 开始，△ABD 是通过 AB 边中点 O 中心对称得到的。现在，ACBD 构成了一个平行四边形，根据平行四边形宽 L、高 h 及倾斜角 θ，在平行四边形内 P 点的 x，y 坐标的随机值可以确定：

$$\begin{aligned} x &= \text{Rnd} \times L + h/\tan\theta \\ y &= \text{Rnd} \times h \end{aligned} \tag{6.59}$$

其中，P 点的 x，y 坐标位于 △ABD 中，△ABC 内的 P′ 点的 x 和 y 坐标值由 P 点通过点 O 中心对称得到。为了判断一个点是否位于多边形内，需要进行以下的步骤。

首先，作出该点指向多边形所有顶点的向量，并且定义该点周围旋转的正方向（例如，顺时针）；

其次，计算两个连续向量的矢量积，例如多边形 ACBD 内的点 P：

$$\begin{aligned} \vec{PA} \times \vec{PB} &= (0, 0, (a_x - p_x)(b_y - p_y) - (a_y - p_y)(b_x - p_x)) \\ |\vec{PA} \times \vec{PB}| &= |\vec{PA}||\vec{PB}||\sin\angle APB| \end{aligned} \tag{6.60}$$

矢量积的 Z 坐标轴给出了顶点 A 转向 B 的旋转方向。

绝对旋转角可以从上面第二个方程中得到。如果 P 点位于多边形内部，旋转角（根据旋转方向，有些角度可能是负值）之和为 2π。

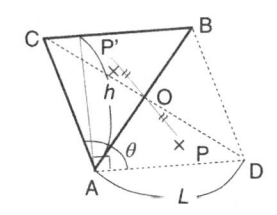

图 6.20　从三角形形成平行四边形来选择随机反应点

最后，核裂变反应位置的深度可以通过选取单元（unit）或组件（component）厚度内的随机位置确定。

附录 A.8 给出了一个简单的用来选取三角形内部随机位置的 Visual Basic 代码。

6.9　离子追踪算法

首先，如前面部分给出的，必须在特定的矩阵单元（matrix cell）内随机设置离子或核反应起始点。设置起始点之后开始离子追踪，如图 6.17 所示。

地球上带电粒子轨道、核反应产生的次级离子及放射性同位素产生的 α、β 射线可以使用 CAD（Computer Aided Design，计算机辅助设计）算法进行追踪：

术语"追踪"（tracking），我们定义为确定带电粒子的路径、能量及带电粒子产生电荷沉积的过程，图 6.21 总结了离子追踪的基本流程图。

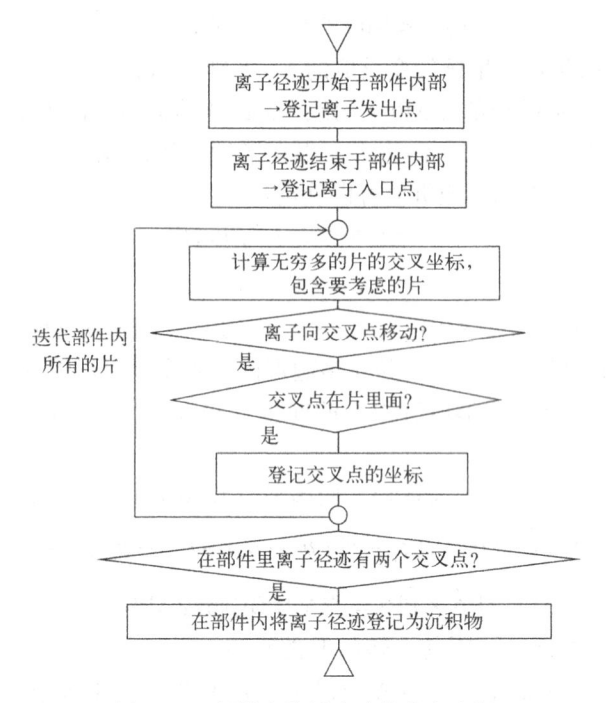

```
            ▽
   ┌─────────────────┐
   │ 离子径迹开始于部件内部 │
   │  →登记离子发出点   │
   └─────────────────┘
            │
   ┌─────────────────┐
   │ 离子径迹结束于部件内部 │
   │  →登记离子入口点   │
   └─────────────────┘
            │
   ┌─────────────────┐
   │ 计算无穷多的片的交叉坐标，│
   │   包含要考虑的片    │
   └─────────────────┘
            │
       ◇ 离子向交叉点移动? ◇
            │是
       ◇ 交叉点在片里面? ◇
            │是
   ┌─────────────────┐
   │   登记交叉点的坐标   │
   └─────────────────┘
            │
   ◇ 在部件里离子径迹有两个交叉点? ◇
            │是
   ┌─────────────────────┐
   │ 在部件内将离子径迹登记为沉积物 │
   └─────────────────────┘
            △
```

图 6.21 部件中粒子追踪的基本流程

产生软错误的敏感体（Volume）限制在半导体器件内。对于 6 管 SRAM 单元，包含阱的层是唯一产生错误的地方，称该层为敏感层。如果带电粒子初始化位置在敏感层之外，并且离子向远离敏感层的方向移动，那么该离子不可能会造成错误，也就不会进一步进行追踪。

带电粒子的 x、y、z 坐标表示为：

$$\begin{aligned} x &= x_0 + l_\text{p} \sin\theta \cos\phi \\ y &= y_0 + l_\text{p} \sin\theta \sin\phi \\ z &= z_0 + l_\text{p} \cos\theta \end{aligned} \tag{6.61}$$

其中，

x_0，y_0，z_0：起始坐标；

l_p：到起始坐标的距离；

θ：离子径迹顶点夹角；

φ：离子径迹方位角。

当在一层的坐标满足下面的等式时，

$$ax + by + cz + d = 0 \tag{6.62}$$

径迹与层（layer）的交叉点到起始坐标点的长度 l_p 由下式给出：

$$l_\text{p} = -\frac{ax_0 + by_0 + cz_0 + d}{a\sin\theta\cos\varphi + b\sin\theta\sin\varphi + c\cos\theta} \tag{6.63}$$

当 l_p 为负值时，意味着离子向远离层（layer）的方向移动。交叉点的坐标可以由式（6.61）计算得出。当得到敏感层上下两个平面的交叉点，就可以分析离子穿过的单元。靠近起始点的交叉点的 l_p 距离与离起始点最远的交叉点的 l_p 距离分别定义为 $l_{p,near}$ 和 $l_{p,far}$。当离子的起始点或者终止点在敏感层内时，这些点是径迹的一个端点。如果 $l_{p,near}$ 比离子的范围小，则离子不会造成错误发生，并且也不会进行进一步的计算。

现在，确定了器件内进一步分析的单元（cell）。下一步确定离子是否能够导致单元（cell）内部产生错误。

对于 6 管 SRAM，会发生错误的组件（component）包括物理节点（耗尽层）、沟道、漂移区（drift Volume）和阱。漂移区域包含物理节点和耗尽层，因此判断离子是否穿过了高漂移区（drift Volume 'high'）和阱非常重要。在一个存储节点中离子追踪的具体流程图，如图 6.22 所示。通过组成组件（component）的所有面（tile）的交叉点计算来进行判断。

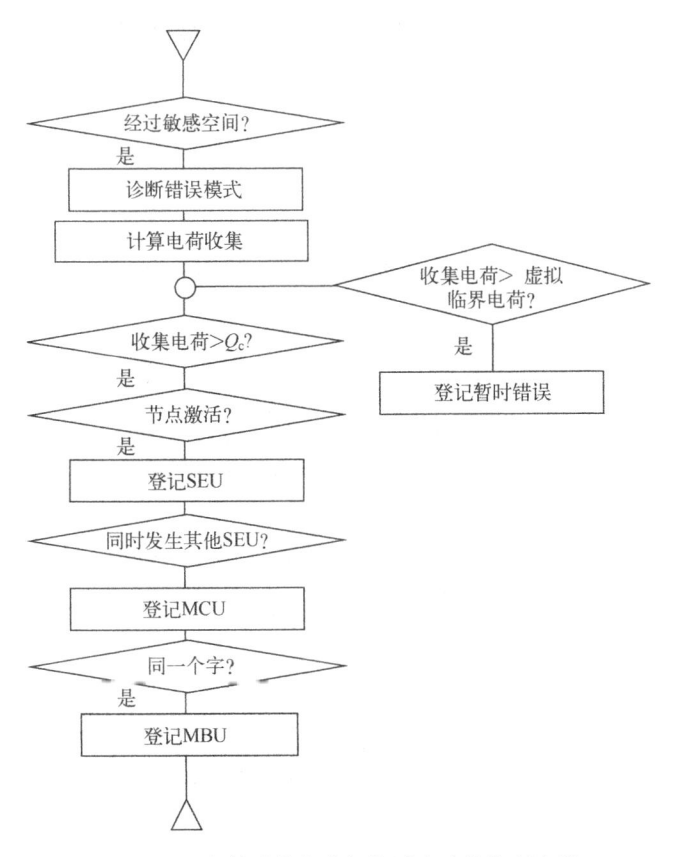

图 6.22 在敏感节点次级粒子追踪的仿真流程

当离子穿过漂移区域（drift Volume）时，需进一步判断离子是否穿过了漂移区域中的耗尽层。当离子穿过耗尽层时，会使用漏斗模型计算收集到的物理节点的电荷。如果离子没有穿过耗尽层，在漂移区域沉积的电荷的一部分应该会被收集到物理节点中。

如果离子穿过 p 阱里的两个 pn 结，两个 pn 结的表面都会发生漏斗效应，沉积电荷的一半会从 p 阱的两侧流出。

6.10 错误模式模型

如图 6.23（a）所示，Hu 等人提出漏斗模型应用于带电粒子射入 p$^+$ 和 n$^+$ 存储节点下的耗尽层计算，应用文献 [7]。当带电粒子射入 STI、存储节点（storage nodes）本身及电子空穴主要发生复合的更上层区域 [Z 轴正方向 Si 层的厚度设置为 5 μm（扩散层的顶层为 z=0），图 6.23 没有显示出来] 时，假定不会发生电荷收集。

漏斗长度 x_c 的表达式定义为：

$$x_c = \left(1 + \frac{\mu_n}{\mu_e}\right) \frac{W}{|\cos \omega|} \tag{6.64}$$

漏斗长度内电荷沉积会从存储节点的底部被收集到存储节点。

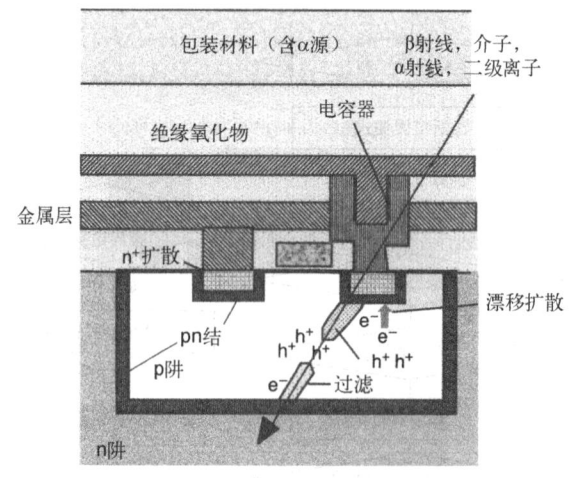

(a) 三阱存储单元中的错误模式：直接电离

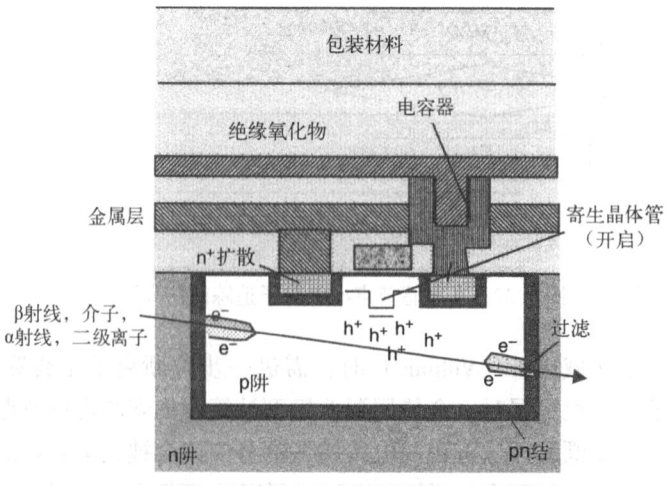

(b) 三阱存储单元中的错误模式：双极模式

图 6.23　三阱存储单元中的错误模式：(a) 直接电离；(b) 双极模式

第 6 章　集成器件级仿真技术

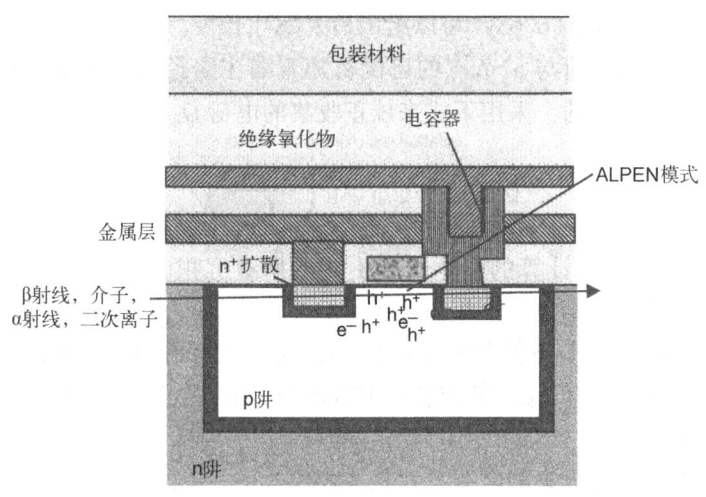

（c）三阱存储单元中的错误模式：ALPEN（α粒子源/漏渗透）模式[14]

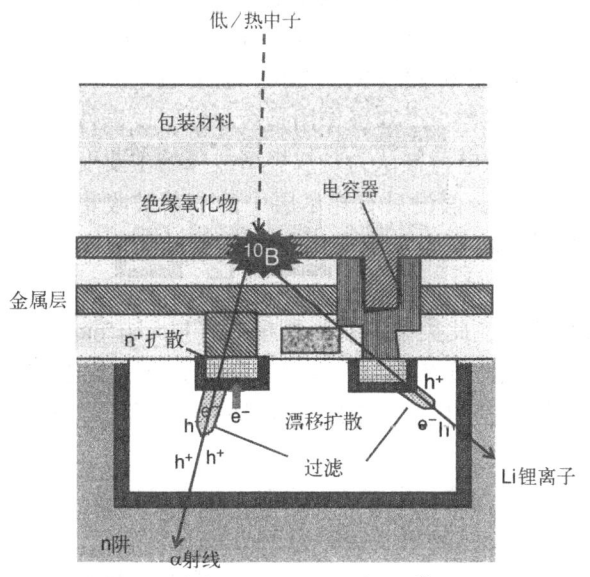

（d）三阱存储单元中的错误模式：低/热中子的 ^{10}B 俘获反应

图 6.23　三阱存储单元中的错误模式：(c) ALPEN（α粒子源/漏渗透)模式;(d)低/热中子的^{10}B俘获反应(续)

式中，

　　μ_n：空穴的迁移率；
　　μ_e：电子的迁移率；
　　W：耗尽层厚度（μm）；
　　ω：顶角。

当带电粒子穿透 n^+ 扩散层的底部和 p 阱的两个 pn 结时，漏斗朝着两个 pn 结生长，并且假设最终只有一半的沉积电荷被收集到 n^+ 节点。

当ω接近π/2时，式（6.63）可以给出最大漏斗长度。更现实的是，由于电子和空穴的复合效应，收集的电荷与n⁺节点的比例将随着漏斗路径的距离越来越长而减小。假设这种下降是呈指数形式的，采用下式来校正收集的电荷$Q_{collect}$：

$$Q_{collect} = Q_{all} \exp\left(-\frac{x_c}{L_{max}}\right) \quad (6.65)$$

式中，Q_{all}：从式（6.65）计算的漏斗长度x_c中的所有沉积电荷；L_{max}：有效最大漏斗长度（为了更好地拟合实验数据，这里假定为4μm）。

当次级离子不穿透n⁺节点但非常接近n⁺节点时，在考虑漏斗模型的同时，会应用漂移扩散模型。假设厚度为0.1μm的漂移扩散区域位于n⁺节点下方。假设所有存放的电荷都被收集到n⁺节点。

通过漏斗和漂移扩散收集的电荷总和是故障模式——单元模式的度量。

当在连接到位线（BL）的存储节点中进行电荷收集时，发生类似的电荷收集机制。该故障模式称为位模式（bit mode），此类故障的主要度量设置为收集的电荷。

在三阱的p阱中，如图6.23（b）所示，电子通过pn结收集到n阱或n衬底，在p阱中留下引起双极作用的空穴。双极作用是否导致错误事件主要取决于p阱中留下的电荷量。因此，p阱中的沉积电荷被认为是双极型故障的主要度量。

对于n阱中的p⁺节点，假设只有耗尽层中的电荷被收集到节点。由于空穴的迁移率低，漏斗和漂移扩散效应将不会全都应用于pMOSFET（p沟道金属氧化物半导体场效应晶体管）中。

与全TCAD模型相比，此类型的双极型模式（bipolar mode）的物理器件模型可能会过于简化，其中半导体晶体管结构对注入的带电粒子的三维电磁响应已经进行了全面的分析[12]，但这种简化对于蒙特卡罗（MC）仿真是不可避免的，为了获得令人满意的统计结果，纳入了数十万个核反应。

当离子穿过源漏极的侧壁和沟道的中间时，沟道可以被"开启"（ON），并引起软错误，如图6.23（c）所示。这种机制被称为"ALPEN效应"[14]，此时为了分析此响应，沟道被认为是敏感部件。ALPEN模式故障的主要度量设置为在沟道中沉积的电荷量。在有源区部分的上部，金属或多晶硅栅极、通孔、金属线在氧化物层中形成。在软错误模拟中，栅极、通孔和金属线不重要，因此在仿真模型中将其忽略。

当热中子或表热中子与器件中的¹⁰B反应时，次级⁷Li和α粒子穿过器件，如图6.23（d）所示，由于产生了两个次级粒子，因此，有可能发生相同的辐射模式。

根据图6.24的流程图，将所有故障数据存储在具有相关电荷和故障类型的临时数据库中。

通过使用故障仿真临时数据库，可以如图6.25的流程图所示，通过每种模式的临界电荷Q_{crit}比较每个故障中的存储电荷，提取包括多单元翻转（MCU）在内的SEU事件。由于事件编号存储在数据库中的每个故障中，所以如果发生两个或多个错误在同一个事件编号内，则认为发生多单元翻转（MCU）。一旦建立了临时数据库，就可以进行一个功能强大的参数调查统计，用于评估SBU（Single Bit Upset，单个位翻转）和MCU比率的变化，其中会包含许多设计参数，如每个模式的 Q_{crit}、数据分布。

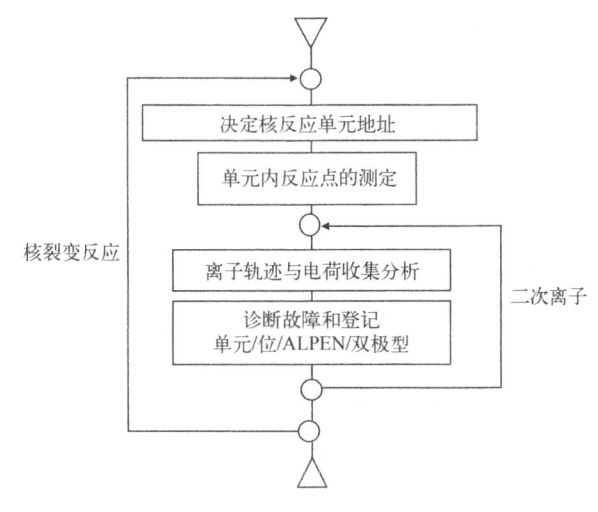

图 6.24 故障分类流程图

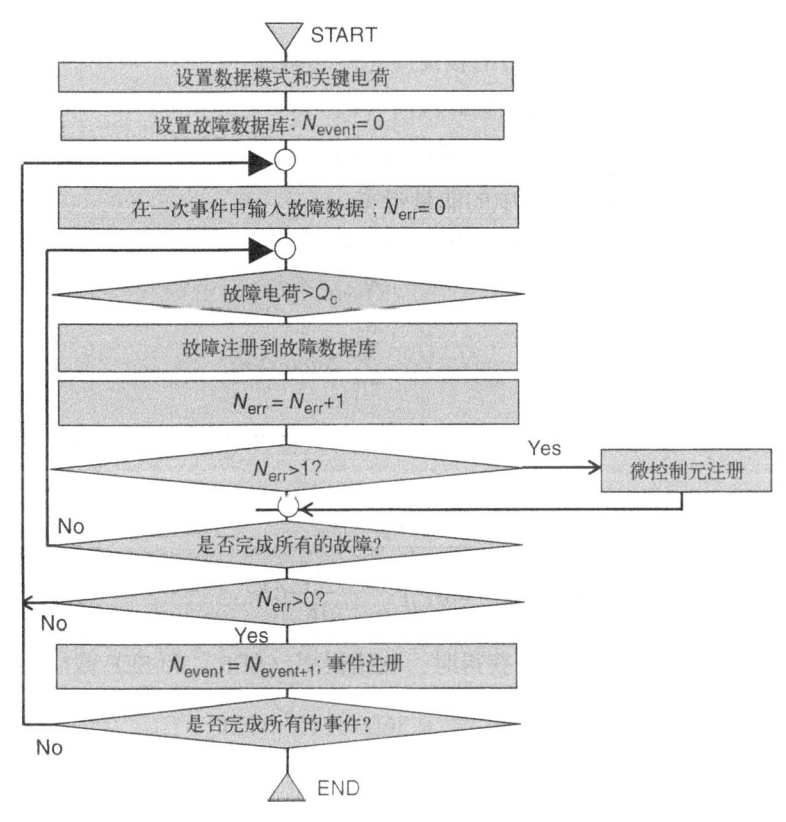

图 6.25 由事件库引起的粒子误差分类流程图

6.11 翻转截面的计算

靶原子的数量密度 $N_{\text{tar}}(/\text{cm}^3)$ 由下式给出：

$$N_{\text{tar}} = \rho_{\text{tar}} N_A / M_{\text{tar}} \tag{6.66}$$

其中，

ρ_{tar}：靶密度（g/cm^3）；

N_A：阿伏伽德罗（Avogadro）常数；

M_{tar}：靶的原子量。

在核散射反应的仿真中，首先设定靶体积 V_{sens}（cm^3）中的靶粒子总数 N_{total}，并且与入射粒子的微分通量 $\partial \phi / \partial K_n$（$/\text{cm}^2/\text{s}$）成比例，

$$N_{\text{total}} = N_{\text{tar}} V_{\text{sens}} T_{\text{irrad}} \int_{E_{\min}}^{E_{\max}} \frac{\partial \phi}{\partial K_n} \sigma(K_n) dK_n = N_{\text{tar}} V_{\text{sens}} T_{\text{irrad}} \sum_{i=1}^{N_b} \Delta \phi_i \sigma_i \Delta K_{n,i} \tag{6.67}$$

其中，

$\sigma(K_n)$：入射粒子动能 $K_n(\text{cm}^2)$ 的核反应总翻转截面；

σ_i：第 i 个能量段的核反应的总翻转截面（cm^2）；

$\Delta \phi_i$：第 i 个能量段的微通量（$\text{n}/\text{cm}^2/\text{s}/\text{MeV}$）；

$\Delta K_{n,i}$：第 i 个能量段（MeV）中的能量带宽。

实际持续时间 $T_{\text{irrad}}(s)$ 与 N_{total} 的关系，可以通过以下公式获得：

$$T_{\text{irrad}} = \frac{N_{\text{total}}}{N_{\text{tar}} V_{\text{sens}} \sum_{i=1}^{N_b} \Delta \phi_i \sigma_i \Delta K_i} \tag{6.68}$$

当 n_p 的第 p 个粒子产生的持续时间，在第 j 个能量段中产生的差分翻转截面可以通过下式计算：

$$\frac{\partial \sigma_{p,j}}{\partial K_p} = \frac{n_p / T_{\text{irrad}}}{\Delta K_{p,j} \int_{K_{\min}}^{K_{\max}} \frac{\partial \phi}{\partial K_n} dK_n} \tag{6.69}$$

当持续时间内的事件数 N_{event} 可获得时，软错误率（SER）和 SEE 截面由下式给出：

$$\text{SER} = \frac{N_{\text{event}}}{T_{\text{irrad}}} \times 3600 \times 10^9 \quad (\text{FIT}) \tag{6.70}$$

其中失效时间（Failure In Time，FIT）是事件中的错误率单位（1×10^9 小时·器件）。

$$\sigma_{\text{SEE}} = \frac{N_{\text{event}} / T_{\text{irrad}}}{\int_{K_{\min}}^{K_{\max}} \frac{\partial \phi}{\partial K_n} dK_n} \tag{6.71}$$

6.12 在 SRAM 的 22 nm 设计规则下软错误的缩放效应预测

图 6.26 显示了用于模拟 SEE 仿真的电子、质子、μ 子和中子的累积通量。累积通量的表达比微分通量更有用。例如，超过 10 MeV 的中子的总通量为 13 n/cm²/h，这是 JESD89A 从散射中子设备的测试结果中总结推荐的中子诱发 SEU 计算值。

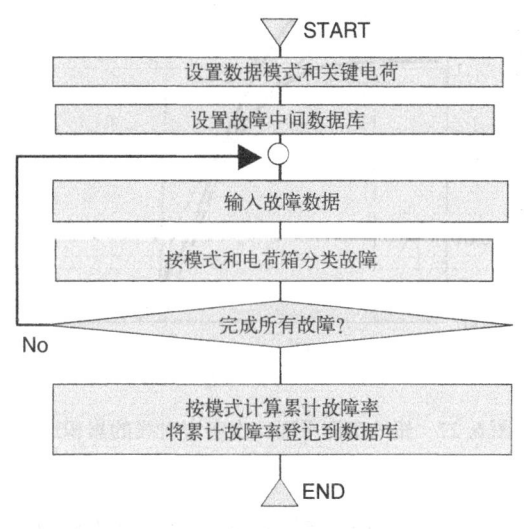

图 6.26 获得累计单粒子错误率的流程图

一个用来进行 SRAM 的 SEU 仿真的假定工艺尺寸缩减路线图：假定横向的两维缩减，以 2 为缩减因子来减小每一代的面积（6 个工艺代：130 nm⇒90 nm⇒65 nm⇒45 nm⇒32 nm⇒22 nm）。同时认为，每前进一个工艺代，芯片集成度（Mbit/chip）翻倍。剖面深度的信息由于缺乏缩减路线图且很难实现浅层剖面，因此设为恒定值。由于寄生电容基本与器件面积成比例，在每一个工艺代中，临界电荷也被假定为以 2 为因子递减。虽然减小电源电压 V_{cc} 有利于降低功耗，但事实上，它的 V_{th} 变化容忍能力将受到限制[15]。因此，电源电压被设定为常数。

图 6.27 展示了 60 000 次核裂变反应后，在 130 nm 至 22 nm SRAM 中 SEU 的典型结果及 22 nm SRAM 总的失效位图（Failed Bit Map，FBM）。

从图中可以看出：

(i) SRAM 中的 SEU 缓慢地从 130 nm 减小到 22 nm。这一减小趋势与近期的实验数据完全一致[16]。

(ii) 虽然 130 nm 工艺 SEU 与 Mbit 的比值（SEU/Mbit）呈下降趋势，但是 SEU 与器件数量的比值却由于密度的增加而以 6~7 倍的速度增加。

(iii) MCU 的概率随着尺寸的缩减呈指数递增。MCU 的概率随着尺寸的缩减呈现出多节点瞬态（Multi-Node-Transient，MNT），在多节点瞬态中，很多时序电路或组合逻辑电路的多个逻辑节点将受到干扰，并且受影响的节点数也随之增加。这将导致对逻辑器件的可靠性设计产生一系列的影响，MNT 将导致错误检测失败。这也将导致 SER 的冗余技术极易受到多节点瞬态的影响。

（iv）从 FBM 中可以看出在 22 nm SRAM 工艺密度下，影响面积大至 1 000×1 000 位（1 Mb）。

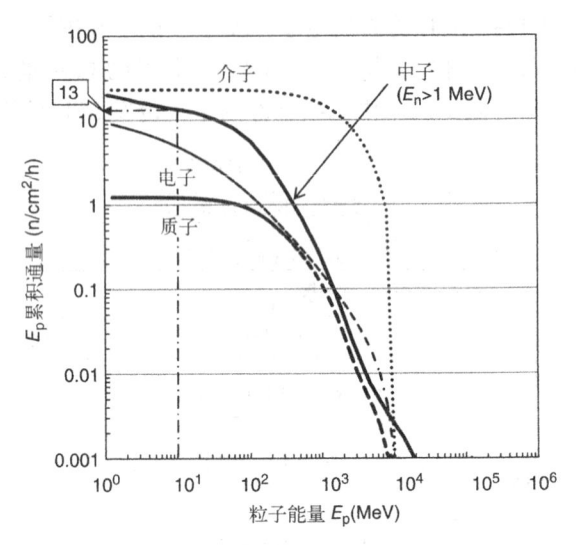

图 6.27　纽约市海平面二次宇宙射线的累积通量

6.13　半导体器件中重元素核裂变效应影响的评估

在 CORIMS 中，假定仅仅是由硅材料组成的半导体器件被用来进行核裂变仿真，但是电荷的沉积将仅发生在实际的 Si 组成的单元中，例如，阱和源漏之间的沟道。然而大量其他元素被使用在硅基半导体上，如钨（W）、铜（Cu）、钛（Ti），等等。这些元素的原子核重于硅元素，可能很容易受到中子软错误率的影响，因为它们将产生更重的次级粒子从而在硅中形成密集的电荷沉积。特别地，用来制作接触的 WSi_2 几乎是直接与 Si 的扩散层相连接的，因此来源于钨中的次级粒子将会产生更加严重的影响。

为了验证这一观点，多元素中子软错误仿真器（the multi-element neutron soft-error simulator）SEALER 被开发出来并且应用到虚拟多元素单元中，如图 6.28 所示。用于计算核反应总截面和 LET 的数据库已在文献 [1] 中做了详细的介绍。依据对部件总的翻转截面的分析，选择发生核裂变反应的部件。依据对部件中元素翻转截面的分析，选择发生核裂变反应的元素。

在 Si p 阱的边界处 100 MeV 中子所产生的次级粒子的能量谱，展现在图 6.29 的单元中。相比于其他较轻元素（如 Si、O 和 Cu）所产生的次级粒子，元素 Ta 和 W 在阱边界产生的次级离子的能量和频率很低。即使能量最高的 W 和 Ta 元素的能量值也小于 1 MeV，这是因为它们在到达 Si 基阱区以前，甚至在 WSi_2 中就已经通过淀积电荷的形式损失掉了能量[8]。在文献 [8] 中，Ibe 等人在他们的模型中没有考虑元素 W 的核裂变反应。

Clements 等人进行了元素 W 在 65 nm SRAM 中的核裂变反应的仿真,并且得出结论 W 元素不会严重影响 SEU 或者 MCU,Q_{crit} 的影响在 1~2 fC 的范围内[17]。

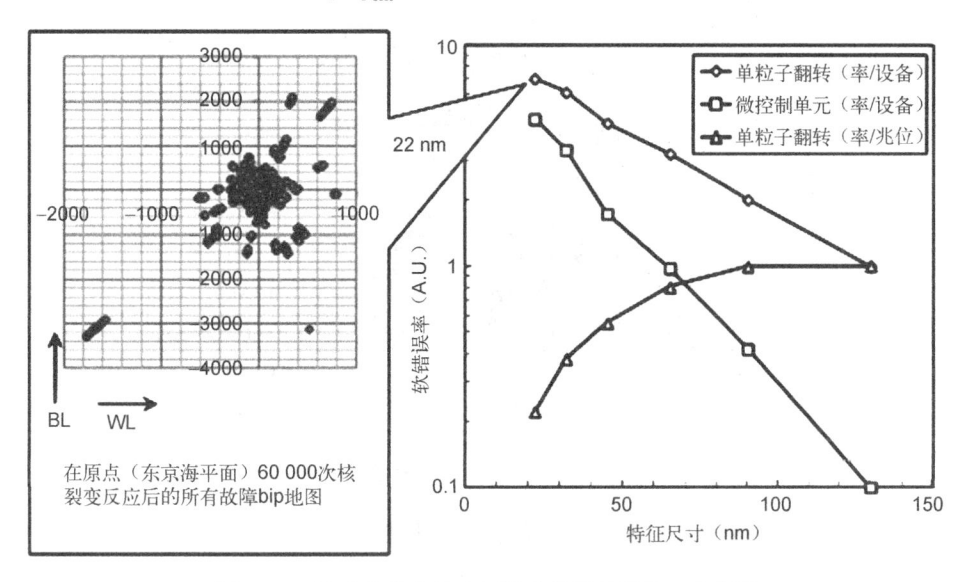

图 6.28 陆地高能中子比例效应模拟结果的一个例子

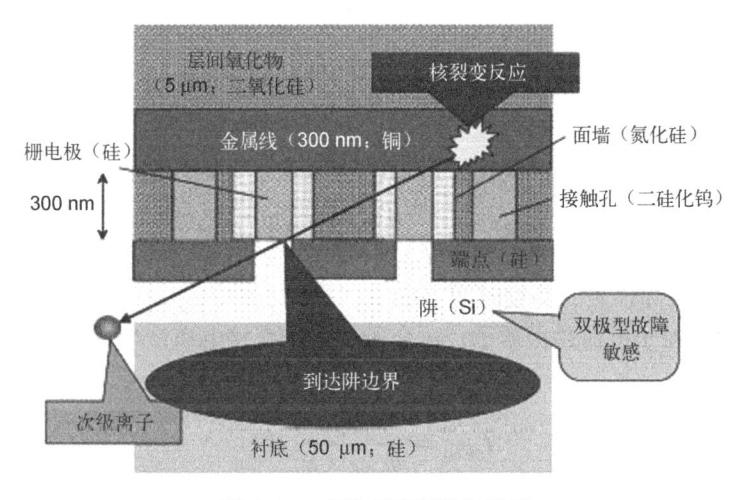

图 6.29 虚拟多元素器件模型

6.14 故障上限仿真模型

通过蒙特卡罗(MC)仿真方法,粒子从外界随机入射器件。在每一位的 SRAM 的 p 阱中产生的电荷量被记录下来,从而形成了单粒子的多注入效应,这一点要注意。下面的统计不是基于事件(event-base)的。所有的故障被当作相互独立的注入事件。射程较长的轻粒子如质子、μ 介子和电子产生的错误数会比实际单粒子事件的数量多。故障上限仿真的总流量图，如图6.30所示。

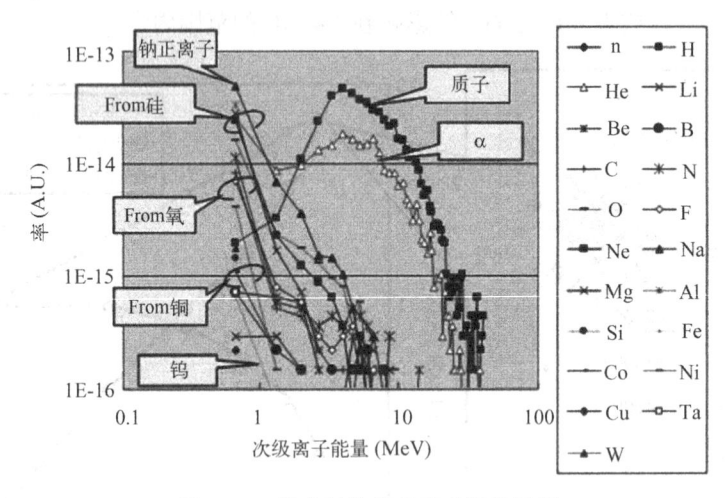

图6.30 阱边界处每种元素的能量谱

第 s 级能量段故障的总累积数量 N_f^s 通过下式计算：

$$N_f^s = \sum_{i=s}^{M} n_i \tag{6.72}$$

其中，

n_i：第 i 级能量段中故障的数量；

M：能量段的数量。

超过 Q_s（第 s 级能量段）所累积的 SER_{UB}^s 上限通过下式计算：

$$\text{SER}_{\text{UB}}^s = \frac{N_f^s}{T_{\text{irrad}}} \times 10^9 \text{ (FIT/bit)} \tag{6.73}$$

其中，T_{irrad} 为粒子实际辐照的持续时间（h）。

如果所产生的粒子电荷是由质子、μ 介子和电子直接电离产生并经过裂变，那么 T_{irrad} 通过下式计算：

$$T_{\text{irrad}} = \frac{N_p}{\phi_{\text{cum}} \times S_c} \text{ (h)} \tag{6.74}$$

其中，

N_p：仿真中粒子注入的总数量；

Φ_{cum}：最小能量（n/cm²/h）下累积的通量；

S_c：SRAM 的面积（cm²）。

如果所产生的粒子存在核反应，那么 T_{irrad} 通过下式计算：

$$T_{\text{irrad}} = \frac{n_p^j}{\phi_j \times N_{\text{Si}} \times \sigma_j \times \Delta E_j} \text{ (h)} \tag{6.75}$$

其中，

n_p^j：仿真中注入到第 j 级能量段的粒子数量；

Φ_j：在第 j 级能量段的场微分通量（$n/cm^2/h/MeV$）；

N_{Si}：一个 SRAM 单元中 Si 原子核的数量；

σ_j：相应核反应的翻转截面（cm^2）；

ΔE_j：第 j 级能量段的宽度（MeV）。

j 的数量可以适当地选取。

6.15 故障上限仿真结果

6.15.1 电子

图 6.31 是电子辐射下，各模型下累积 $SEFR_{UB}$（单粒子故障率上限）的仿真结果，其中包括针对单元模型、双极器件（双极模型）、位模型、ALPEN 和全部模型。累积 SER_{UB} 指的是当 SRAM 的临界电荷 Q_{crit} 在 X 轴上等于积累的电荷量 Q_d 时，发生的总故障率。可以看出，双极模型的贡献远大于其他模型，这是因为双极模型下的敏感区域大于其他模型。事实上，在电子的轰击下，双极模型开启的概率远小于其他模型，因为此时积累的电荷远未达到双极晶体管的开启条件。

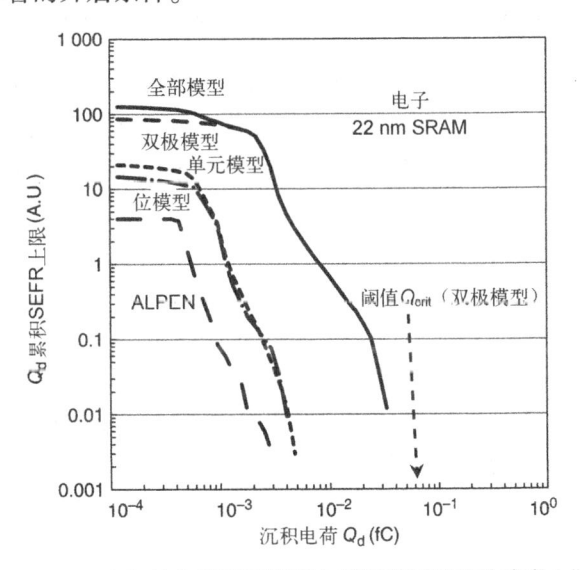

图 6.31 22 nm SRAM 在纽约市海平面附近电子辐射下累积故障率上限的仿真结果

从图中还可以看出，如果 Q_{crit} 大于 0.04 fC，包含双极模型在内的所有模型都不会发生错误，也就是说故障极大的可能不会发生。如果 Q_{crit} 大于 0.005 fC，那么单元模型故障也不会发生。我们倾向于采用这一值作为阈值。因此对于电子，Q_{crit}（双极）= 0.04 fC 和 Q_{crit}（单元）= 0.005 fC。

从其他粒子的结果中可以看出，ALPEN 和位模型的影响可以忽略。

6.15.2 μ介子

图 6.32 显示的是在 μ 介子辐射下,双极模型、位模型、ALPEN 和全部模型下累积 SEFR$_{UB}$(单粒子故障率上限)的仿真结果。

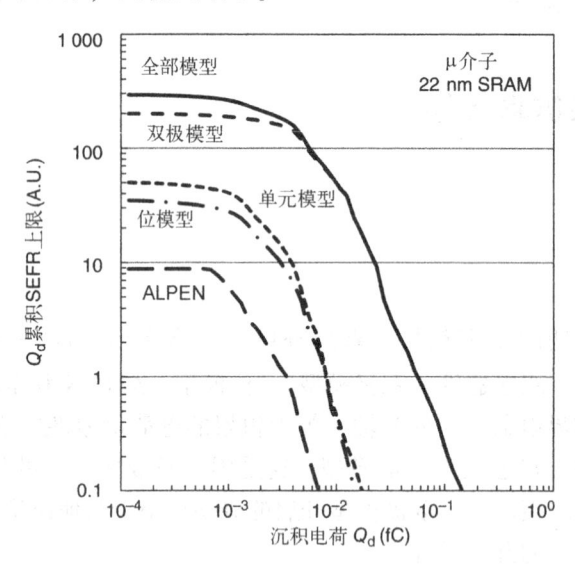

图 6.32 22 nm SRAM 在纽约市海平面附近 μ 介子辐射下累积故障率上限的仿真结果

临界电荷的阈值 Q_{crit}(双极)= 0.2 fC。在双极模型下,与电子相比,阈值高出很多。但是,电荷的密度随着 μ 介子低于几 fC/nm,并且小于中子/质子在核反应下产生的次级重离子,如第 3 章所述。因此,μ 介子很少能触发双极模型。Q_{crit}(单元)= 0.02 fC,这意味着 μ 介子也不会导致单元模型故障。

6.15.3 质子的直接电离

图 6.33 是在质子的直接电离作用下,累积 SEFR$_{UB}$(单粒子故障率上限)的仿真结果。临界电荷的阈值 Q_{crit}(双极)= 0.5 fC。这表示质子的直接电离作用可能对 22 nm SRAM 的双极模型产生一种威胁。Q_{crit}(单元)= 0.1 fC,这表示对于 22 nm SRAM 位模型也是一种威胁。

6.15.4 质子裂变

图 6.34 是在质子的裂变作用下,累积 SEFR$_{UB}$(单粒子故障率上限)的仿真结果。尽管 SEFR$_{UB}$ 相比于电子、μ 介子和质子的直接电离很低,但是临界电荷的阈值 Q_{crit}(双极)= 300 fC 和 Q_{crit}(单元)= 40 fC。这意味着,在接下来的步骤中需要执行更精确、更实际的上限评估模型,忽略或消除。

第 6 章 集成器件级仿真技术

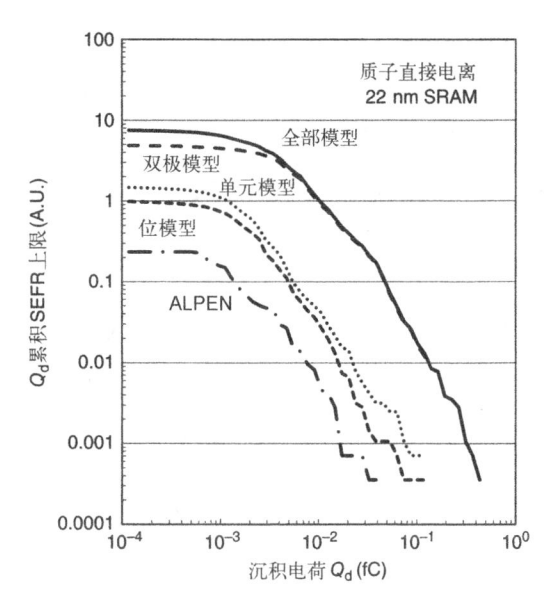

图 6.33 在纽约市海平面对 22 nm SRAM 进行陆地质子直接电离得到的累积故障率上限仿真结果

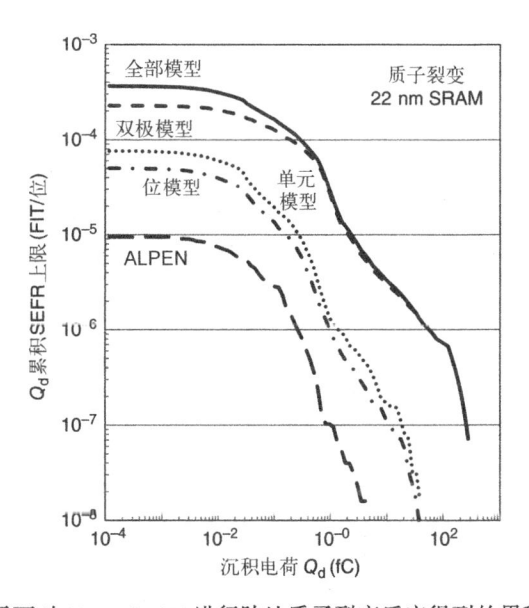

图 6.34 在纽约市海平面对 22 nm SRAM 进行陆地质子裂变反应得到的累积故障率上限仿真结果

6.15.5 低能中子

图 6.35 显示了在 MOSFET 晶体管层之上 5 μm 的上层中，10^{20} 核素/cm³ 浓度的 ^{10}B 俘获低能中子（小于 1 MeV）的累积 $SEFR_{UB}$ 仿真结果。和高能中子（大于 1 MeV）的结果相比较，低能中子俘获反应的累积 $SEFR_{UB}$ 要远低于高能中子的结果，如图 6.36 所示。阈值 Q_{crit}（双极）= 0.4 fC，阈值 Q_{crit}（单元）= 0.04 fC。

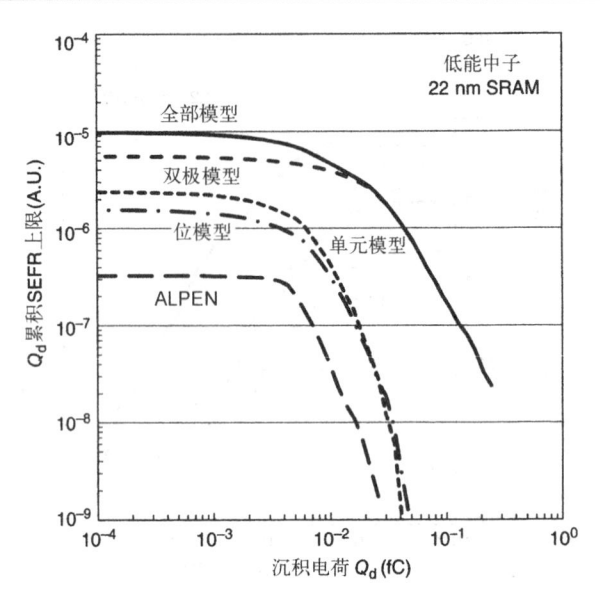

图 6.35 在纽约市海平面对 22 nm SRAM 进行 ^{10}B 低能中子俘获反应得到的累积故障率上限仿真结果

6.15.6 高能中子裂变

图 6.36 显示了高能中子（大于 1 MeV）的累积 $SEFR_{UB}$ 仿真结果。阈值 Q_{crit}（双极）= 100 fC，阈值 Q_{crit}（单元）= 20 fC。$SEFR_{UB}$ 要远大于质子裂变的结果。这意味着，在地面上高能中子仍然是导致 22 nm SRAM 单粒子事件的一个主要因素。

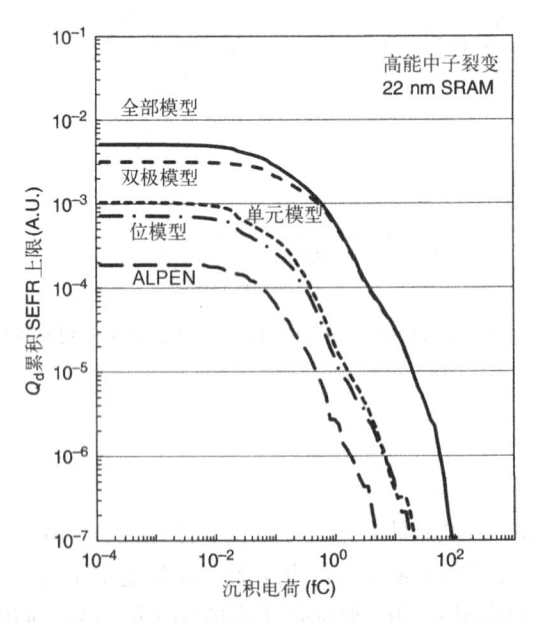

图 6.36 在纽约市海平面对 22 nm SRAM 进行高能中子裂变反应得到的累积故障率上限仿真结果

6.15.7 次级宇宙射线的对照

图 6.37 对所有辐射的总累积 $SEFR_{UB}$ 进行了对比，得出以下几个结论：

(i) 质子裂变的累积 $SEFR_{UB}$ 远低于中子裂变的累积 $SEFR_{UB}$，主要是因为通量的差异，但是光谱形状与中子一致，除了沉积电荷较高（高几飞库仑）。这可能是由于在反应系统中总电荷略有不同（在一个原子单位）导致的次级粒子的细微差别。

(ii) 由于积累电荷大于其他轻粒子，所以质子、低能中子和高能中子是导致故障的主要因素。

(iii) 如果临界电荷减小到 0.1 fC 以下，电子、μ 介子和直接电离的质子会成为一个很大的威胁，因为它们的 SEFR 可能变得非常高。然而，双极模式与以上辐射源并不相同，因为其沉积电荷非常低。

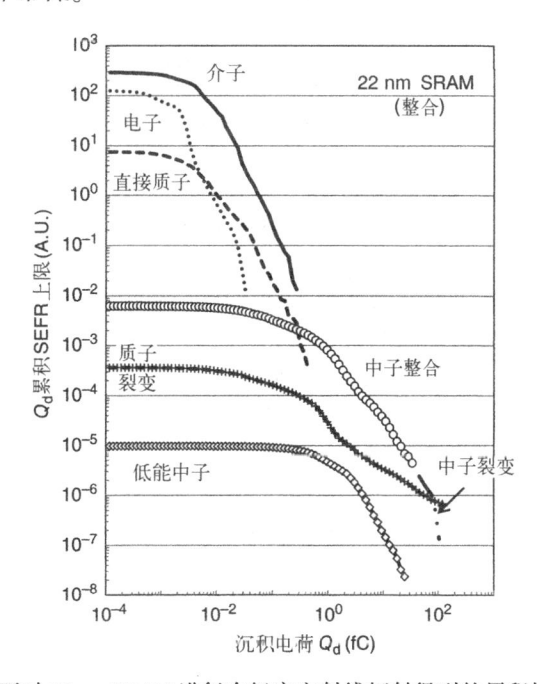

图 6.37 在纽约市海平面对 22 nm SRAM 进行次级宇宙射线辐射得到的累积故障率上限仿真结果对照

6.16 SOC 的上限仿真方法

一个故障率上限的计算可以被应用在任何器件上。这意味着这种方法可以被应用在一个整个的芯片和板级电路上。图 6.38 给出了 SOC（System On Chip）故障率上限仿真的流程。首先，必须得到芯片中器件类型和器件数量的数据。其次，需要从文件中获得每个器件的版图，例如 GDS-II 文件。需要获得深度信息或者采用合理的假设。基于版图和数据信息，每个器件的三维模型可以通过自动建模工具建立起来。然后，可以给出每个器件的虚拟无限矩阵，从而 MC 故障仿真可以正常进行。

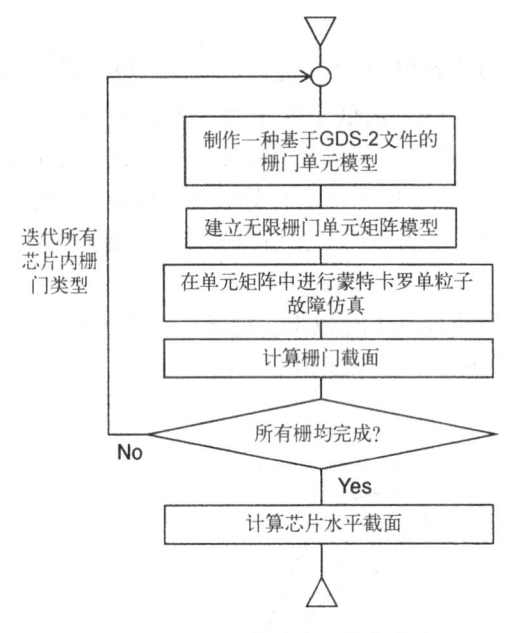

图 6.38　SOC 累积故障率上限仿真流程

根据仿真结果，得到每个器件的故障截面上限。执行完所有器件类型的程序后，整个 SOC 的截面上限 σ_{chip} 可以通过下面的公式获得：

$$\sigma_{chip} = \sum_i N_i \times \sigma_i \tag{6.76}$$

其中，

N_i：芯片中第 i 个器件的数量；

σ_i：通过仿真获得的第 i 个器件的故障截面上限。

6.17　本章小结

首先本章主要给出了相对二体碰撞、INC、蒸发、电荷收集/沉积、^{10}B 核俘获模型，同时阐述了自动化器件模型和粒子跟踪技术。在地面电子/μ 介子/质子/低能中子（小于 10 MeV）/高能中子的 4 种模型下（单元模型/位模型/ALPEN/双极模型），给出了 22 nm SRAM 地面高能中子的软错误仿真结果和 22 nm SRAM 的故障率上限仿真结果。所有地面辐射源的影响都按照累积 SEFR 上限和阈值 Q_{crit}（故障模式）进行了评估。ALPEN 和位模型的影响可以忽略。这对于评估单元模型和双极模型的影响是至关重要的。

参考文献

[1] Nakamura, T., Baba, M., Ibe, E. et al. (2008) *Terrestrial Neutron-Induced Soft-Errors in Advanced Memory Devices*, World Scientific, Hackensack, NJ.

[2] Kanekawa, N., Ibe, E., Suga, T. and Uematsu, Y. (2010) *Dependability in Electronic Systems - Mitigation of Hardware Failures, Soft Errors, and Electro-Magnetic Disturbances*, Springer.

[3] Ibe, E., Ishibashi, K., Osada, K. et al. (2011) *Low Power and Reliable SRAM Memory Cell and Array Design*, Springer.

[4] Ibe, E., Taniguchi, H., Yahagi, Y. et al. (2010) Impact of scaling on neutron-induced soft error in SRAMs from a 250 nm to a 22 nm design rule. *IEEE Transactions of Electron Devices*, **57** (7), 1527–1538.

[5] Bertini, H.W., Culkowski, A.H., Hermann, O.W. et al. (1978) High energy($E \leq 100$ GeV) intranuclear cascade model for nucleons and pions incident on nuclei and comparisons with experimental data. *Physical Review C*, **17** (4), 1382–1394.

[6] Tang, H.H.K., Srinivasan, G.R. and Azziz, N. (1990) Cascade statistical model for nucleon-induced reactions on light nuclei in the energy range 50-MeV-1GeV. *Physical Review C*, **42** (4), 1598–1622.

[7] Hu, C. (1982) Alpha-particle-induced field and enhanced collection of carriers. *IEEE Electron Device Letters*, **EDL-3** (2), 31–34.

[8] Ibe, E., Yahagi, Y., Yamaguchi, H. and Kameyama, H. (2005) SEALER: novel Monte-Carlo simulator for single event effects of composite-materials semiconductor devices. 2005 Radiation and its Effects on Components and Systems, 19–23 September, Palais des Congres, Cap d'Agde, France (E-4).

[9] Wen, S., Pai, S.Y., Wong, R. et al. (2010) B10 findings and correlation to thermal neutron soft error rate sensitivity for SRAMs in the sub-micron technology. IEEE International Integrated Reliability Workshop, Stanford Sierra, California, 17–21 October, pp. 31–33.

[10] Wen, S., Wong, R., Romain, M. and Tam, N. (2010) Thermal neutron soft error rate for SRAMs in the 90nm-45nm technology range. 2010 IEEE International Reliability Physics Symposium, Anaheim, CA, 2–6 May (SE5.1), pp. 1036–1039.

[11] Sreepad, H.R. Fermi Gas Model, http://www.gcm.ac.in/downloads/elearning/Fermi%20gas%20model(2c).pdf (accessed 7 April 2013).

[12] Furihata, S. (2004) Parameters used in GEM. Development of a generalized evaporation model and study of residual nuclei productions. PhD Thesis, Tohoku University, pp. 18–20.

[13] Perley, C.M. and Perley, F.G. (1976) *Compilation of phenomenological optical-model parameters*, 1954–1975. **17**(1).

[14] Takeda, E., Hisamoto, Dai and Toyobe, T. (1988) A new soft-error phenomenon in VLSIs. The alpha-particle-induced source/drain penetration (ALPEN) effect. Annual Proceedings. IEEE International Reliability Physics Symposium, 26, pp. 109–112.

[15] Sugii, N., Tsuchiya, R., Ishigaki, T. et al. (2008) Comprehensive study on Vth variability in silicon on thin BOX (SOTB) CMOS with small random-dopant fluctuation: finding a way to further reduce variation. IEEE International Devices Meeting, San Francisco, CA, 15–17 December, pp. 249–253.

[16] Dixit, A., Heald, R. and Wood, A. (2009) Trends from ten years of soft error experimentation. 2009 IEEE Workshop on Silicon Errors in Logic-System Effects, Stanford University, California, 24, 25 March.

[17] Clemens, M.A., Sierawski, B.D., Warren, K.M. et al. (2011) The effects of neutron energy and high-Z materials on single event upsets and multiple cell upsets. *IEEE Transactions on Nuclear Science*, **58** (6), 2591–2598.

第7章 故障、错误和失效的预测、检测与分类技术

7.1 现场故障概述

表7.1汇总了与SEE（单粒子效应）相关的不同工业现场目前的顾虑，还列有应用范围、可能的根源和观测到的失效征兆[1-22]。

表 7.1 地球中子在不同工业领域引起失效的最新报告

领域	应用	根源	失效征兆	参考文献
飞机	高安全的线控系统	SEU/SEL/SEFI	重启	Matthews [1]
铁路	GTO[a] IGBT[b]	SEB[c]	停止运行	Normand [22]
网络	服务器	SEU[d]/MCU[e]/SEL[f]	数据破损/重启	Slayman [3], Schindlbeck [4]
	路由器	SEU/MCU/SEL	重启/地址变化	Shimbo [5]
	数据中心	SEU/MCU/SEL	由于冗余引起的功耗	Falsafi [6]
	核心网络	SEU/MCU	无法使用	http://www.ntt.co.jp/news2013/1303e/130321a.html
	电源（DC-DC转换器）	SEB/SEL	停止运行	Rivetta [7]
超级计算机		SDC[g]	不能识别的错误计算/冗余引起的功耗	Geist [8] and Daly [9]
汽车	汽车全电路制动系统	SEU/MCU/SEL	无法停止/突然停止	Skarin [12] and Baumeister [13]
	驾驶	SEU/MCU/SEL	不响应/非预期的旋转	Vaskova [16]
	发动机控制	SEU/MCU/SEL	突然加速/不工作	Nakata [23]
	CAN[h]/LIN[i]	SEU/MCU/SEL	通信错误	Lopez-Ongil [15] and Vaskova [16]
	使用GPU[j]检测行人	SEU/MCU/SEL	忽略行人	Rech [18]
	IGBT	SEB	停止运行	Shoji [19] and Nishida [20]
掌上电脑	智能手机	SEU/MCU	不响应/邮件地址破损	Chen [21]
	平板电脑	SEU/MCU	不响应/邮件地址破损	
	台式电脑	SEU/MCU	不响应/邮件地址破损	

[a] 门极关断晶闸管
[b] 绝缘栅双极型晶体管
[c] 单粒子烧毁
[d] 单粒子翻转
[e] 多单元翻转
[f] 单粒子闩锁
[g] 静默数据破损
[h] 控制器区域网络
[i] 局部互联网络
[j] 图像处理单元

第 7 章 故障、错误和失效的预测、检测与分类技术

在航空电子系统中，关键组件采用 TMR（三模冗余）技术，从而避免 FTFL（致命性失效）。可以通过 TMR 中的错误标识来寻找故障[1]。火车、汽车和飞行器的 DC-DC 转换器中采用 IGBT（绝缘栅双极型晶体管）[2, 19, 20]。由于带电粒子穿透 pnp 结构时引起电子雪崩，IGBT 面临破坏性 SEE 模式 SEB（单粒子烧毁）的影响。服务器[3, 4]和路由器[5]中的 SEE 问题是网络关注的重点，因为网络中大量使用存储器，特别是 SRAM（静态随机存取存储器）。而 SRAM 容易受到辐射的影响[24, 25]。网络系统中的电源，如 DC-DC 转换器，也容易受到地球辐射环境的影响，引起破坏性 SEE 模式[7]。

功耗是一项主要指标，决定了抑制技术能否应用于大型系统，如数据中心和超级计算机等[6, 8-10]。"暗硅"（Dark Silicon）指由于功耗对性能和可靠性有约束[6, 11]。为了避免很大的功耗，TMR 和 DMR（双模冗余）等空间冗余技术不能应用于大型数据系统。对于百亿亿次超级计算机（每秒执行 10^{18} 条指令）或超级数据中心，需要在功耗和抗软错误能力方面慎重考虑和折中[8-11]。

SDC 即静默数据破损，指经过大量高成本的计算后，产生错误结果，且没有观测到错误现象。在大型超级计算中，SDC 是考虑的关键之一[9]。DUE（检测到的不可恢复的错误）也是微处理器考虑的关键之一，特别是对于不能停止的系统。据称 DUE 率高于缓存中的 SDC 率[26]。在实时和安全关键系统中，捕获和恢复 SDC/DUE 的影响是高优先级事件。

从抑制功耗的角度来看，诸如检查点和反转（重试）等时间冗余技术是缓解超大系统 SEE 问题的对策[9]。如果错误率超过了检查点的频率，时间冗余技术仍存在问题[8]。

人们越来越关注汽车的可靠性问题，特别是对于汽车全电路制动系统[12, 13]、发动机控制[14]、动力方向盘[16]、安全气囊、车载通信协议［例如，CAN（控制器局域网络）[15]，FlexRay 和 LIN（局域互联网络）[16]］。由于其并行计算的能力，GPU（图形处理器）或 GPGPU（通用图形处理器）广泛应用于超级计算机的许多环境包含节点。将 GPU 拓展至一些关键任务或实时系统，如汽车，则由于 GPU 中的 SEE 问题，使人们担心发生事故。Rech 等人基于 ISIS 装置对 40 nm GeForce GTX480 开展了中子束流测试，显示出 GPU 对地球环境中子非常敏感[17]。夜间行人检测对安全的要求非常高［欧洲 NCAP（欧洲新车评价规范）将其定为五星］，近期 GPU 将应用于这一方面[18]。

学者们甚至对智能手机和平板电脑等便携式数字应用产品开展了中子辐照实验[21]。很明显，如今所有的电子设备都会受到地球环境辐射引起 SEE 的威胁。

有很多种故障、错误和失效模式，其根源机制由具体应用决定。故障条件率和模式的预测评估技术对器件、电路和电子系统的设计来说非常重要。必须建立故障条件的检测技术，然后根据内在的物理机制，以及验证过的预测评估技术，理清故障、错误和失效。根据每种失效和应用的特点，可以采用高性价比的恢复技术。下文介绍一些预测/评估的例子，以及故障/错误/失效的检测和分类技术。

7.2 预测和评估 SEE 引起的故障条件

SEE 引起故障条件，表 7.2 第 2 列描述了故障条件的预测/评估技术，从硅衬底到应用跨越硅工业的不同层级。

表 7.2 故障/错误/失效的预测/评估和原位检测汇总

叠 层	预测/评估	原位检测
应用	基于仿真的故障注入 基于仿真器的故障注入	异常软件行为（例如 SWAT） SBST（基于软件的自测试）
操作系统[a]	基于仿真器的故障注入 基于日志的 FFDA[b]（按表象分组）	内核中的检测机制
板级	全部/部分电路板辐照	看门狗计时器
芯片/处理器	基于仿真的故障注入 基于仿真器的故障注入 定量的统计方法 掩蔽效应 辐照实验	BIST（内建自测试） DMR（双模冗余） TMR（三模冗余） 复制 片上监视器 CRC[c] 锁步操作 微处理器的附加组件

[a] 操作系统
[b] 现场失效数据分析
[c] 循环冗余码

7.2.1 衬底/阱/器件级

在衬底和器件层级，基于三维物理模型的 TCAD（计算机辅助设计技术）仿真，可以用于分析带电粒子在电路单元中引起的瞬态脉冲。随着器件持续等比例缩小，TCAD 方法开始出现错误，因为次级粒子可能影响两个以上的单元。混合模式仿真中，一部分器件用简化的等效电路模型来替代。对于这种情况，需要包含 2 个以上单元的三维 TCAD 模型[27-29]。三维 TCAD 模型还用来获得瞬态脉冲的数学表达式，作为 SPICE 等电路仿真器的输入，从而评估电路级的 SEE 响应，或得到用于蒙特卡罗软错误仿真器的临界电荷 Q_{crit}[30,31]。在电路模型中，经常采用下面的双指数表达式来建模瞬态噪声[30]：

$$I(t) = I_0[\exp(-\alpha t) - \exp(-\beta t)] \tag{7.1}$$

其中，

$I(t)$：瞬态电流；

I_0：瞬态电流常数；

α, β：衰减常数。

文献 [32, 33] 中建立了测量 SER^M 的方法。假设存储器错误率为泊松分布，存储器软错误率 SER^M 由下式给出，考虑了现场或加速器测试结果的统计范围[33]：

$$SER^M = \frac{\chi^2_{(\alpha/2):k}}{2NT_r} \times 10^9 \quad (\text{FIT}) \tag{7.2}$$

其中，

$\chi^2_{(\alpha/2):k}$：根据参数 α 和 k 给出卡方值；

α：依据置信度（CL）的泊松分布比，如果 CL=95%，则存储器件 95% 的 SER 小于 SER^M。因为 CL=1-α/2(%)，所以 α=0.1；

k：自由度=2(N_{event}+1)；

N_{event}：到时间 $T_r(h)$ 发现的事件数；

N：测试器件数；

FIT：失效时间。

测量逻辑门电路中软错误率 SER^G 的方法还没有完全建立起来，但是逻辑门-链方法具有吸引力且受欢迎。在逻辑门-链方法中，使用反相器[34-38]、与非门[37]、或非门[34]等逻辑门电路。通常将这些门电路串联，DUT（待测器件）中所有的门电路同时均匀地接受辐照，如图 7.1 所示。DUT 中产生的 SET（单粒子瞬态）脉冲传输至探测器，测量脉冲数量和宽度。在探测器中，SET 通过一系列延迟（通常缓冲器延迟时间为 τ）。FF（触发器）和延迟线并联，延迟输出脉冲沿某特定位置用作延迟上流触发器的时钟触发信号。存数据 1 的触发器数量和延迟时间 τ 的乘积，就是测量得到的 SET 脉冲宽度。

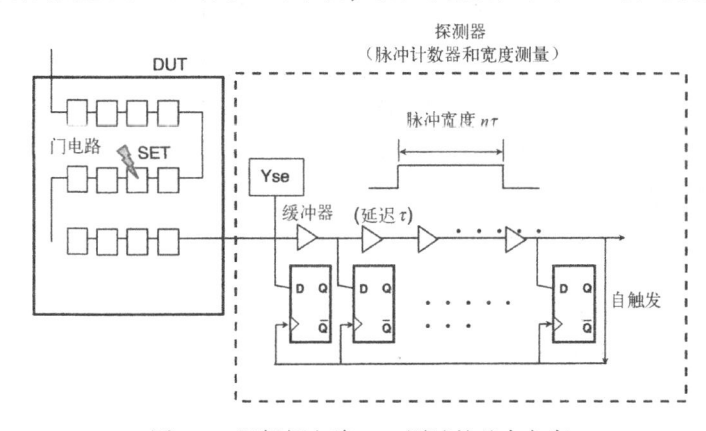

图 7.1 逻辑门电路 SER 测试的基本方案

然而 SET 通过大量（成百上千级）的逻辑门电路，特别是反相器，使得脉冲宽度大于实际的 SET 宽度，称之为 PIPB（传输致脉冲展宽）[39,40]。PIPB 的机制目前还不是很清楚，但认为与 FBE（浮体效应）有关。因此，在很多情况下电路链中逻辑门电路的数量受限[41,42]。

蒙特卡罗软错误仿真器，例如 CORIMS（宇宙辐射影响仿真器）[43]，基于入射粒子模型、核反应模型、电荷淀积/收集模型和相关的数据库，用于仿真 SEU（单粒子翻转，包括单个位翻转 SBU 和多单元翻转 MCU），如第 6 章所述。采用蒙特卡罗软错误仿真器可以获得存储器和逻辑器件的初始软错误率（没有掩蔽效应的 SER，下文中将做解释）。

7.2.2 电路级

利用电路级仿真器，如 SPICE（侧重集成电路的仿真程序），可以查看 SEE 情况下的电路响应，或者获得 SRAM 等单元电路的临界电荷 Q_{crit}[44]。

时序逻辑门电路（如触发器和锁存器等存储单元）的 SER 机制可以分为三部分：(1) 时序逻辑门电路中的直接入射；(2) 来自全局控制线的瞬态噪声，如时钟或置位/复位通道；(3) 间接入射在组合电路部分产生 SET，如图 7.2 所示。对于非直接入射 (3)，由于存在时序窗口、逻辑掩蔽和电学掩蔽等三种掩蔽机制，SET 噪声可能没被触发器锁存。在逻辑掩蔽中，例如与门的某个输入为"0"，则故障被抵消。在电学掩蔽中，故障延时电路传输时,脉冲高度衰减,低于门电路的阈值。当故障来临时,如果触发器的输入门关闭,则发生电学掩蔽。

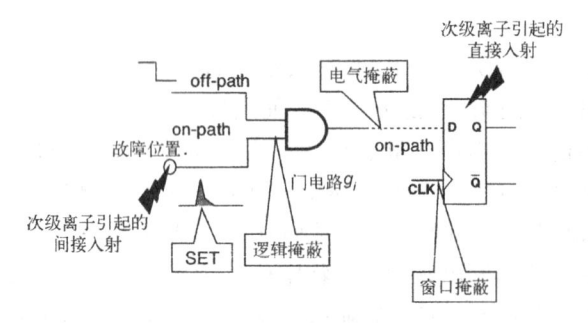

图 7.2 逻辑电路中单粒子瞬态的掩蔽机制

这里我们定义本征 SET 率为 SET_{int},它是指两个触发器间的组合逻辑电路中产生足够脉冲高度和宽度(可以在下游触发器中引起 SEU)的 SET 率。一定比例的 SET_{int} 被俘获,变成了下游触发器中的 SEU,如图 5.14 和图 5.15 所示,其正比于工作频率。因此,触发器中的 SEU 率可以表示为:

$$SER_{FF} = SER_{FF}^{Direct} + SER_{FF}^{Captured} = SER_{FF}^{Direct} + TVF \times SET_{int} \tag{7.3}$$

其中,

SER_{FF}:触发器中总的 SER;

SER_{FF}^{Direct}:带电粒子直接入射,在触发器中产生的 SER;

$SER_{FF}^{Captured}$:在组合逻辑电路中,捕获本征 SET 而在触发器中产生的 SER;

TVF:正比于工作频率的时序敏感因子[44]。

需要注意到:

1. SET_{int} 的水平决定了 $SER_{FF}^{Captured}$,如图 5.15 所示,而且 $SER_{FF}^{Captured}$ 不会超过 SET_{int}。当与 $SER_{FF}^{Captured}$ 相比,SET_{int} 非常低可忽略时,就不能看到 SER_{FF} 和工作频率的相关性,如图 5.15(b)所示。

2. 根据组合电路中电路结构的不同,SET_{int} 会发生变化。因此,TVF 仅是局部性指标,而不能成为全局性指标,如上述 AVF(架构敏感因子)、DF(降额因子)和 MF(掩蔽因子)。

可以采用电路仿真技术,来评估掩蔽效应。

在选定的时刻和电路中的位置,注入 SET 脉冲,来评估故障的致命性或者传输过程中的掩蔽效应。

这种仿真通常会耗费大量的执行时间,即使采用诸如 ISCAS(电路和系统国际研讨会)85[46]和 SPEC CINT2000[47]等简单的基准电路。而且仿真的故障覆盖率并不是很高。

根据基准电路的应用,仿真结果也会发生变化。在最简化的案例中,可以是一次简单的读/写操作。

7.2.3 芯片/处理器级

芯片级 SER 定量计算要从系统总的初始 FLR_{raw}(平均或统计范围平均)开始,如式(7.4)给出:

$$\mathrm{FLR_{raw}} = \sum_j (\mathrm{SET}_j^G \times N_j^G) + \sum_i (\mathrm{SER}_i^M \times N_i^M) \tag{7.4}$$

其中，

SET_j^G：第 j 级门的 SET/故障率，其 SET 具有足够的脉冲高度和宽度，当 SET 脉冲被捕获，将引起下游触发器的 SEU；

N_j^G：第 j 级门的数量；

SER_i^M：第 i 级存储器的 SER 上限；

N_i^M：第 i 级存储器的数量。

通常，ULSI（甚大规模集成电路）芯片中使用大量的门电路类型。很明显，通过辐照实验来获取所有的 SET_j^G 是不可行的。作为替代，可以采用经过现场验证的 SEE 故障仿真工具，如 CORIMS 来评估 SET_j^G，如第 6 章所述。

如图 7.2 所示，在真实的电路或系统中，组合电路中产生的大量 SET 在掩蔽机制的作用下而消失。有三种指标来描述初始 SET 的调制程度，如下：

1. AVF[49,50]

$$\mathrm{AVF} = \frac{N_{\mathrm{failure}}}{N_{\mathrm{fault}}} \tag{7.5}$$

其中，

N_{fault}：不考虑 SET 的脉冲高度和宽度，系统或组件中产生或注入的故障数；

N_{failure}：总故障引起的失效数。

2. DF [51,52]

$$\mathrm{DF} = \frac{N_{\mathrm{fault}}}{N_{\mathrm{failure}}} = \frac{1}{\mathrm{AVF}} \tag{7.6}$$

Kellington 等人利用质子束辐照，评估了 IBM Power 6 处理器的 DF。他们将 DF 划分为 MD（机器降额）和 AD（应用降额）。当采用 bzip2 作为基准电路时，对于 SDC，AD = 6.7；对于非预期错误，MD = 500。多数文献使用式（7.6）定义的 DF，但也有一些例外，有文献将 DF 同 AVF 一样使用[53]。对此，可能需要进行标准化和规范化。

3. MF[54]

尽管文献中没有给出 MF 的定义，然而根据其含义可以很自然地得到如下表达式：

$$\mathrm{MF} = \frac{N_{\mathrm{fault}} - N_{\mathrm{failure}}}{N_{\mathrm{fault}}} = 1 - \mathrm{AVF} \tag{7.7}$$

如果系统中有 100 个故障引起 10 次失效，则 AVF 为 0.1，DF 为 10，MF 为 0.9。情况有些令人费解，出于简化的目的，本书采用式（7.5）中的 AVF。如前所述，AVF 可能部分包含 TVF。因此，

$$\mathrm{FLR_{real}} = \mathrm{AVF} \times \mathrm{FLR_{raw}} \tag{7.8}$$

其中，$\mathrm{FLR_{real}}$ 是电子系统的真实失效率。

处理器经常访问寄存器文件，因此寄存器文件中产生的错误很容易传输，特别是在嵌入式系统中。Fazeli 等人报道，嵌入式器件中寄存器文件的 AVF 为 0.15，读计数器 AVF 为 0.01[55]。为了节省功耗和提高性能，通常不能采用纠错码（ECC）或 TMR 来保护寄存

器文件。为了找出经常访问的敏感寄存器文件，可以采用基于仿真器的故障注入技术[56]。

Ando 等人在 RCNP（大阪大学核物理研究中心），对施加工作负载的 SPARC64 微处理器开展中子辐照实验。没有 ECC 保护的 L2 cache 的 AVF 为 0.5，锁存器[57]和处理器[57-59]的 AVF 为 0.064。如上文中 Kellington 等人的例子，施加工作负载的 IBM Power 6 微处理器的 AVF 为 0.15（bzip2 工作负载）和 0.002（对于未知错误）[51]。

将硬件基模型和基于仿真器的故障注入结合起来评估 AVF[29]，通常在 FPGA（现场可编程门阵列）中实施。对基准电路施加一定的工作负载，然后在电路节点随机注入瞬态脉冲。与基于软件的故障注入相比，基于仿真器的故障注入更有效，具有更好的故障覆盖率。

通过故障注入，Farazmand 等人评估了 GPGPU 的 AVF，报道了在一定工作负载下寄存器的 AVF 为 0.15，cache 的 AVF 为 0.03。而 CPU（中央处理器）中的寄存器 AVF 为 0.15，cache AVF 为 0.25，高于 GPGPU[49]。

还有学者提出其他类型的掩蔽机制：

Alexandrescu 等人提出芯片级掩蔽机制，即与存储器中数据寿命相关的机会窗口（Opportunity Window）[60]。

访问存储单元的频率也可能是一项掩蔽机制[55]。极端情况下的一个例子，如果不访问存储器，则 AVF=0。

Costenaro 等人提出结构化 SET 分析系统，将核裂变模型、器件模型和 RTL（寄存器传输级）模型一起实施[61]。对于相对复杂电路模块（如加法器、乘法器、编码器和解码器）的逻辑 DF，他们给出了故障注入结果。通过汇总模块的结果，进一步评估了 ALU（算术逻辑单元）的 SET 率。

文献 [62] 提出随机或统计的方法作为更快的仿真技术，替代电路仿真技术用于掩蔽指标。Chen 等人采用该技术来评估重汇聚效应，将一个瞬态脉冲分为两个以上的脉冲，在下游交叠，产生更窄宽度的脉冲[63]。

对于芯片级软错误率，尽管有学者提出了一些方案[64]，因其波动源自于特定的电路和应用，且不是一个随机过程，所以这样的统计理论非常难以建立。

7.2.4　PCB 板级

可以对任何层级开展辐照实验，来定量和分类故障、错误和失效。

对于像电路板这样更为集成和复杂的系统，采用部分或全部板级辐照有利于找出电路板的敏感部分[5,65]。整个 PCB（印制电路板）在特定的工作负载下接受辐照，来看整体失效率，并获得其模式下的失效截面。失效模式可能由应用程序决定。文献 [5,65] 中对路由器和服务器进行了这类辐照实验。

当某一失效模式是致命的，则 FLR 相对较大。可以开展部分辐照实验，确定引起失效模式的部位，并有针对性地进行加固。

这类实验最好采用有准直器的束斑可调的辐照装置，例如瑞典乌普萨拉大学斯维德贝格实验室（TSL）的 QMN（准单能中子束）[67]或者 ANITA（源自厚靶的类大气中子束）[68]。

7.2.5　操作系统级

应用基于日志的 FFDA（现场失效数据分析）来验证 OS（操作系统）中的可靠性。

Pecchia 等人提出一种方法，通过数据分组使得 FFDA 更有效，将多模式计算机系统中 FFDA 数据过滤掉非必要信息或复制信息[69]。在一种典型的分组方法中，在某一时间范围内发现的两个故障被认为来自于同一个事件（数组）。如果两个故障并非源自同一事件，则该情况称为"碰撞"。不准确的分组会影响对操作系统可靠性的评估。

故障注入是评估操作系统可靠性的另一种有效方法。操作系统分割技术用于避免故障从一个任务传输至另一个任务。Barbosa 等人基于故障注入给出了三种分割操作系统的基准，在操作系统异常程序中发现了最敏感的函数[70]。

Skarin 等人评估了刹车控制系统的失效，采用基于仿真器的故障注入系统，发现了堆栈指针错误引起的最致命的刹车失效问题，例如（i）在需要的时刻刹车不工作；（ii）非预期的突然终止；（iii）锁胎。

7.2.6 应用级

Cook 和 Zilles 评估了软件（指令级）掩蔽引起的掩蔽机制，即程序对错误的数据进行操作获得了正确的结果。下文给出了 6 种掩蔽模式：

1. 值-比较：当结果比较压缩成 1 位表达式时，很多错误值的数据位就消失了。
2. 亚字操作：当 1 个字的部分位用于执行操作，且错误值不属于操作位集合时，可获得正确的结果。
3. 逻辑操作：类似于逻辑掩蔽。
4. 溢出/精确：类似于移位等操作消除了错误值的比特位。
5. 幸运加载：偶然地从错误地址获得的数据具有正确的值。
6. 动态死亡：基于错误数据执行指令之后，结果被后续指令所覆盖[71]。

Kost 等人提出 PVF（程序敏感因子）作为系统运行程序的独立因子[72]，还提出了基于软件的检测方法，包括（i）可执行的断言；（ii）使用独立的程序来检测正在运行的程序中的故障；（iii）控制流程检测和（iv）执行冗余程序。

Rivers 等人基于 M1（第一层金属）架构的 RTL 仿真提出了 AVF 评估技术[73]。作为 AVF 的一部分，还提出了"居住"（residency）的概念，即元器件工作时间与整个工作时间的比值。

故障注入技术还可以用于确定失效的严重程度。

基于仿真或仿真器的故障注入的准确性由很多因素决定，包括故障注入中使用网表的时序信息和实际的工作负载[74]，所以当检查时务必谨慎。Cho 等人也指出，采用不同注入模式，基于仿真器的故障注入测试存在不准确性。这些注入模式如下：

1. 注入寄存器文件；
2. 当数据写入时，注入寄存器文件；
3. 注入程序变量；
4. 当数据写入时，注入程序变量[75]。

根据 SPEC INT2008 中的模式和基准，"失配率"（SDC）波动很大，在 1%至 16%之间。

7.3 原位检测 SEE 引起的故障条件

针对半导体衬底到应用的不同层级，表 7.3 第 3 列给出了 SEE 引起的故障条件的原位检测技术。

表 7.3 汇总故障/错误/失效的预测/评估技术和原位检测技术

叠 层	预测/评估技术	原位检测技术
电路	电路仿真 逻辑掩蔽仿真 辐照测试	双倍/三倍相移 采样和比较 RAZOR SEM/STEM
器件	SEE 蒙特卡罗仿真 TCAD 仿真 辐照测试	ECC，奇偶校验
衬底/阱	TCAD 仿真	SAW 探测器 内建电流传感器 内建脉冲传感器

7.3.1 衬底/阱级

7.3.1.1 间接故障注入方法

如 1.2 节所述，受地球辐射的影响，所有的故障条件源于半导体器件中阱或衬底的故障/瞬态/噪声。然而，由于故障在器件中发生的位置是随机的，传输又非常快，所以很难被捕获。考虑到没有必要检测所有的故障，因此捕获故障唯一可行的途径就是探测故障引起的物理波动。常用方法是测量器件有限区域的电流或电压变化来捕获错误的征兆[76-80]。故障对应于一定的 I_{dd} 电流发生，因此图 7.3 给出了步进噪声电流峰值的柱状图和累计频率[78]。通常认为，每一步对应于 SRAM 器件中发生的两位、三位和四位 MCU。

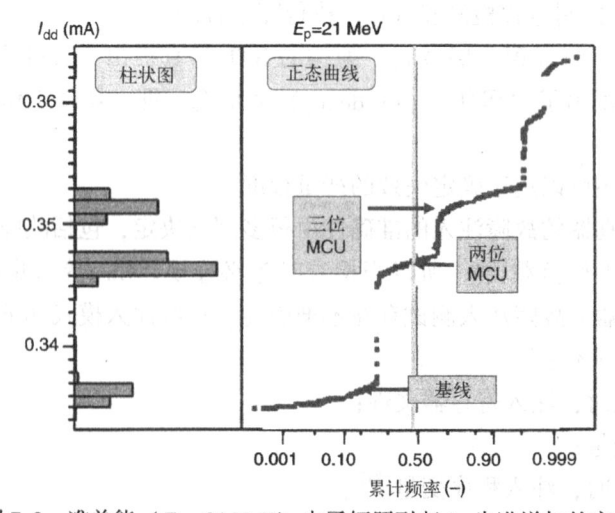

图 7.3 准单能（$E_p = 21\,\text{MeV}$）中子辐照引起 I_{dd} 步进增加的实例

BICS（内建电流传感器）测量 SET 电流所引起的电势变化，从而检测衬底中的故障[79]。Krimer 等人提出了一种电流检测技术，当信号预期稳定无闩锁时，仅采用有限的时钟时序来测量电流[81]。尽管可以采用传感器矩阵结构[82]，但定位故障还是非常困难的。

Upasani 等人描述了一种新的故障识别技术，即利用 SAW（声表面波）探测器。被俘获的带电粒子在器件中产生声波，通过求解 5×5 SAW 器件的 TDOA（到达时间差）矩阵，可以定位 MCU[26]。

7.3.1.2 确定故障对于电子系统的致命性

原则上来说，无论是故障还是错误，只有当它们引起最终的输出失效，才认为其很重要。为了识别这种致命的故障或错误，利用光学或电学镜头将激光或离子束聚焦至约 1 μm 直径，定位器件中的故障位置和机制[83-86]。

7.3.2 器件级

存储器和时序逻辑器件中的错误很容易被检测到。通过奇偶校验和 ECC（纠错码）等拓扑方法，可以检测存储器中的错误。通过时域和空间冗余方法，可以检测组合逻辑中的错误。下文给出了一些实例。

7.3.2.1 奇偶校验

奇偶校验位的值或者为 1，或者为 0。当二进制数据有奇数个 1 时，奇偶校验位的值为 1；当二进制数据有偶数个 1 时，奇偶校验位的值为 0。当二进制数据中某一位从 0 翻转至 1 或者从 1 翻转至 0，奇偶校验位发生改变，因此可以检测到错误。奇偶校验是检测计算机和电信错误的最简单方式。当二进制数据发生多位翻转时，奇偶校验位可能不发生改变，从而无法检测到错误。

7.3.2.2 ECC

ECC 将多余代码位和数据位组合在一起，用于存储器中的错误检测和恢复。汉明码是计算机应用中最常使用的技术[87]（见附录 A.2）。汉明码属于 SECDED（单错误纠正和双错误检测）[88]。因为 ECC 技术需要一定的面积和性能代价，在高速电路中，如寄存器和高速缓冲存储器等中并不采用。

7.3.3 电路级

双相移/三相移采样和比较等时域检测技术，可以用于电路级的故障检测[89]。RAZOR 触发器用于检测时序错误，如图 7.4 所示，在一定延迟下，来自逻辑级的信号输入主触发器和影子触发器[90-92]。如果来自于逻辑级 L1 的信号满足主触发器的时钟时序要求，则主触发器和影子触发器的输出相同。如果逻辑级中发生了一些延迟，影子触发器捕获正确信号，则主触发器和影子触发器的输出必然不同，从而检测到时序错误。如果影子触发器时钟延迟与 SET 脉冲宽度相比足够长,且与正常信号宽度相比足够短,则可以检测到 SET。基于 RAZOR 技术有很多扩展的方法。SEM（软错误缓解）/STEM（软错误和时序错误缓解）也是一种时域检测技术[93,94]。

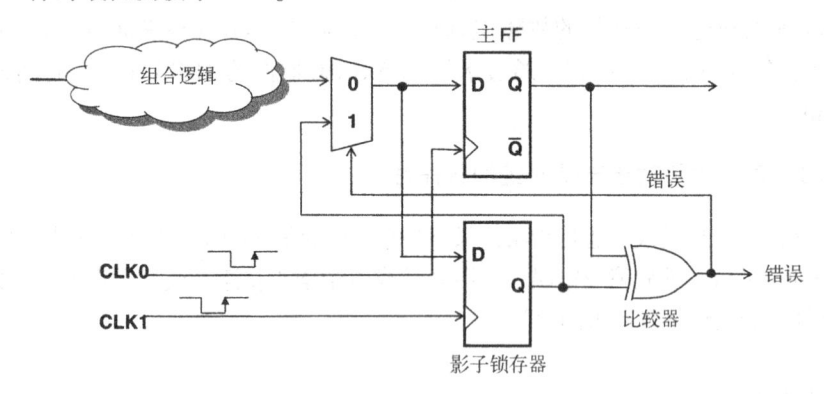

图 7.4　基于 RAZOR 双采样的故障检测技术（Ernst 等人[91]，@ 2004 IEEE）

7.3.4　芯片/处理器级

7.3.4.1　片上监测器

片上监测器嵌入到芯片外围电路部分,仅观察该区域的电压和/或电流变化[95-98]。采用片上监测器也可以检测到故障/错误/失效的一些征兆。

7.3.4.2　CRC（循环冗余码）

在循环冗余码（CRC）中,一个二进制数据流被看成是整数,CRC 码是该整数被特定素数除后的余数[98,99]。如果数据流在传输中发生错误,则 CRC 码发生改变,就可以检测任意错误。

7.3.4.3　BIST（内建自测试）

BIST（内建自测试）通常在启动时间内（操作开始之前）测试逻辑电路。文献[100,101]描述了另一种选项,即正常工作时采用 BIST。扫描链结合 LFSR（线性反馈移位寄存器）,以及 MISR（多输入签名寄存器）,用于触发器错误的原位分类。LFSR 产生随机数据类型,发送给扫描链,MISR 压缩扫描链输出,并产生签名,从而识别错误。

7.3.4.4　DMR（双模冗余）

多数电路由时序逻辑器件（触发器、寄存器）和组合逻辑器件（与、或、与非、或非、异或、算数逻辑单元等）组成[102,103]。时序逻辑器件保持临时的逻辑条件,直到下一个时钟脉冲到达。在 DMR 中,两个相同的电路（模）在相同指令下同时工作,如图 7.5 所示。对两个相同电路的时序输出进行比较,如果不同则创建错误信息。加密冗余数据产生的指纹或签名,也可以用于比较[104]。

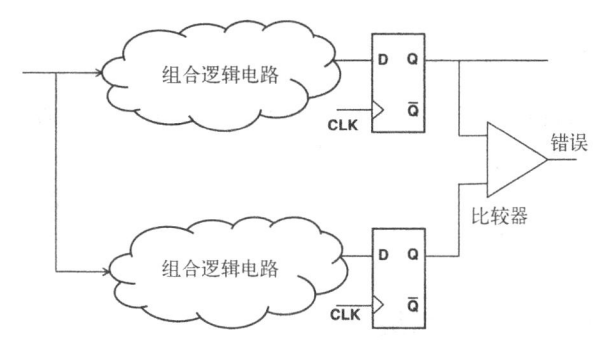

图 7.5 双模冗余（DMR）的简化图

双处理器锁步操作可用于芯片级的错误检测[11,105]。

7.3.4.5 TMR（三模冗余）

TMR 有三个相同的模同时工作[105,106]。三个相同的时序逻辑器件与投票器相连，如图 7.6 所示。如果三个模的输出中任意两个值不同，则产生错误信息，但是基于三选二的投票输出结果，操作仍继续进行。如果是周期操作，而非单次，则在下个周期前必须恢复失效模的故障条件。

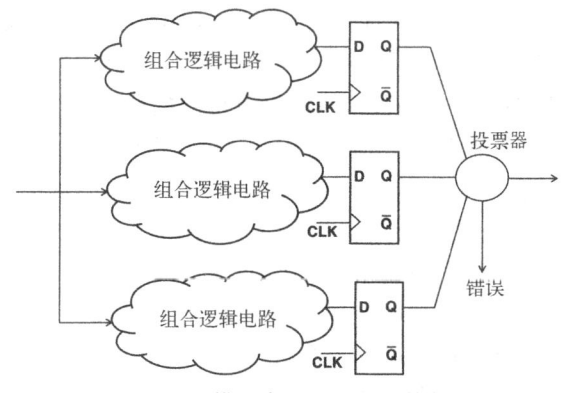

图 7.6 三模冗余（TMR）的简化图

7.3.4.6 复制

在复制方法中，相同的初始条件下，预定义的逻辑部分先执行一次，将时序输出保存至存储单元，如图 7.7 所示[107]。然后再执行相同的操作，现在的输出与之前的输出进行比较。如果两者不同则产生错误，应从之前的工作点开始重新操作。

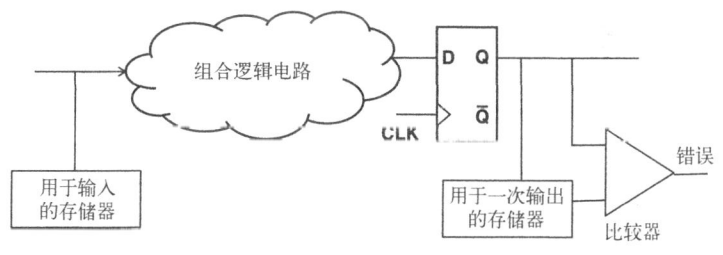

图 7.7 逻辑电路中用于复制的实施例子

7.3.4.7 多余组件

Du 等人提出,debug 接口可以用于实施最近的处理器,检测控制流程错误。他们也展示了迷你 MIPS 处理器如何给出很好的故障覆盖率[108]。

Carvalho 等人也提出,基于多余模块,在特定时钟周期内通过可用引脚,发送诊断信息至 65 nm SoC PowerPC 芯片[109]。

7.3.5 PCB 板/操作系统/应用级

非常容易检测到失效,它引起系统的失效、重启、异常操作等。一旦失效发生,它的影响是非常严重的,可能导致系统长期不能使用,甚至产品召回(RMA)等[98]。

在导致硬件失效之前,可以检测到诸如软件功能不正常或类似于 BIST 应用等失效。

在 SWAT[23,110] 中,通过完整操作来检测异常软件征兆,例如控制流程和存储器地址特定类型的偏离。更为具体地说,SWAT 检测引起致命陷阱、悬挂、应用推出和内核错误(当致命错误发生在内核时,会引起整个操作系统的宕机状态)的 SDC,以及地址不符。他们认为,很难检测引起这类偏离("仅数据")的故障。

SBST(基于软件的自测试)利用处理器芯片中 Flash 存储器内执行的测试程序,来对处理器进行自测试。SBST 可以激活硬件,而单独软件本身做不到[48,111,112]。

Brown 和 Lin 利用软件来评估两种软错误检测机制的局限性,如下所示:

1. 如果指令不依赖于控制流程,通过空间/时间冗余可以检测错误;
2. 根据控制流程,通过检测分支指令前后的分支指令译码(ID),可以检测错误。

即使错误仅为单个位错,他们仍指出了第二种机制中的 6 种局限:

(ⅰ)在分支中偶尔略过用于错误检测和恢复的指令;
(ⅱ)块间分支:分支 ID 中的改变强制回到相同的指令块;
(ⅲ)没有分支指令的情况下发生分支;
(ⅳ)PC(程序计数器)中的错误:指令流程完全被破坏;
(ⅴ)在计算的"goto"中,不能提前明晰正确的分支 ID;
(ⅵ)"返回"并不总能到正确的"返回"位置。

他们建议分支 ID 写入堆栈存储器两次,检查分支前后的值,从而解决(ⅳ)之外的限制[113]。

7.4 故障条件分类

7.4.1 故障分类

SET 是带电粒子入射在阱中或衬底中产生的噪声。尽管 SET 脉冲宽度通常小于几纳秒，它也可能覆盖两个以上的时钟脉冲。SET 的脉冲宽度和高度是关键因素，决定了逻辑电路的掩蔽效应[114,115]。主要根据脉冲高度和宽度进行分区，从而实现故障分类。在加速器实验中，仅当采用特殊设备才可以测量到这类高频事件。随着工艺技术的等比例缩小，MNT（多节点瞬态）越发常见，使得 FF 等存储电路发生 MCU[116]，也使得组合逻辑电路中的 TMR[117] 和 DICE（双互锁存储单元）等空间冗余技术效果降低。

7.4.2 时域中的错误分类

Ibe 等人提出了简化的时序测试算法，用来对存储器中 SEU 的属性进行分类，如图 7.8 所示。首先当检测到存储器中的错误时，在第一阶段分类中应用算法来识别该错误是瞬态的还是静态的。如果该错误不是瞬态的，则记录错误地址。然后实施另一个算法，在第二阶段分类中识别该错误是否是软错误或 SEU。如果该错误不是软错误，在第三阶段分类中实施进一步的算法，识别该错误是否为 SEFI（单粒子功能中断）、SEL（单粒子闩锁）或者永久（硬）错误。

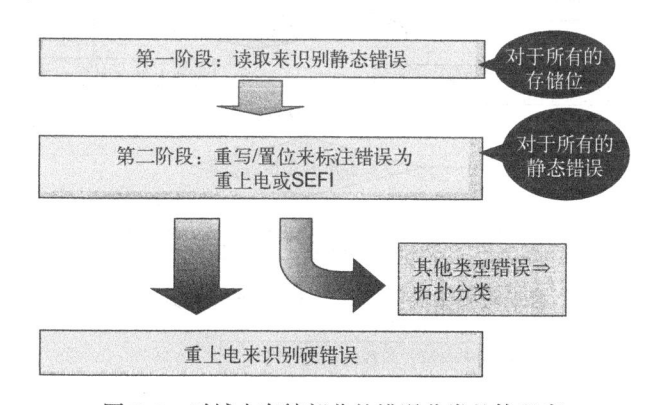

图 7.8　时域中存储部分的错误分类整体程序

图 7.9 给出了第一阶段分类的细节。对 DUT 中所有存储位进行正常的写/读循环需要数秒时间。在相同采样间隔时间内的两个以上错误，被认为是临时的 MCU。除非通过下文讲的拓扑分类技术，被识别为分立事件。一旦特定位数据出错，就执行错误分类算法。如果通过重读，数据得以恢复，则认为该错误为瞬态。如果该错误非瞬态，则认为其为"静态错误"，在第二阶段分类中将互补数据写入该位，如图 7.10 所示。如果互补数据可以写入，则认为其为软错误。如果非软错误，但置位 FF 到默认值可以纠正错误，则认为其为 SEFI。检查完所有位之后，如果某些错误位不能被重写，也不能通过置位 FF 来纠正，则在第三阶段分类中对 DUT 断电重新上电，再看该数据位是否能重写，如图 7.11 所示。如果上电循环后，该数据位可以重新写入，则错误分类为 PCSE（上电循环软错误）。非破坏性的 SEL 是一种 PCSE 模式。如果上电循环不能使错误纠正，则这些错误可以被分类为永久错误和硬错误（HE）。在一定的时间间隔内测量 I_{DD} 电流和器件温度，可以观察 PCSE 是否为 SEL。为了识别其他类型的硬错误，如 SEB 和 SEGR（单粒子栅穿），可以采用光学或扫描电镜进行微观测量。

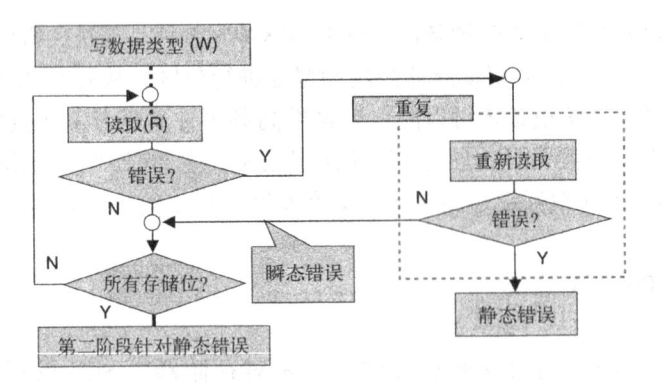

图 7.9 第一阶段流程：时域内的瞬态/静态错误分类

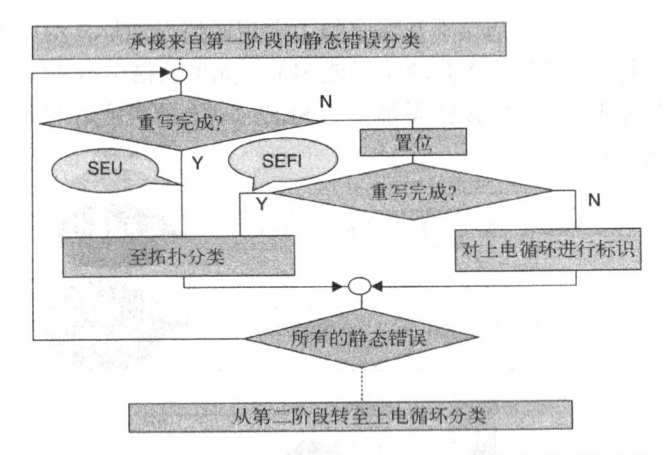

图 7.10 第二阶段流程：时域内 SEU/SEFI 和其他错误的分类

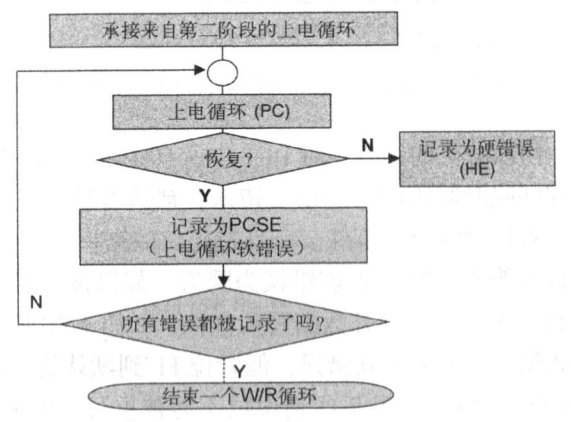

图 7.11 第三阶段流程：时域内 SEL 和永久（硬）错误的分类

7.4.3 拓扑空间域中的存储器 MCU 分类技术

历史上人们认为，单个带电粒子入射器件中两个以上的存储节点引发 MCU。随着器件尺寸的等比例缩小，新型 MCU 模式被报道出来，即临近存储节点的"电荷共享"[119]或 p 阱中的双极效应[24]。

第7章 故障、错误和失效的预测、检测与分类技术

Ibe 等人提出了一种双极 MCU 机制,即 MCBI(多耦合双极交互),认为 p 阱中 SESB(单粒子回退)触发寄生晶闸管效应,引起 10 位以上的 MCU[24]。也有报道称,依据写入数据类型(通常是全 0,全 1 和棋盘格),MCU 物理地址类型不同。

电荷共享或双极事件中阱电势抬升引起的 MNT 机制对 DICE[120] 等 RHBD(抗辐射设计加固)触发器造成实质性的威胁,引起数据破坏。为此提出了一些新的 RHBD 触发器设计技术,来解决这一新型威胁[121,122]。

时钟[28,122]和 SET/RESET[123]全局控制线上的毛刺也会引起错误。采用分类技术了解 MCU/MNT 的本质对于建立缓解抑制技术来说非常重要。

在特别设计的程序 MUCEAC()中实施空间域拓扑分类算法,在单个采样时间窗口内自动识别和分类 MCU。该算法是由 Ibe 等人提出和发展的。

图 7.12 给出了 MUCEAC 的基本算法(MCU 空间域拓扑分类算法)。从相同时间间隔的错误中选择其中一个,在存储矩阵中定义 AOI(感兴趣区域),而错误位在 AOI 中心。预定义 AOI 的大小,即沿字线和位线方向的宽度。AOI 中发现的其他错误位,通常被包含在同一个 MCU 中。然后围绕新的错误位扩展 AOI,搜索其他错误位,直到在扩展的 AOI 中再无发现的错误位。当初始 AOI 中仅包含一个错误位,则该错误定义为 SBU。如果在扩展的 AOI 中包含有两个以上的错误位,则它们被包含在单个 MCU(一次事件)中。

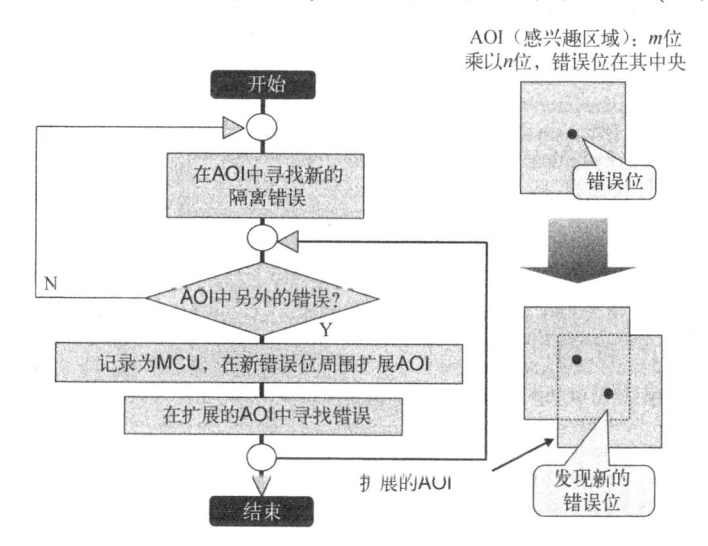

图 7.12 MCU 空间域拓扑分类算法

一旦识别错误为 MCU,则在 MUCEAC 中实行 MCU 分类规则,如图 7.13 所示。

1. MCU 类型分为基本的三类,即沿单根位线(类别"b")、沿单根字线(类别"w")和集群(沿字线和位线方向有两个以上错误的 MCU,类别"c")。在类别"b"中,错误仅沿单根位线。在类别"w"中,错误仅沿单根字线。在类别"c"中,错误超过两个或多个位线和字线。

2. 为了更详细地表述 MCU 的属性,图 7.14 阐述了 MCU 代码,与 MCU 物理地址类型相关。

MCU 代码格式为 $C\_N_1\_N_2\_N_3\_N_4\_P$,

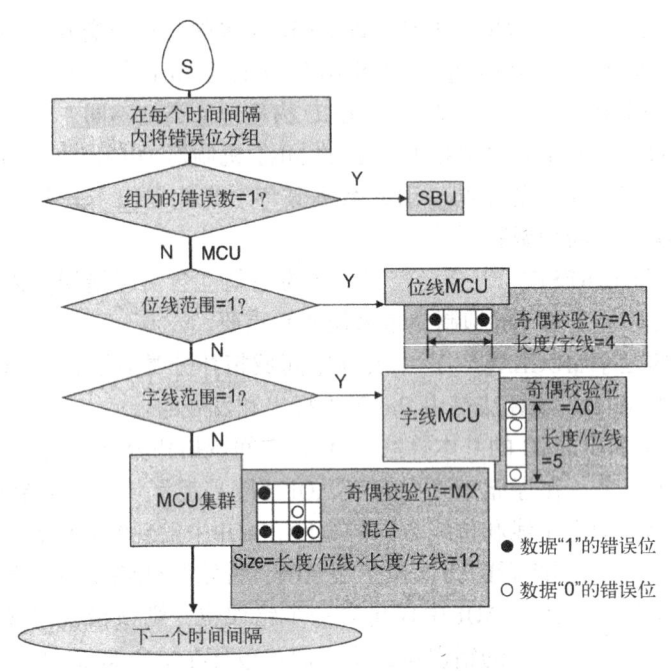

图 7.13 MCU 分类流程：字线 MCU，位线 MCU 和集群

其中，

C：分类（b/w/c）；

N_1：MCU 大小（$=N_3 \times N_4$）；

N_2：单个 MCU 中的重数；

N_3：位线方向的宽度（多位）；

N_4：字线方向的宽度（多位）；

P：MCU 位中的奇偶校验位，A1 初始数据为全"1"，A0 初始数据为全"0"，MX 初始数据为"0"和"1"的混合。

图 7.14 给出了错误位类型，错误代码是 c_12_4_3_4_any（A0/A1/MX）。

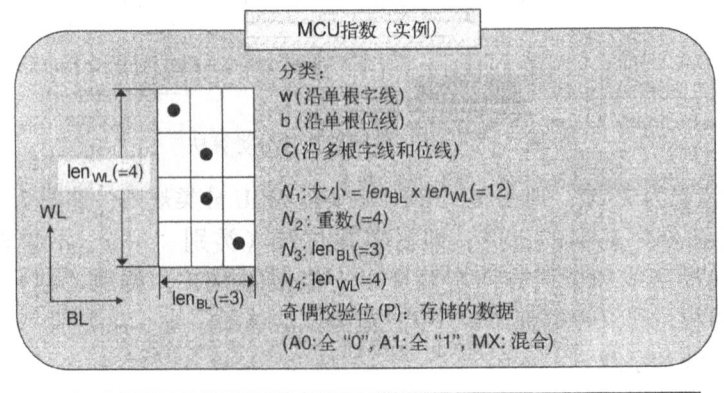

图 7.14 MCU 程序定义

第7章 故障、错误和失效的预测、检测与分类技术

在 TSL（瑞典乌普萨拉大学斯维德贝格实验室）对三阱结构的 130 nm SRAM 进行中子实验，获得 QMN 测试数据，对该数据运行 MUCEAC 程序[67]。峰值能量 E_p 分别为 21 MeV、47 MeV、96 MeV 和 176 MeV，数据类型采用 CHB（棋盘格）、CHBc（反棋盘格）、全"0"和全"1"。

针对 2564 个 MCU 中 10~20 位大小的错误，表 7.4 给出了 MCU 分类、代码和错误位类型的实例。计算机的性能决定了是否能立刻获得表格中的数据。如果 MCU 不是很大，可以对特定错误位类型指定一个几乎唯一的 MCU 代码。MCU 分类或代码对了解背后的机制非常有效。表中对于更高的能量，可以观察到 A 组（CHB 数据类型）中的奇异错误位类型。即两个临近的错误位沿着位线（水平方向），中间空了一根字线-跳蛙类型。对于 B 组（全 0/全 1）而言，沿着单根位线有多达 12 位的失效。这些错误位类型可以解释为 p 阱中双极效应的结果[25]。当 Mg 等重次级离子入射三阱结构中 p 阱的 pn 结时，由于漏斗效应电子可从 p 阱中逃逸，而空穴留在 p 阱中，从而抬升 p 阱电势，引起寄生晶体管 SESB 开启，触发三阱中 pnpn 结构的寄生晶闸管，导致持续大电流，如图 5.3 所示。整个机制也称为 MCBI。

Nakauchi 等人在 RCNP 进行高能中子辐照实验，也观察到了 65 nm SRAM 中发生的 npn 寄生双极 MCU 事件[124]。MCU 在字线方向上仅扩展临近的两位，在位线方向上最多扩展了 15 位。当偏置电压为 -2 V 时，可以抑制这些事件。

图 7.15 形象化地给出了表 7.4 中 MCBI 引起的错误位类型。图中 4 位 SRAM 为棋盘格或全"1"的数据类型。对于 SRAM，数据"1"和"0"的差异在于高电平节点的位置是在单元的左侧还是右侧。图 7.15(a) 给出了 CHB 数据类型，每隔一根字线就会出现高电平节点对。当 MCBI 发生在 p 阱中的特定位置时，每隔一根字线的两个临近 SRAM 位就可能翻转。图 7.15(b) 给出了全"1"数据类型，由于 MCBI 机制，沿某一位线上的 SRAM 位可以同时翻转。

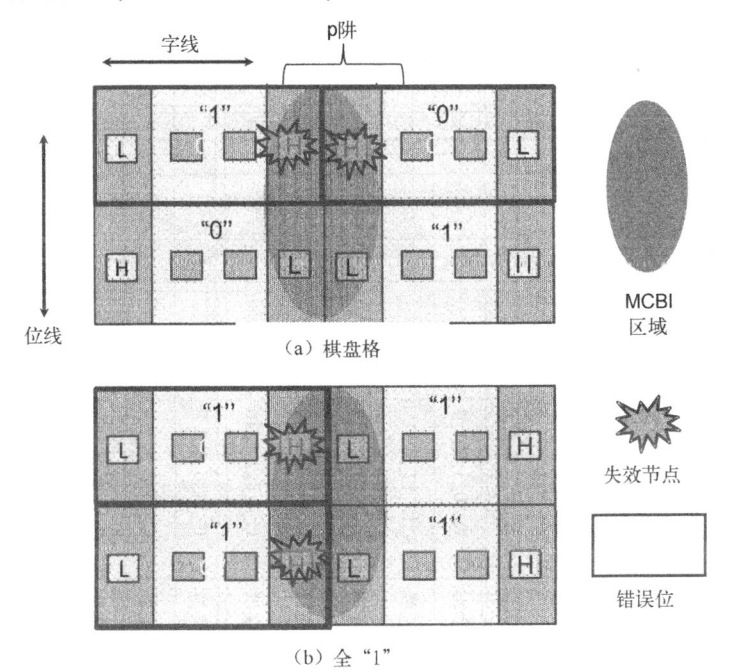

图 7.15 由于 MCBI 而发生 MCU 异常位类型的机制

144　现代集成电路和电子系统的地球环境辐射效应

表 7.4　在 TSL 基于 130 nm SRAM 矩阵开展中子辐照实验，得到的 MCU 代码、频率和错误位类型

大小	基本类型	代码	数据类型 棋盘格 $E_p=21$	47	96	176	反棋盘格 21	47	96	176	全"0" 21	47	96	176	全"1" 21	47	96	176
10	集群	C_10_4_5_2_6			2	1												
10	集群	C_10_6_5_2_4				5												
10	集群	C_10_5_5_2_5				4			1									
10	集群	C_10_2_5_2_8		1														
10	集群	C_10_3_5_2_7								1								
12	位线	b_12_12_12_1_0				1												
12	集群	C_12_4_6_2_8			2									1				
14	集群	C_14_7_7_2_7		1		1												
14	集群	C_4_7_7_2_10				1												
14	集群	C_14_6_7_2_8				1												1
15	集群	C_15_7_5_3_8				1				1								
18	集群	C_18_8_6_3_10												1				
20	集群	C_20_3_5_4_17				1												
20	集群	C_20_6_10_2_14																
20	集群	C_20_7_5_4_13																

观察到的典型类型
（●：失效位；数据"1"　○：失效位；数据"0"）
A 组：棋盘格/反棋盘格　　B 组：全"0"/全"1"

空间域分类技术对于区分 SEL 和 MCBI 是很有用的。在 MCBI 的情况下，多数失效位发生在两根临近的位线上，如上文所述。而由于"多米诺"效应，SEL 情况下的失效位覆盖很宽范围的位线。

7.4.4 时序逻辑器件中的错误分类

对于触发器这类时序逻辑，利用静态模式的触发器扫描链可以检测和评估错误，即辐照前将已知数据写入每个触发器，辐照后就可以检测到扫描链中数据翻转的触发器。但是在芯片的实际工作模式下，不能采用该方法，因为无法知道每个触发器的正确状态。考虑到该问题，Yoshimura 等人使用统计的方法来评估时序逻辑器件中的软错误率[126]。

Yamamoto 等人构建了类似于存储矩阵的 180 nm、150 nm 和 130 nm 触发器矩阵，并采用 RCNP 测量的触发器中的直接 SEU[116]。结果表明，130 nm 触发器的软错误率可以与 130 nm SRAM 相比较（约为 1/2）。

7.4.5 失效分类：芯片/板级的部分/全部辐照测试

执行标准应用的同时，PCB 板上部分或全部芯片接受辐照，从而识别失效模式和敏感部位[5, 52-55, 120-122]。最典型的失效模式是整个系统的重启。通过测量 FTF（注量到失效）Φ_i，Shimbo 等人提出利用 MFTF（平均失效注量）来计算截面 σ_{fail}[5,127]：

$$\text{MFTF} = \frac{1}{n}\sum_{1}^{n}\Phi_i \tag{7.9}$$

然后，

$$\sigma_{\text{fail}} = \frac{1}{\text{MFTF}} \tag{7.10}$$

其中，n 是相应芯片或板子的总周期数。

当用来评估包含 MNT 结果在内的所有真实失效模式时，该方法非常有效。

7.5 每种架构中的故障模式

7.5.1 故障模式

表 7.5 汇总了各类已知的故障模式，也包含引起 TID（总电离剂量）效应的氧化层陷阱等永久故障模式。单个带电粒子入射，在阱中产生的噪声就是 SET。即便 SET 脉冲宽度通常小于几纳秒，它仍可能覆盖两个以上的时钟周期。脉冲的宽度和幅值是关键因素，决定了逻辑电路中的掩蔽效应[115]。主要根据脉冲的幅值和宽度来区分故障，从而进行故障

表 7.5 包含单粒子效应、总剂量效应和位移效应的故障模式[①]

类别	定义	名称	特征	源	影响区域	原位检测方法	原位恢复/缓解方法
瞬态/噪声	电势瞬态与/或电流瞬态	SET[a]	芯片中扩散层收集电荷，产生单粒子瞬态。脉冲宽度小于几纳米，但覆盖两个以上的时钟	阱/衬底	随机，但仅限于单个阱中	时间和/或空间冗余，如 DMR[b] 和 TMR[c]	时间和/或空间冗余
		MNT[d]	在多个扩散层中同时发生 SET。由于电荷共享或双极作用，MNT 主要发生在单个阱中。DICE[e] 和 TMR 等空间冗余技术对于抑制 MNT 效果不好	阱/衬底	随机，但仅限于单个阱中	监测阱电势和/或电流	无
		RILC[f]	当带电粒子穿过浮栅存储器（内存）的隧穿氧化层时，在隧穿氧化层中形成漏电通路，因此浮栅电势漂移，引起 $V_{\rm th}$ 的改变，最终发生软错误	浮栅存储器的隧穿氧化层	随机，但仅限于隧穿氧化层	纠错码/奇偶校验	ECC
		串扰	通过寄生电容，噪声在邻近的互连线间传输	连线	随机，但仅限于连线	时间和/或空间冗余	时间和/或空间冗余
		EMI[g]	电源扰动	电源线	无限制区域	监控电源	无
			电磁噪声，包含突发噪声	任何位置	无限制区域	电磁探针	无
氧化物中陷阱	氧化物中空穴陷落在氧化层中，可能导致漏电流，也可能逐渐消失	TID[h]	陷阱引入的寄生电势能可以导致 $V_{\rm th}$ 漂移。氧化物空穴引起的电势变化可能在邻近半导体部分形成漏电通路	氧化物	在小区域内随机	测量 $V_{\rm th}$	退火可能有效
缺陷	辐射引起的漏电消失	—	晶格损伤或同隙可使器件功能退化，导致固定在"0/1"的错误，并可能是永久性错误	任何位置或隧穿氧化层	在小区域内随机	无	无

[a] 单粒子瞬态
[b] 双模冗余
[c] 三模冗余
[d] 多节点瞬态
[e] 双互锁存储单元
[f] 辐射引起的漏电流
[g] 电磁干扰
[h] 总剂量效应

① 本表与表 1.1 相同

分类。在加速器实验中采用特殊的设备才能测量到 SET 的高频事件。随着工艺技术的等比例缩小，MNT 更加可能在存储电路（含触发器）中引发 MCU[116]，并威胁到组合逻辑电路中采用的 TMR[117] 和 DICE 等空间冗余技术。

通过线间寄生电容的串扰，噪声可以在不同的连线中传输[128]。与离化辐射效应相比，电源扰动和 EMI（电磁干扰）在更大的范围内引起噪声[129]。

当带电粒子穿过氧化层时，沿粒子径迹产生电子-空穴对。沿径迹的剩余电荷可能触发寄生电路的双极作用，或者氧化层中的剩余空穴会引起 TID 效应[130]，或者质子迁移至氧化物（悬挂键）与半导体材料的界面处。中子或带电粒子直接撞击晶格原子，可能在晶格中产生永久性缺陷，而不引起单粒子效应。

就浮栅存储器 RILC（辐照致漏电流）而言，带电粒子通过浮栅存储器的隧穿氧化层，在硅/氧化硅边界处产生一些氧化物陷阱或寄生能级。这可能是浮栅存储器单粒子翻转的根源（故障）。

7.5.2 错误模式

DRAM、SRAM、闪存、锁存器和触发器等存储类电路中发生的数据翻转定义为错误。如 5.2.2 节对锁存器和触发器的论述，捕获上游单元组合逻辑电路中产生的 SET，以及带电粒子入射，都可以引起错误。全局时钟线和全局控制线的 SET 可以引起锁存器和触发器的错误[131, 132]。

表 7.6 汇总了各种错误模式。SEU 是存储电路数据发生翻转（软错误）的事件。SEU 中的软错误数可以是 1 个，即 SBU；也可以是多个，即 MCU。关于 MCU，已开展了大量的研究工作，特别是 MCU 与整体 SEU 的比值[25, 133]。尽管采用 ECC 和交织技术可以避免 MBU[24, 25]，但对于网络处理器和路由器中的高性能器件，如 CAM（内容可寻址存储器）[134] 或寄存器，虽然 EDAC/ECC 技术可以纠正错误，MCU 仍然是问题。对于系统设计，在器件的设计阶段就进行 MCU 和 SER 评估是非常重要的。

单阱中双极作用引发的事件称为双极事件，或者更准确地称为 MCBI[25]。如果同一字中两个以上的位发生翻转，则称为 MBU，可能引起系统悬挂或宕机。拉大同一字中不同位的物理间距，可以避免 MBU（交织或擦洗）。每个错误都转化为单个字中的单个位错误，可以被汉明码 ECC 纠正。

术语伪硬错误和/或上电循环软错误指更复杂的或特定的错误模式。FBE 是 SOI（绝缘体上硅）器件中特定的错误模式，由硅体中的双极作用引起[135]。可以通过体引出（接地）来抑制 FBE，但会付出面积的代价。SEL 通常归为硬错误，寄生晶闸管效应触持续大电流，产生大量的热，从而损坏器件。随着工艺技术的等比例缩小，衬底电阻变大，SEL 持续电流变小，从而使破坏性减弱。可以通过上电循环来阻断寄生晶闸管电流。因此，SEL 也称为 PCSE[32]。

SEFI 的定义有些模糊。SEFI 笼统地指逻辑电路中的功能异常[136, 137]。DRAM 中的"k 单元错误"[138] 可以归类为 SEFI，可能是由 DRAM 矩阵附近的外围电路错误引起的。更明确地说，是译码器中的错误导致对错误的地址进行读写。

表 7.6 SEE 模式和检测、恢复技术

类 别	定 义	模 式 名 称	特 征	原位检测	原位恢复方法
SEU[a], 软错误	单个粒子入射（事件），使得 SRAM 和触发器等存储电路发生数据改变	SBU[b]	针对单个事件的单个错误	奇偶校验，ECC[c]	ECC
		MCU[d]	单个事件中，多个位发生失效。由于时钟线串线或 SET/RESET 线发生 SET，多个触发器中的数据可能发生翻转	电流/电势检测器地址映射图	交织+ECC
		MBU[f]	同一个字中的 MCU，不能被简单的 ECC 纠正	更高等级的 ECC	更高等级的 ECC
		MCBI[g]	由于双极作用引起阱中的电势波动，引起局部多个位发生失效	电流/电势检测器	交织+ECC
伪硬错误 PCSE[h]	不能敏捷重写的错误，多数情况下可以被上电循环所激活	FBE[i]	SOP 中的主要错误模式，该模式	奇偶校验，ECC	上电循环
		SEL[k]	重写失效，由于寄生晶闸管效应，电流持续流动。可以采用上电循环将芯片	电流/电势检测器	
		SEFI[l]	逻辑电路中功能性异常的总称。上电循环或重置触发器可以激活芯片。地址译码错误可以导致存储器外围电路译码的 SEFI	FF 奇偶校验/ECC	
		Firm Error	SRAM 型 FPGA™ 配置存储器的错误	CRC[n]	部分重配置
		RILC[o]	闪存型 EEPROM（电擦除只读存储器）中的软错误	浮栅电势漂移	隔离故障单元
硬错误/永久性错误	破坏性和永久性错误	SEGR[p]	主要由于重离子引起的功率器件栅氧被破坏。随着工艺技术不断等比例缩小，Flash 存储器可能因为这种模式而失效	部分异常	加载静态系统
		SEB[q]	IGBT[r] 等功率器件破坏性模式，面向火车和汽车应用的 IGBT 中，可能发生 SEB	部分异常	加载静态系统

[a] 单粒子翻转
[b] 单个位翻转
[c] 纠错码
[d] 多单元翻转
[e] 触发器
[f] 多个位翻转
[g] 多耦合双极相互作用
[h] 上电循环软错误
[i] 浮体效应
[j] 绝缘体上硅
[k] 单粒子闩锁
[l] 单粒子功能中断
[m] 现场可编程门阵列
[n] 循环冗余检测
[o] 辐照致漏电流
[p] 单粒子栅穿
[q] 单粒子烧毁
[r] 绝缘栅双极型晶体管

上电循环或重置触发器可以恢复芯片。术语"坚固错误"指 SRAM 型 FPGA 配置存储器中的数据翻转。在配置存储器中,保存了描述电路工作的程序,其错误是致命性的。因为配置存储器决定了整个元件的工作,部分或全部的重配置是必需的[139-142]。RILC 指闪存的浮栅存储电荷通过永久导电通路泄漏,而该通路是带电粒子入射隧穿氧化层时产生的。对于 RILC,可以观察到阈值电压 V_{th} 漂移,这也和入射位置有关[143-145]。测量所有存储单元的阈值电压 V_{th} 就可以检测该类错误。

对于功率 MOSFET(金属氧化物半导体场效应晶体管)、GTO(栅截止晶闸管)和 IGBT 等功率器件而言,主要的硬错误有两种模式。沿带电粒子径迹产生大的泄漏电流,导致栅氧的损坏,称为 SEGR[146]。

而带电粒子穿过 pnp 结构时触发电子雪崩,从而损坏功率器件中的硅体,称为 SEB[147,148]。

7.5.3 失效模式

失效定义为电子系统中可观测的故障状态,需要采取恢复操作。故障和错误有时可能被屏蔽掉,不产生任何结果,而失效则不会。为了建立失效的解决方案,就必须明确其根源或物理机制。失效分类经常用来明确根本原因或者系统板中根本部件/芯片。对于不同的应用,这种分类的思想是不同的,表 7.7 进行了汇总。

1. Baranowski 等人定义故障条件为引起功能异常、结果错误或包含中止(无服务)的差系统性能的危害[149]。主要根据读/写/使能指令定义了 13 种危害。

2. SWAT 内检测到软件功能异常中的失效[109,150]。提出了 4 种失效模式:(ⅰ)硬件检测到的应用或操作系统中的致命陷阱;(ⅱ)操作系统检测到的应用停止;(ⅲ)硬件悬挂探测器检测到的应用或操作系统悬挂;(ⅳ)硬件性能计数器检测到的操作系统中的高负载。文献[23]根据 SWAT 定义了更多的失效模式。

3. 通过针对故障条件检测的 DMR,Cook 等人在超算中定义了 10 种故障条件,并通过与标准结果的对比来分类状态[71]。由于将来的 SDC,获得标准结果将变得更加困难,这也是该方法的主要障碍。

4. 操作系统中的内核控制着资源和软硬件间的交互,所以内核错误是致命模式,导致操作系统崩溃和整个系统的彻底终止[108]。

5. 针对矩阵计算的超算,Bronevetsky 等人给出了 5 种失效模式[151]:(ⅰ)边缘计算在 10%误差内收敛;(ⅱ)SDC;(ⅲ)计算收敛,但是误差大于 10%;(ⅳ)悬挂,通常是长计算时间;(ⅴ)中止,即系统宕机。

6. 基于 VOLVO™ 线控刹车系统的故障注入测试,Skarin 等人提出了 4 种响应模式[12]:(ⅰ)正常工作;(ⅱ)检测到故障,并通过硬件恢复;(ⅲ)未检测到故障,产生错误命令,15%的错误命令是关键的(其中,锁胎占 41%,刹车失灵占 51%);(ⅳ)悬挂:1 秒钟内无命令产生。

表 7.7 失效分类实例表

名称 ():时间上的	主要应用	方法要点	模式数目	典型征兆或失效模式	备注	参考文献
(危害指标)	基于内核的系统	当内核引起系统中的错误或者引起性能变差，则危害发生在内核中	13	错误_数据_读/写 错误译码 错误地址 不正确的_使能 读后写/写后读 伪_使能读/写 死锁 无_服务	—	Baranowski [149]
SWAT (指令级降额分类)	商品系统	通过软件中的征兆来检测失效	5	应用或操作系统中的致命陷阱 应用中止 应用或操作系统悬挂 操作系统的繁重数据加载 SDC（静默数据破坏）	其他模式：系统管理程序崩溃、硬件失速、固件检查、异常退出、段故障、核心转储和动态链接数据错误等	Li [150] and Pellegrini [23]
	超算	故障注入，通过DMR检测失效，并与标准结果比较	10	失效_整制（程序计数器丢失） 不正确的存储值/地址 错位负载/存储地址 不正确寄存器输入至系统调用 由于错误地址的存储器保护异常	获得标准结果将非常困难亿亿级超级计算	Cook [71]
(软件征兆检测)	汽车	根据对系统的影响来定义失效	6	致命陷阱 悬挂 应用中止 内核错误 非法地址	操作系统失效模式	Ramachandran [110]

第7章 故障、错误和失效的预测、检测与分类技术

续表

名 称 ( ):时间上的	主要应用	方法要点	模式数目	典型征兆或失效模式	备 注	参考文献
(基于影响的分类)	超级计算机中的矩阵计算	根据对系统的影响来定义失效	5	边缘误差<10% 有问题的，完成后的误差>10% SDC 悬挂，长计算时间，中止	—	Bronevetsky [151]
(关键安全性)	线控制动系统	故障注入全仿真器	2	关键的（锁胎，刹车时间，1秒内无命令	15%的失效是关键的	Skarin [12]
(基于可利用性的分类)	网络	现场数据	4	低恢复时间（0.001~0.01~3秒/年） 中等恢复时间（0.01~3秒/年） 高恢复时间（3~100秒/年） 不可恢复（>100秒/年）	提出指标DPM，即软错误FIT与恢复时间（单位：秒）的乘积	Wen [98]
(基于重置配置的分类)	FPGA（现场可编程门阵列）	基于DMF的检测和重配置	2	通过回滚才可恢复 硬错误	隔离硬错误区域，重映射配置数据	Noji [141]
(通信障碍)	CAN（汽车中的控制器局域网络）	故障注入	4	时序不匹配 SDC 停止的接收器 延迟接收	CAN用于汽车中微控制器（MCU，数量达到上百）间的关键通信	Lopes Ongil [15]
	LIN（本地互联网络）	故障注入	4	检测的（检测的故障和不当行为） 失效（无故障检测的数据破坏） 静默（无故障检测，无失效） 延迟失效（无失效，但错误留在存储器中）	LIN用于MCU间的次要通信（电动车窗、座位控制）	Vaskova [16]

7. 针对网络路由器，Wen 等人提出一种新的指标 DPM（每百万缺陷）[152]，定义如下

$$DPM = (软错误 FIT) \times (错误恢复时间) \tag{7.11}$$

DPM 值分为 3 档：(ⅰ) 0.0001 DPM；(ⅱ) 0.1 DPM；(ⅲ) 10 DPM。

错误恢复时间分为 4 档：(ⅰ) 低，0.001~0.01 秒/年；(ⅱ) 中，0.01~3 秒/年；(ⅲ) 高，3~100 秒/年；(ⅳ) 不可恢复，超过 100 秒/年。

8. 系统中使用的 FPGA，其芯片大部分都由配置存储器构成，而配置存储器定义了系统的功能。主要根据配置存储器的恢复行为，来给出该类系统的错误模式。DMR 检测失效之后，Noji 等人[145]定义了 3 类失效模式：(ⅰ) FPGA 配置存储器之外的软错误；(ⅱ) 固件错误（配置存储器中的错误），可通过保持数据重配置（重新加载程序）和回滚来恢复；(ⅲ) 其他失效归类为 HE，隔离该区域，并在其他区域进行重配置。

9. 在通信系统中，可以基于奇偶校验、ECC 和 CRC 等检测机制来检测错误，可以通过重发信息来恢复。所以，仅当未检测到故障时，失效才会发生。汽车中的 CAN 系统是关键网络，通过对其进行故障注入[15]，Lopes Ongil 等人定义了这些情况的根源：(ⅰ) 接收信息中的时序不匹配；(ⅱ) 接收了错误数据，但并未识别故障（SDC）；(ⅲ) 信息正确，但接收器未工作；(ⅳ) 信息延迟接收，错误可能留在存储器中。

汽车 LIN 系统用于电动车窗和座椅控制等次要通信。Vaskova 等人定义了该系统的四种特征[16]：(ⅰ) 已检测到：系统功能异常，检测到错误；(ⅱ) 失效：数据损坏，但未检测到故障；(ⅲ) 静默：数据未损坏，未检测到故障（注意，此处的"静默"不同于 SDC 中的"静默"）；(ⅳ) 潜在的：数据损坏，但系统功能完好。

从上文来看，已有很多的失效模式/特征被研究人员提出。所以，需要对失效进行更为全面的定义。

故障的致命性有 2 个关键因素，即操作延迟和恢复时长。作者根据故障的致命性，提出了一种更为全面的失效分类建议，如表 7.8 所示。如果系统出错，但在边缘延迟内可恢复，则称这种类型的失效为 MNFL（边际失效）。当大型超级计算机中发生 SDC 时，仿真结果可能出错，但没有延迟。这种类型的失效可能是由 SDC 引起的，称之为 SLFL（静默失效）。如果 SDC 使得矩阵计算出现收敛问题，或者由于纠错出现频繁回滚，则计算机/服务器系统可能发生明显的时间消耗。由于延迟，某些错误可能被保留，或者因时序错误而产生，我们称之为 LTFL（延迟失效）。如果系统自动重启，或者需要短程混乱上电循环来恢复，则我们称之为 LHFL（轻宕机失效）。如果系统需要长程混乱，则称之为 HHFL（重宕机失效）。如果系统不可恢复，则称之为 FTFL。

很明显，所需的恢复时间由系统决定。对于飞机和汽车等实时或关键安全系统来说，毫秒级（milli-second recovery）的恢复时间都是挑战，必须确保出现重大失效情况下的安全工作。

不同的工业界对于致命性的定义可能不同。作者相信，表 7.8 中的方案可以应用于任何工业领域。为了对电子系统进行加固，后续还要继续深入研究基于 LABIR（层间内建可靠性）/跨层可靠性概念的方法学。

第 7 章 故障、错误和失效的预测、检测与分类技术

表 7.8 用于故障模式分类的建议

类 别	模式名称	定 义	特 征	原位检测	原位恢复方法
可恢复的失效	MNFL[a]	通过简单的稍有延迟的流程可恢复	存储电路中 SEU 引起的失效	奇偶校验，ECC	重写或置位存储电路
非潜伏失效	SLFL[b]	数据或地址中的静默数据破坏，引起超级计算机的真结果错误	软错误起主因。SDC[c] 引起不被识别的错误计算或错误操作	没有	（如果故障级检查有效）检测点+回滚
潜伏失效	LTFL[d]	由于频繁回滚等，电子系统性能降低	采用时间冗余技术时，通常发生该模式。基于双模冗余技术检测到故障后，典型的采取回滚	DMR[e] 错误标识，重试次数	重启
轻停止失效	LHFL[f]	通过短时工作，电子系统可恢复	原因可能是 MBU、MNT 或 SEL	ECC，电流/电势检测器	重启/上电循环
重停止失效	HHFL[g]	通过长时工作，电子系统可能会恢复，但一些日志和数据可能引起模式丢失	FPGA 配置存储器中的错误。SEL 可能引起该模式	CRC 校验	部分重配置/上电循环
不可恢复的（致命的）失效	FTFL[h]	电源和/或功率器件损坏。电源或整个电子系统需要更换	由于 SEB，IGBT 或 DC-DC 变换器毁坏	系统宕机	无

[a] 边缘失效
[b] 静默数据破坏
[c] 潜伏失效
[d] 双模冗余
[f] 轻停止失效
[g] 重停止失效
[h] 致命失效

7.6 本章小结

为了识别失效的根源，并确定最适合的预测/评估技术来评价 SEE 的影响，所以故障/错误检测/监视和故障/错误/失效分类是十分重要的。本章针对半导体制造的每个层级，审视和汇总了这些技术及其近年来的挑战。作者也提供了一些其他建议。

参考文献

[1] Matthews, D.C. and Dion, M.J. (2009) NSE impact on commercial avionics. 2009 IEEE International Reliability Physics Symposium, Montreal, QC, April 26–30, pp. 181–193.

[2] Asai, H., Sugimoto, K., Nashiyama, I. *et al.* (2011) Terrestrial neutron-induced single-event burnout in SiC power diodes. The Conference on Radiation Effects on Components and Systems, Sevilla, Spain, September 19–23 (PC-3).

[3] Slayman, C. (2005) Cache and memory error detection, correction, and reduction techniques for terrestrial servers and workstations. *IEEE Transactions on Device and Materials Reliability*, **5** (3), 397–404.

[4] Schindlbeck, G. and Slayman, C. (2007) Neutron-induced logic soft errors in DRAM technology and their impact on reliable server memory. IEEE Workshop on Silicon Errors in Logic – System Effects 3, Austin Texas, April 3, 4.

[5] Shimbo, K., Toba, T., Nishii, K. *et al.* (2011) Quantification and mitigation techniques of soft-error rates in routers validated in accelerated neutron irradiation test and field test. 2011 IEEE Workshop on Silicon Errors in Logic – System Effects, Champaign, IL, March 29–30, pp. 11–15.

[6] Falsafi, B. (2011) Reliability in the dark silicon Era. 17th IEEE International On-Line Testing Symposium, Athens, Greece, July 13–15.

[7] Rivetta, C., Allongue, B., Berger, G. *et al.* (2001) Single event burnout in DC-DC converters for the LHC experiments. 6th European Conference on Radiation and Its Effects on Components and Systems, September 10–14, pp. 315–322.

[8] Geist, A. (2012) Exascale monster in the closet. 2012 IEEE Workshop on Silicon Errors in Logic – System Effects, Champaign-Urbana, IL, March 27–28 (5.1).

[9] Daly, J.T. (2013) Emerging challenges in high performance computing: resilience and the science of embracing failure. The 9th Workshop on Silicon Errors in Logic – System Effects, Palo Alto, CA, March 26, 27 (Keynote III).

[10] Loncaric, J. (2011) DOE's exascale initiative and resilience. 2011 IEEE Workshop on Silicon Errors in Logic – System Effects, Champaign, IL, March 29–30.

[11] Esmaeilzadeh, H., Blem, E., Amant, R.St. *et al.* Dark Silicon and the End of Multicore Scaling, ftp://ftp.cs.utexas.edu/pub/dburger/papers/ISCA11.pdf (accessed 12 May 2014).

[12] Skarin, D. and Sanfridson, J. (2007) Impact of soft errors in a brake-by-wire system. IEEE Workshop on Silicon Errors in Logic – System Effects 3, Austin Texas, April 3, 4.

[13] Baumeister, D. and Anderson, S.G.H. (2012) Evaluation of chip-level irradiation effects in a 32 – bit safety microcontroller for automotive braking applications. 2012 IEEE Workshop on Silicon Errors in Logic – System Effects, Champaign-Urbana, IL, March 27–28 (2.2).

第7章 故障、错误和失效的预测、检测与分类技术

[14] Nakata, Y., Ito, Y., Sugure, Y. *et al.* (2011) Model-based fault injection for failure effect analysis – evaluation of dependable SRAM for vehicle control units. 5th Workshop on Dependable and Secure Nanocomputing, Hong Kong, China, July 27.

[15] Lopez-Ongil, C., Portela-Garcia, M., Garcia-Valderas, M. *et al.* (2012) SEU sensitivity of robust communication protocols. IEEE International On-Line Testing Symposium, Sitges, Spain, June 27–29, 2012 (9.4), pp. 188–193.

[16] Vaskova, A., Portela-Garcia, M., Garcia-Valderas, M. *et al.* (2013) Hardening of serial communication protocols for potentially critical systems in automotive applications: LIN bus. 19th IEEE International On-Line Testing Symposium, Chania, Crete, July 8–10 (1.3), pp. 13–18.

[17] Rech, P., Aguiar, C., Ferreira, R. *et al.* (2012) Neutrons radiation test of graphic processing units. IEEE International On-Line Testing Symposium, Sitges, Spain, June 27–29, 2012 (3.3).

[18] Rech, P. and Carro, L. (2013) Experimental evaluation of neutron-induced effects in graphic processing units. The 9th Workshop on Silicon Errors in Logic – System Effects, Palo Alto, CA, March 26, 27 (5.3).

[19] Shoji, T., Nishida, S., Ohnishi, T. *et al.* (2010) Neutron induced single-event burnout of IGBT. The 2010 International Power Electronics Conference, Sapporo, Hokkaido, June 21–24, pp. 142–148.

[20] Nishida, S., Shoji, T., Ohnishi, T. *et al.* (2010) Cosmic ray ruggedness of IGBTs for hybrid vehicles. The 22nd International Symposium on Power Semiconductor Devices & ICs, Hiroshima, Japan, June 6–10, 129–132.

[21] Chen, Y. (2013) Cosmic ray effects on cellphone and laptop applications. The 9th Workshop on Silicon Errors in Logic – System Effects, Palo Alto, CA, March 26, 27 (5.4).

[22] Normand, E., Wert, J.L., Oberg, D.L. *et al.* (1997) Neutron-induced single event burnout in high voltage electronics. *IEEE Transactions of Nuclear Science*, **44**, 2358–2368.

[23] Pellegrini, A., Smolinski, R., Chen, L. *et al.* (2011) Crash test'ing SWAT: accurate, gate – level evaluation of symptom – based resiliency solutions. 2011 IEEE Workshop on Silicon Errors in Logic – System Effects, Champaign, IL, March 29–30.

[24] Ibe, E. (2001) Current and future trend on cosmic-ray-neutron induced single event upset at the ground down to 0.1-micron-device. The Svedberg Laboratory Workshop on Applied Physics, Uppsala, Sweden, May 3 (1).

[25] Ibe, E., Chung, S., Wen, S. *et al.* (2006) Spreading diversity in multi-cell neutron-induced upsets with device scaling. The 2006 IEEE Custom Integrated Circuits Conference, San Jose, CA, September 10–13, 2006, pp. 437–444.

[26] Upasani, G., Vera, X. and Gonzalez, A. (2013) Achieving zero DUE for L1 data caches by adapting acoustic wave detectors for error detection. 19th IEEE International On-Line Testing Symposium, Chania, Crete, July 8–10 (5.2).

[27] Yamaguchi, H., Ibe, E., Yahagi, Y. and Kameyama, H. (2006) Novel mechanism of neutron-induced multi-cell error in CMOS devices tracked down from 3D device simulation. International Conference on Simulation of Semiconductor Processes and Devices, Monterey, CA, September 6–8, 2006, pp. 184–187.

[28] Yamaguchi, H., Ibe, E., Yahagi, Y. and Kameyama, H. (2005) 3D device simulation for neutron-induced latch-up in CMOS devices. International Conference on Solid State Devices and Materials, Kobe, Japan, September 13–15, P3 (1), pp. 578–579.

[29] Roche, P. (2010) Industrial impacts of SER on today's consumer electronic arena. 16th IEEE International On-Line Testing Symposium, Corfu Island in Greece, July 5–7 (Keynote 1).

[30] Wang, F. and Xie, Y. (2006) An accurate and efficient model of electrical masking effect

for soft errors in combinational logic. The Second Workshop on System Effects of Logic Soft Errors, Urbana-Champain, IL, April 11–12, 2006.
[31] Seifert, N., Zhu, X. and Massengill, L.W. (2002) Impact of scaling on soft-error rates in commercial microprocessors. *IEEE Transactions on Nuclear Science*, **49** (6), 3100–3106.
[32] JEDEC JESD89A. (2006) *Measurement and Reporting of Alpha Particle and Terrestrial Cosmic Ray Induced Soft Errors in Semiconductor Devices (JESD89A)*. JEDEC Standard JESD89A, JESD, pp. 1–94.
[33] JEITA (2005) JEITA SER Testing Guideline. EIAJ (EIAJ EDR-4705), pp. 1–62.
[34] Makino, T., Kobayashi, D., Hirose, K. *et al.* (2009) Soft-error rate in a logic LSI estimated from SET pulse-width measurements. *IEEE Transactions on Nuclear Science*, **56** (6), 3180–3184.
[35] Ahlbin, J.R., Bhuva, B.L., Gadlage, M.J. *et al.* (2009) Single event transient pulse quenching in 130 nm CMOS logic. *IEEE Transactions on Nuclear Science*, **56** (6), 3050–3056.
[36] Baze, M., Wert, J., Clement, J. *et al.* (2006) Propagating SET characterization technique for digital CMOS libraries. *IEEE Transactions on Nuclear Science*, **53** (6), 3472–3478.
[37] Cannon, E.H. and Cabanas-Holmen, M. (2009) Heavy ion and high energy proton-induced single event transients in 90 nm inverter, NAND and NOR gates. *IEEE Transactions on Nuclear Science*, **56** (6), 3511–3518.
[38] Narasimham, B., Ramachandran, V., Bhuva, B.L. *et al.* (2005) On-chip characterization of single event transient pulse widths. 2005 IEEE Nuclear and Space Radiation Effects Conference, Seattle, Washington, July 11–15, 2005 (A4).
[39] Ferlet Cavrois, V., Pouget, V., McMorrow, D. *et al.* (2008) Investigation of the Propagation Induced Pulse Broadening (PIPB) effect on single event transients in SOI and bulk inverter chains. *IEEE Transactions on Nuclear Science*, **55** (6), 2842–2853.
[40] Gadlage, M.J., Ahlbin, J.R., Narasimham, B. *et al.* (2010) Scaling trends in SET pulse widths in Sub-100 nm bulk CMOS processes. *IEEE Transactions on Nuclear Science*, **57** (6), 3336–3341.
[41] Nakamura, H., Tanaka, K., Uemura, T. *et al.* (2010) Measurement of neutron-induced single event transient pulse width narrower than 100ps. 2010 IEEE International Reliability Physics Symposium, Anaheim, CA, May 2–6, pp. 694–697.
[42] Furuta, J., Yamamoto, R., Kobayash, K. and Onodera, H. (2012) Evaluation of parasitic bipolar effects on neutron-induced SET rates for logic gates. IEEE International Reliability Physics Symposium, Anaheim, CA, April 15–19 (SE-5).
[43] Nakamura, T., Baba, M., Ibe, E. *et al.* (2008) *Terrestrial Neutron-Induced Soft-Errors in Advanced Memory Devices*, WorldScientific, Hackensack, NJ, pp. 219–252.
[44] Letaw, J.R. and Normand, E. (1991) Guidelines for predicting single-event upsets in neutron enviroments. *IEEE Transactions on Nuclear Science*, **38** (6), 1500–1506.
[45] Bramnik, A., Sherban, A. and Seifert, N. (2013) Timing vulnerability factors of sequential elements in modern microprocessors. *19th IEEE International On-Line Testing Symposium*, Chania, Crete, July 8–10 (3.3).
[46] http://www.pld.ttu.ee/~maksim/benchmarks/iscas85/verilog (accessed 9 October 2013).
[47] SPEC http://www.spec.org/cpu2000/CINT2000/ (accessed October 9 2013).
[48] Theodorou, G., Kranitis, N., Paschalis, A. and Gizopoulos, D. (2010) A software-based self-test methodology for in-system testing of processor cache tag arrays. 16th IEEE International On-Line Testing Symposium, Corfu Island in Greece, July 5–7 (7.4), pp. 159–164.

[49] Farazmand, N., Ubal, R. and Kaeli, D. (2012) Statistical fault injection-based AVF analysis of a GPU architecure. 2012 IEEE Workshop on Silicon Errors in Logic – System Effects, Champaign-Urbana, IL, March 27–28 (2.1).

[50] Mitra, S., Seifert, N., Zhang, M. *et al.* (2005) Robust system design with built-in soft-error resilience. *Computer*, **38**, 43–52.

[51] Kellington, J. and McBeth, R. (2007) IBM POWER6 processor soft error tolerance analysis using proton irradiation. IEEE Workshop on Silicon Errors in Logic – System Effects 3, Austin, TX, April 3, 4.

[52] Polian, I., Reddy, S.M. and Becker, B. (2008) Scalable calculation of logical masking effects for selective hardening against soft errors. IEEE Workshop on Silicon Errors in Logic – System Effects, University of Texas at Austin, March, 26, 27.

[53] Wissel, L., Pheasant, S., Loughhran, R. *et al.* (2002) Managing soft errors in ASICs. IEEE 2002 Custom Integrated Circuits Conference, pp. 85–88.

[54] Shivakumar, P., Kistler, M.S., Keckler, W. *et al.* (2002) Modeling the effect of technology trends on the soft error rate of combinational logic. International Conference on Dependable Systems and Networks, pp. 389–398.

[55] Fazeli, M., Namazi, A. and Miremadi, S.G. (2009) An energy efficient circuit level technique to protect register file from MBUs and SETs in embedded processors. The 39th Annual IEEE/IFIP International Conference on Dependable Systems and Networks, Estoril, Lisbon, Portugal, June 29–July 2, p. 195.

[56] Aguirre, M.A., Tombs, J.N., Munoz, F. *et al.* (2006) Selective protections using a SEU emulator. Case study: the leon2. Workshop on Radiation Effects on Components and Systems, Athens, Greece, September 27–29, 2006 (PB-2).

[57] Ando, H. and Hatanaka, S. (2007) Accelerated testing of a 90nm SPARC64 V microprocessor for neutron SER. IEEE Workshop on Silicon Errors in Logic – System Effects 3, Austin, TX, April 3, 4.

[58] Uezono, T., Yoneki, S., Toba, T. *et al.* (2013) Evaluation of neutron-induced soft error effects on CPU in automotive microcontrollers. 2013 Convention on Radiation Effects on Components and Systems, Oxford, UK, September 23–27, p. F-5.

[59] Rao, S., Hong, T., Sanda, P. *et al.* (2008) Examining workload dependence of soft error rates. IEEE Workshop on Silicon Errors in Logic – System Effects, University of Texas at Austin, March, 26, 27.

[60] Alexandrescu, D. (2011) A comprehensive soft error analysis methodology for SoCs/ASICs memory instances. 17th IEEE International On-Line Testing Symposium, Athens, Greece, July 13–15 (10.1), pp. 175–176.

[61] Costenaro, E., Evans, A., Alexandrescu, D. *et al.* (2013) Towards a hierarchical and scalable approach for modeling the effects of SETs. The 9th Workshop on Silicon Errors in Logic – System Effects, Palo Alto, CA, March 26, 27 (4.5).

[62] Kumar, R. (2011) Stochastic computing: embracing errors in architecture and design of processors and applications. 5th Workshop on Dependable and Secure Nanocomputing, Hong Kong, China, July 27.

[63] Chen, S. and Liu, B. (2009) The re-convergence's effect to SER estimation in combinational circuits. *IEEE Transactions on Nuclear Science*, **56** (6), 3122–3129.

[64] Takata, T. and Matsunaga, Y. (2011) A robust algorithm for pessimistic analysis of logic masking effects in combinational circuits. 2011 IEEE Workshop on Silicon Errors in Logic – System Effects, Champaign, IL, March 29–30.

[65] Ibe, E., Kameyama, H., Yahagi, Y. and Yamaguchi, H. (2005) Single event effects as a reliability issue of IT infrastructure. 3rd International Conference on Information Technology and Applications, Sydney, Australia, July 3–7, 2005, pp. 555–560.

[66] Silburt, A.L., Evans, A., Burghelea, A. *et al.* (2008) Specification and verification of soft errorperformance in reliable internet core routers. *IEEE Transactions on Nuclear Science*, **55** (4), 2389–2398.

[67] Prokofiev, A.V., Bystrom, O., Ekstrom, C. *et al.* (2005) A new neutron beam facility for SEE testing. 2005 Radiation and Its Effects on Components and Systems, September 19–23, Palais des Congres, Cap d'Agde, France (W-14).

[68] Prokofiev, A.V., Blomgren, J., Majerle, M. *et al.* (2009) Characterization of the ANITA neutron source for accelerated SEE testing at the svedberg laboratory. 2009 IEEE Radiation Effects Data Workshop, Quebec City, Canada, July 20–24, pp. 166–173.

[69] Pecchia, A., Cotroneo, D., Kalbarczyk, Z. and Iyer, R.K. (2011) Improving log-based field failure data analysis of multi-node computing systems. 2011 International Conference on Dependable Systems and Networks, Hong Kong, China, June 28–30, pp. 97–108.

[70] Barbosa, R., Karlsson, J., Yu, Q. and Mao, X. (2011) Toward dependability benchmarking of partitioning operating systems. 2011 International Conference on Dependable Systems and Networks, Hong Kong, China, June 28–30.

[71] Cook, J. and Zilles, C. (2008) Characterizing instruction-level error derating. IEEE Workshop on Silicon Errors in Logic – System Effects, University of Texas at Austin, March, 26, 27.

[72] Kost, R.L., Connors, D.A. and Pasricha, S. (2009) Characterizing the use of program vulnerability factors for studying transient fault tolerance in modern architectures. The 39th Annual IEEE/IFIP International Conference on Dependable Systems and Networks, Estoril, Lisbon, Portugal, June 29–July 2, pp. B9–B14

[73] Rivers, J.A., Bose, P., Kudva, P. *et al.* (2008) Phaser: Phased methodology for modeling the system-level effects of soft errors. *IBM Journal of Research and Development*, **52** (3), 293–306.

[74] Miskov-Zivanov, N. and Marculescu, D. (2010) Modeling and analysis of SER in combinatorial circuits. IEEE Workshop on System Efects of Logic Soft Errors, Stanford University, March 23, 24.

[75] Cho, H., Mirkhani, S., Cher, C.-Y. *et al.* (2013) Understanding inaccuracies of soft error injection techniques. The 9th Workshop on Silicon Errors in Logic – System Effects, Palo Alto, CA, March 26, 27 (13.1).

[76] Siskos, S. (2010) A new built-in current sensor for low supply voltage analog and mixed-signal circuits testing. International On-Line Testing Symposium 2010, Corfu Island, Greece, July 5–7.

[77] Neto, E.H., Kastensmidt, F.L. and Wirth, G.I. (2008) A built-in current sensor for high speed soft errors detection robust to process and temperature variations. Proceedings of the 20st annual Symposium on Integrated Circuits and System Design, September 2007, pp. 190–195.

[78] Ibe, E., Shimbo, K., Toba, T. *et al.* (2011) LABIR: inter – LAyer built – in reliability for electronic components and systems. 2011 IEEE Workshop on Silicon Errors in Logic – System Effects, Champaign, IL, March 29–30.

[79] Wang, T., Zhang, Z., Chen, L. *et al.* (2010) A novel bulk built-in current sensor for single-event transient detection. IEEE Workshop on System Effects of Logic Soft Errors, Stanford University, March 23, 24.

[80] Furuta, J., Yamamoto, R., Kobayashi, K. and Onodera, H. (2011) Correlations between well potential and SEUs measured by well-potential perturbation detectors in 65nm. IEEE Asian Solid-State Circuits Conference, pp. 209–212.

[81] Krimer, E., Crop, J., Erez, M. and Chiang, P. (2013) Replication-free Single-Event

Upset (SEU) detection for eliminating silent data corruption in CMOS logic. The 9th Workshop on Silicon Errors in Logic – System Effects, Palo Alto, CA, March 26, 27 (4.2).

[82] Bota, S.A., Torrens, G., Alorda, B. *et al.* (2010) Cross-BIC architecture for single and multiple SEU detection enhancements in SRAM memories. 16th IEEE International On-Line Testing Symposium, Corfu Island, Greece, July 5–7 (7.1), pp. 141–146.

[83] Hirao, T., Laird, J.S., Onoda, S., Shibata, T. *et al.* (2004) Charge collected in Si MOS capacitors and SOI devices p+n diodes due to heavy ion irradiation. The 6th International Workshop on Radiation Effects on Semiconductor Devices for Space Application, Tsukuba, October 6–8, 2004, pp. 105–109.

[84] Dodd, P.E., Shaneyfelt, M.R., Flores, R.S. *et al.* (2011) Single-event upsets and distributions in radiation-hardened CMOS flip-flop logic chains. *IEEE Transactions on Nuclear Science*, **58** (6), 2695–2701.

[85] Takai, M., Abo, S., Iwamatsu, T., Maegawa, S. *et al.* (2006) Evaluation of Soft errors in SOI-SRAM using nuclear probe. The 7th International Workshop on Radiation Effects on Semiconductor Devices for Space Application, Takasaki, Japan, October 16–18, pp. 79–84.

[86] Weulersse, C., Bezerra, F., Miller, F. *et al.* (2007) Probing SET sensitive volumes in linear devices using focused laser beam at different wavelengths. 9th European Conference Radiation and Its Effects on Components and Systems, Deauville, France, September 10–14 (A-1).

[87] Baker, J.M., Lum, G.K., Robinette, L. *et al.* (2005) Analysis of single event effects in CMOS devices using heavy ion microbeam and ion electron emission microscope techniques. 2005 IEEE Nuclear and Space Radiation Effects Conference, Seattle, Washington, July 11–15, 2005 (F–2).

[88] Mazumder, P. (1992) An on-chip ECC circuit for correcting soft errors in DRAM's with trench capacitors. *IEEE Journal of Solid-State Circuits*, **27** (11), 1623–1633.

[89] Vera, X., Abella, J., Carretero, J. *et al.* (2009) Online error detection and correction of erratic bits in register files. 15th IEEE International On-Line Testing Symposium, Sesimbra-Lisbon, Portugal, June 24–26 (4.3).

[90] Reddy, K.K., Amrutur, B. and Parekhji, R. (2008) False error study of on-line soft error detection mechanisms. International On-Line Testing Symposium 2008, Greece, July 6–9, 2008 (3.1), pp. 53–58.

[91] Ernst, D., Das, S., Lee, S. *et al.* (2004) Razor: circuit-level correction of timing errors for low-power operation. *IEEE Micro*, **24** (6), 10–20.

[92] Blaauw, D., Kalaiselvan, S., Lai, K. *et al.* (2008) Razor II: in situ error detection and correction for PVT and SER tolerance. 2008 IEEE International Solid-State Circuit Conference, San Francisco, CA, February 4–6.

[93] Avirneni, N.D.P., Subramanian, V. and Somani, A.K. (2009) Low overhead soft error mitigation techniques for high-performance and aggressive systems. The 39th Annual IEEE/IFIP International Conference on Dependable Systems and NetWorks, Estoril, Lisbon, Portugal, June 29–July 2, pp. 185–194

[94] Julai, N., VYakovlev, A. and Bystrov, A. (2012) Error detection and correction of single event upset tolerant latch. IEEE International On-Line Testing Symposium, Sitges, Spain, June 27–29, 2012 (1.1).

[95] Noguchi, K. and Nagata, M. (2007) An on-chip multichannel waveform monitor for diagnosis of systems-on-a-chip integration. *IEEE Transactions of on Very Large Scale Integration (VLSI) Systems*, **15** (10), 1101–1110.

[96] Azais, F., Larguier, L., Bertrand, Y. and Renovell, M. (2008) On the detection of

SSN-induced logic errors through on-chip monitoring. International On-Line Testing Symposium 2008, Greece, July 6–9, 2008 (10.2), pp. 233–238.

[97] Yoshikawa, K., Hashida T. and Nagata, M. (2011) An on-chip waveform capturer for diagnosing off-chip power delivery. International Conference on IC Design and Technology, Kaohsiung, Taiwan, May 2–4, 2011.

[98] Wen, S., Silburt, A. and Wong, R. (2008) IC component SEU impact analysis. IEEE Workshop on Silicon Errors in Logic – System Effects, University of Texas at Austin, March, 26, 27.

[99] Alderighi, M., Angelo, S.D., Mancini, N. *et al.* (2005) SEU sensitivity of virtex configuration logic. 2005 IEEE Nuclear and Space Radiation Effects Conference, Seattle, Washington, July 11–15, 2005 (PF-2).

[100] Sanyal, A., Alam, S. and Kundu, S. (2008) A built-in self-test scheme for soft error rate characterization. International On-Line Testing Symposium 2008, Greece, July 6–9, 2008 (3.3), p. 65.

[101] Prejean, S. (2010) Neutron soft error rate testing of AMD microprocessors. IEEE Workshop on System Efects of Logic Soft Errors, Stanford University, March 23, 24.

[102] Yao, J., Watanabe, R., Yoshimura, K. *et al.* (2011) An efficient and reliable 1.5-way processor by fusion of space and time redundancies. 5th Workshop on Dependable and Secure Nanocomputing, Hong Kong, China, July 27.

[103] Grosso, M., Reorda, M.S., Portela-Garcia, M. *et al.* (2010) An on-line fault detection technique based on embedded debug features. 16th IEEE International On-Line Testing Symposium, Corfu Island, Greece, July 5–7, pp. 167–172.

[104] Gold, B., Smolens, J.C., Falsafi, B. and Hoe, J.C. (2006) The granularity of soft-error containment in shared-memory multiprocessors. The Second Workshop on System Effects of Logic Soft Errors, Urbana-Champain, IL, April 11–12, 2006.

[105] Wood, A., Jardine, R. and Bartlett, W. (2006) Data integrity in HP nonstop servers. The Second Workshop on System Effects of Logic Soft Errors, Urbana-Champain, IL, April 11–12, 2006.

[106] Rezgui, S., Carmichael, C., Moore, J. *et al.* (2004) Dynamic testing of the xilinx virtex-II family Input Output Blocks (IOBs). 2004 Nuclear and Space Radiation Effects Conference, Atlanta, Georgia, July 20–24 (E-3).

[107] Aggarwal, N., Jouppi, N., Ranganathan, P. *et al.* (2008) Reducing overhead for soft error coverage in high availability systems. IEEE Workshop on Silicon Errors in Logic – System Effects, University of Texas at Austin, March, 26, 27.

[108] Du, B., Reorda, M.S., Sterpone, L. *et al.* (2013) Exploiting the debug interface to support on-line test of control flow errors. 19th IEEE International On-Line Testing Symposium, Chania, Crete, July 8–10 (5.3), pp. 98–103.

[109] Carvalho, M., Bernardi, P., Sanchez, E. *et al.* (2013) Increasing fault coverage during functional test in the operational phase. 19th IEEE International On-Line Testing Symposium, Chania, Crete, July 8–10 (3.1).

[110] Ramachandran, P., Hari, S.K.S., Adve, S. and Naeimi, H. (2011) Understanding when symptom detectors work by studying data – only application values. 2011 IEEE Workshop on Silicon Errors in Logic – System Effects, Champaign, IL, March 29.

[111] Ballan, O., Bernardi, P., Yazdani, B. and Sanchez, E. (2013) A software-based self-test strategy for on-line testing of the scan chain circuitries in embedded microprocessors. 19th IEEE International On-Line Testing Symposium, Chania, Crete, July 8–10 (5.2), pp. 79–84.

[112] Carloa, S.D., Gambardellab, G., Indacoc, M. *et al.* (2013) Increasing the robustness of CUDA fermi GPU-based systems. 19th IEEE International On-Line Testing Sympo-

sium, Chania, Crete, July 8–10 (6.3).

[113] Brown, A. and Lin, C. (2006) Limitations of software solutiuons for soft-error detection. The Second Workshop on System Effects of Logic Soft Errors, Urbana-Champain, IL, April 11–12, 2006.

[114] Furuta, J., Hamanaka, C., Kobayashi, K. and Onodera, H. (2011) Measurement of neutron-induced SET pulse width using propagation-induced pulse shrinking. 2011 IEEE International Reliability Physics Symposium, Monterey, California, April 12–14 (5B2).

[115] Benedetto, J.M., Eaton, P., Mavis, D. *et al.* (2006) Digital single event transient trends with technology node scaling. *IEEE Transactions on Nuclear Science*, **53** (6), 3462–3465.

[116] Yamamoto, S., Kokuryou, K., Okada, Y. *et al.* (2004) Neutron-induced soft-error in logic device using quasi-monoenergetic neutron beam. 2004 IEEE International Reliability Physics Symposium, Phoenix, AZ, April 25–29, pp. 305–309.

[117] Quinn, H., Morgan, K., Graham, P. *et al.* (2007) Domain crossing events: limitations on single device triple-modular redundancy circuits in xilinx FPGAs. International Nuclear and Space Radiation Effects Conference, Honolulu, HI, July 23–27 (C-5).

[118] Ibe, E., Chung, S., Wen, S. *et al.* (2006) Valid and prompt track-down algorithms for multiple error mechanisms in neutron-induced single event effects of memory devices. Workshop on Radiation and Its Effects on Components and Systems, Sevilia, Spain, September 19–23 (D-2).

[119] Seifert, N. and Zia, V. (2007) Assessing the impact of scaling on the efficacy of spatial redundancy based mitigation schemes for terrestrial applications. IEEE Workshop on Silicon Errors in Logic – System Effects 3, Austin, TX, April 3, 4.

[120] Calin, T., Nicolaidis, M. and Velazco, R. (1996) Upset hardened memory design for submicron CMOS technology. *IEEE Transactions on Nuclear Science*, **43** (6), 2874–2878.

[121] Uemura, T., Tosaka, Y. and Matsuyama, H. (2010) SEILA: soft error immune latch for mitigating multi-node-SEU and local-clock-SET. IEEE International Reliability Physics Symposium 2010, Anaheim, CA, May 2–6 (9), pp. 218–223.

[122] Lee, H.-H.K., Lilja, K., Relangi, P. *et al.* (2010) LEAP: layout design through error-aware placement for soft-error resilient sequential cell design. IEEE International Reliability Physics Symposium 2010, Anaheim, CA, May 2–6 (240).

[123] Cabanas-Holmen, M., Cannon, E., Kleinosowski, A. *et al.* (2009) Clock and reset transients in a 90 nm RHBD single-core tileraprocessor. 2009 IEEE Nuclear and Space Radiation Effects Conference, Quebac, Canada, July 20–24 (PG-3).

[124] Nakauchi, T., Mikami, N., Oyama, A. *et al.* (2008) A novel technique for mitigating neutron-induced multi-cell upset by means of back bias. IEEE International Reliability Physics Symposium, Anaheim, CA, April 15–19 (2F.2), pp. 187–191.

[125] Voldman, S., Gebreselasie, E., Zierak, M. *et al.* (2005) Latchup in merged triple well structure. 2005 IEEE International Reliability Physics Symposium Proceedings, San Jose, CA, April 17–21, 2005, pp. 129–136.

[126] Yoshimura, M., Akamine, Y. and Matsunaga, Y. (2011) An SER analysis method for sequential circuits. 2011 IEEE Workshop on Silicon Errors in Logic – System Effects, Champaign, IL, March 29–30.

[127] Ibe, E., Shimbo, K., Taniguchi, H. *et al.* (2011) Quantification and mitigation strategies of neutron induced soft-errors in CMOS devices and components-the past and future. 2011 IEEE International Reliability Physics Symposium, Monterey, CA, April 12–14 (3C2).

[128] Jagirdar, A. and Oliveira, R. (2007) Efficient flip-flop designs for SET/SEU mitigation

with tolerance to crosstalk induced signal delays. IEEE Workshop on Silicon Errors in Logic – System Effects 3, Austin, TX, April 3, 4.
- [129] Kanekawa, N., Ibe, E., Suga, T. and Uematsu, Y. (2010) *Dependability in Electronic Systems-Mitigation of Hardware Failures, Soft Errors, and Electro-Magnetic Disturbances-*. *Dependability in Electronic Systems*, Springer.
- [130] Schrimpf, R., Warren, K.M., Weller, R.A. *et al.* (2008) Reliability and radiation effects on IC technologies. IEEE International Reliability Physics Symposium, Anaheim, CA, April 15–19 (2C.1), pp. 97–106.
- [131] Mavis, D.G. and Eaton, P.H. (2007) SEU and SET modeling and mitigation in deep submicron technologies. 2007 IEEE International ReliabilityPhysics Symposium, Phoenix, AZ, April 15–19, 2007 (4B.1).
- [132] Radaelli, D., Puchner, H., Chia, P. *et al.* (2005) Investigation of multi-bit upsets in a 150 nm technology SRAM device. *IEEE Transactions on Nuclear Science*, **52** (6), 2433–2437.
- [133] Gasiot, G. and Roche, P. (2006) Alpha-induced multiple cell upsets in standard and radiation hardened SRAMs manufactured in a 65 nm CMOS technology. *IEEE Transactions on Nuclear Science*, **53** (6), 3479–3486.
- [134] Abbas, S.M., Baeg, S. and Park, S. (2011) Multiple cell upsets tolerant content-addressable memory. 2011 IEEE International Reliability Physics Symposium, Monterey, CA, April 12–14 (SE1).
- [135] Makihara, A., Midorikawa, M., Yamaguchi, T. *et al.* (2005) Hardness-by-design approach for 0.15 μm fully depleted CMOS/SOI digital logic devices with enhanced SEU/SET immunity. *IEEE Transactions on Nuclear Science*, **52** (6), 2524–2530.
- [136] Irom, F. and Nguyen, D.N. (2007) Single event effect characterization of high density commercial NAND and NOR nonvolatile flash memories (TNS). *IEEE Transactions on Nuclear Science*, **54** (6), 2547–2553.
- [137] Graham, P. and Rezgui, S. (2005) Radiation-induced multi-bit upsets in SRAM-based FPGAs. 2005 IEEE Nuclear and Space Radiation Effects Conference, Seattle, WA, July 11–15, 2005 (PF-1).
- [138] Schindlbeck, G. and Slayman, C. (2007) Neutron-induced logic soft errors in DRAM technology and their impact on reliable server memory. IEEE Workshop on Silicon Errors in Logic – System Effects 3, Austin, TX, April 3, 4.
- [139] Azambuja, J.R., Sousa, F., Rosa, L. and Kastensmidt, F. (2009) Evaluating large grain TMR and selective partial reconfiguration for soft error mitigation in SRAM-based FPGAs. 15th IEEE International On-Line Testing Symposium, Sesimbra-Lisbon, Portugal, June 24–26 (5.3).
- [140] Rusu, C., Anghel, L. and Avresky, D. (2010) RILM: reconfigurable inter-layer routing mechanism for 3D multi-layer networks-on-chip. 16th IEEE International On-Line Testing Symposium, Corfu Island, Greece, July 5–7 (6.2), pp. 121–126.
- [141] Noji, R., Fujie, S., Yoshikawa, Y. *et al.* (2010) An FPGA-based fail-soft system with adaptive reconfiguration. 16th IEEE International On-Line Testing Symposium, Corfu Island, Greece, July 5–7 (6.3), pp. 127–132.
- [142] HowStuffWork http://computer.howstuffworks.com/encryption7.htm (accessed 5 December 2013).
- [143] Cellere, G., Paccagnella, A., Visconti, A. *et al.* (2007) Traces of errors due to single ion in floating gate memories. International Conference on IC Design and Technology, Austin, TX, May 18–20.
- [144] Cellere, G., Paccagnella, A., Visconti, A. *et al.* (2006) Single event effects in NAND flash memory arrays. *IEEE Transactions on Nuclear Science*, **53** (4), 1813–1818.

[145] Gerardin, S., Bagatin, M., Paccagnella, A. *et al.* (2010) Scaling trends of neutron effects in MLC NAND flash memories. IEEE International Reliability Physics Symposium 2010, Anaheim, CA, May 2–6, pp. 400–406.

[146] Hands, A., Morris, P., Ryden, K. *et al.* (2011) Single event effects in power MOSFETs due to atmospheric and thermal neutrons. *IEEE Transactions on Nuclear Science*, **58** (6), 2687–2694.

[147] Kuboyama, S., Matsuda, S., Kanno, T. and Ishii, T. (1992) Mechanism for single-event burnout of power MOSFETs. *IEEE Transactions on Nuclear Science*, **39** (6), 1698–1703.

[148] Saiz-Adalid, L.-J. (2009) Intermittent faults: analysis of causes and effects, new fault models, and mitigation techniques. The 39th Annual IEEE/IFIP International Conference on Dependable Systems and NetWorks, Estoril, Lisbon, Portugal, June 29–July 2.

[149] Baranowski, R. and Wunderlich, H.-J. (2011) Fail-safety in core-based system design. 17th IEEE International On-Line Testing Symposium, Athens, Greece, July 13–15 (13.3), pp. 278–283.

[150] Li, M., Ramachandran, P., Sahoo, S., Adve, S., Adve, V., Zhou, Y. (2008) Understanding the Propagation of Hard Errors to Software and Implications for Resilient System Design, Proceedings of International Conference on Architectural Support for Programming Languages and Operating Systems (ASPLOS), 2008. (http://rsim.cs.illinois.edu/Pubs/08ASPLOS.pdf)

[151] Bronevetsky, G. and deSupinski, B. (2007) Soft error vulnerability of iterative linear algebra methods. IEEE Workshop on Silicon Errors in Logic – System Effects 3, Austin, TX, April 3, 4.

[152] Wen, S. (2008) Systematical method of quantifying SEU FIT. International On-Line Testing Symposium 2008, Greece, July 6–9, 2008, pp. 109–116.

第 8 章　电子元件和系统的故障减缓技术

8.1　传统的基于叠层的减缓技术及其局限性与优化

很多传统的减缓技术主要是在器件/电路层级[1,2]。它们主要用来解决 α 射线在 DRAM（动态随机存取存储器）中产生的软错误问题。随着中子软错误问题日益突出，研究人员在各层级基础上又提出了大量的减缓技术。本节总结了这些基于各层级的缓解技术及其局限性。

8.1.1　衬底/器件级

表 8.1 汇总了衬底级和器件级的传统和近来的预防技术、原位恢复技术和线下恢复技术[3-21]。

表 8.1　针对失效的衬底/器件级预防技术、原位恢复技术和线下恢复技术列表

层　级	预　防	原 位 恢 复	线 下 恢 复
衬底/阱	限制电荷收集体[1] 优化阱结构/尺寸[1] 实施故障检测器（BICS[2]，SAW 型检测器，片上监测器[3]）	区域隔离[9]	区域隔离[13]
器件	添加电阻和/或电容（高 k 栅[4]） 交织同一字中的存储单元[5] 门/晶体管尺寸调整[6] 加入保护环电极/接触[7] 将关键器件加固[8]	ECC（仅 SBU）[10] 存储页面 退出和重映射[11] 部分重配置 CRAM[12]	上电循环[14] 配置 FPGA 中的 CRAM[15]
参考文献	1. Ibe [3] 2. Wang [4]，Neto [5]，Bota [6] 和 Siskos [7] 3. Upsani (2013) 4. Noguchi [8]，Azais [9] 和 Yoshikawa [10] 5. — 6. Ibe [11] 7. Zhou (2014) 和 Bastos [12] 8. Black [13] 和 Narasimham [14] 9. Valderas [15] 和 Shimbo [16]	10. — 11. — 12. Slayman [17] 和 Schndbeck [18] 13. Pillot (2008) 和 Nakka (2009)	14. — 15. JESD890A [19] 16. Allen [20]

第 8 章 电子元件和系统的故障减缓技术

衬底和阱层为最低层级，p/n 阱或衬底中的电子-空穴对产生和电荷淀积，其结果是产生故障。当大量电荷被存储节点/扩散层收集，将会发生传统模式的软错误或者电荷收集模式的软错误。如果高密度少子滞留在阱区，该区域附近的寄生晶体管将被触发开启，导致双极模式软错误的发生，例如 SESB（单粒子回退）和 MCBI（多耦合双极交互）[15, 21]。双极模式最重要的特征是，带电粒子无须通过存储节点下方的耗尽层。实际上，带电粒子经常穿过 p/n 阱中多个 pn 结，例如 p 阱的侧墙。

下面的实例具体阐述了衬底/阱层级的缓解技术，用来抑制上述故障条件：

（ⅰ）减小电荷收集体积，或者三阱结构中的 p 阱体积，使得该区域中淀积的电荷总量减少。值得注意的是，该方法仅在应对电荷收集模式的软错误时才有效。该方法对 MCBI 等双极模式软错误适得其反。因为 p 阱中产生的空穴不能流出，或者 pn 结间距变小，使得双极作用更容易发生。基于 CORIMS（宇宙辐射影响仿真器）的蒙特卡罗仿真显示，浅 p 阱（深度小于 $0.4\mu m$）可以有效地预防软错误[3]。

（ⅱ）修改 STI（浅沟道隔离）结构/版图，从而限制电荷流动。

图 8.1 给出了 6T-SRAM（静态随机存取存储器）的典型截面图。因为源漏间的沟道与位线平行，沟道的两侧都是 STI 结构，当带电粒子沿水平方向（字线方向）穿过沟道时，几乎不发生电荷收集，此外带电粒子通过耗尽层（通过漏斗效应收集电荷的必要条件）的概率也极低。可以通过漂移扩散机制来收集电荷，但收集的电荷量可能很小。由于这一重要原因，SRAM 沿同一字线方向的软错误数不会超过 3 比特。更深的 STI 也可以有效地预防软错误[3]。

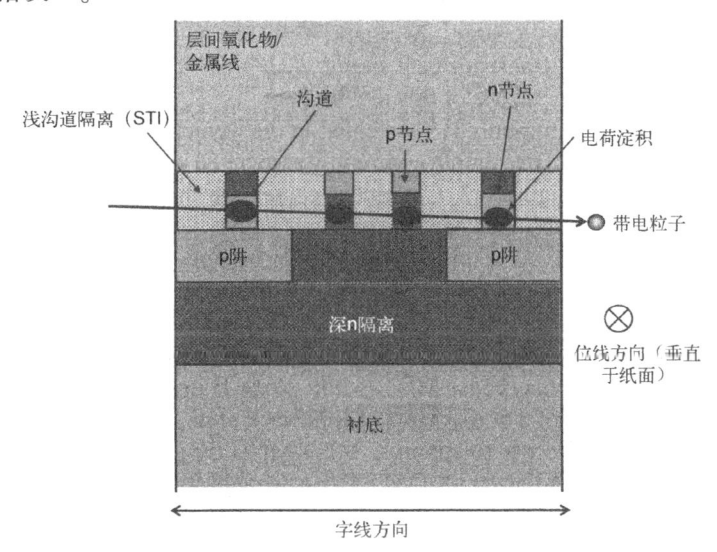

图 8.1 带电粒子沿字线方向入射 SRAM 的截图。在这种情况下，存储节点的电荷变化受到限制

技术（ⅰ）和（ⅱ）可能会增加制备工艺的难度。实际上，浅阱通常会受限于注入技术。

（ⅲ）如果一些电路的部分衬底或阱有发生故障的条件，该区域应被电学隔离，从而保证实时系统或关键安全系统的整体功能完好。针对此类方法，定位故障是最重要的技术，可以采用 7.3.1 节中介绍的技术。隔离故障区域是很困难，很有挑战性的，也是实时系统中及时保护/恢复技术所必须的。

在器件层采用一些技术，目标是增加 Q_{crit}。

（iv）添加电容来增加 Q_{crit}。这是 DRAM 和某些 SRAM 通常采用的器件级的方法。高 k 栅是增加电容的另一种途径，最终提高 Q_{crit}[22]。

（v）在 SRAM 两个存储节点之间添加电阻，从而抑制翻转。

在 SRAM 两个存储节点之间添加电阻，同时添加电容，增加 SRAM 的时间常数，降低瞬态的速度，所以来自 V_{cc} 电源线的驱动电流可以有效阻止翻转。

Hirose 等人在全耗尽 200 nm 绝缘体上硅（SOI）SRAM 中添加电阻和电容，实施体引出来抑制浮体效应，优化 SRAM 使其阈值 LET_{th} 高达 45 $MeVcm^2/mg$[23]。

（vi）晶体管尺寸调整。

通常来说，增加沟道宽度可以增强驱动电流 V_{cc} 或耗散淀积电荷的能力，使其抗 SET（单粒子瞬态）的能力加强。基于该特性的减缓技术称为晶体管/栅尺寸调整。对应该技术而言，沟道宽长比是关键指标。

C 单元通常在异步电路中采用，有两个输入端 A 和 B，输出端通常与 SRAM 型保持器相连，如图 8.2 所示。仅当输入 A 和 B 匹配时，C 单元才会传输输入数据。Bastos 等人采用该技术，提升 C 单元针对 SET 的鲁棒性[12]。Zhou 等人提出了优化的设计技术，即几何编程框架，包括对组合逻辑的栅尺寸调整[24]。

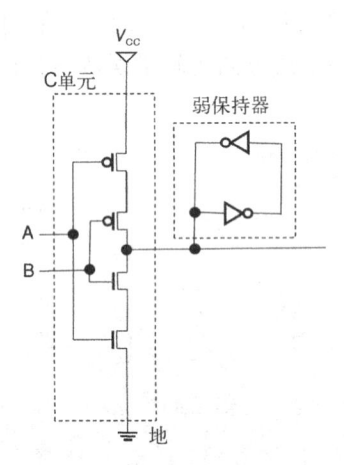

图 8.2 C 单元电路。仅当输入 A 和 B 匹配时，输出变为 A(=B)，并存储在弱保持器中

（vii）添加保护接触/电极。

当节点或单元的 Q_{crit} 比较小时，电荷共享可能会引起 MNT（多节点瞬态）/MNU（多节点翻转）。Black 等人提出在触发器（FF）中采用保护接触和临近 pMOSFET 间的 n 阱隔离，降低电荷共享，从而抑制 MNT/MNU[13]。

Narasimham 等人评估了 130 nm 和 180 nm 临近 pMOSFET 间的多电荷收集[14]。基于 TCAD 仿真和重离子辐照发现，采用保护环和保护漏技术可以抑制多电荷收集。对于采用了保护环的 DUT（待测器件），其 SEU（单粒子翻转）截面会降低 1/2 左右。

（viii）将关键器件替换为加固器件。

Shimbo 等人在网络路由器板中筛选失效的关键芯片 [SRAM、CPU（中央处理器）

和 FPGA（现场可编程门阵列）］，结果发现 SRAM 芯片对 CYRIC（日本东北大学回旋加速器和放射性同位素中心）65 MeV 中子最敏感[16]。将某些速度要求不高的 SRAM 替换为添加了 ECC（纠错码）的 DRAM，加速器和现场测试显示，失效率降低了 1/9 至 1/10。

Valderas 等人利用基于 FPGA 模拟器对一定工作负载下的 PIC18™ 微处理器进行故障注入，从而筛选关键触发器[15]。结果显示，仅有 102 个触发器（占总数的 17%）对发生的失效负责，这些触发器主要用于流水线控制、程序计数器和端口寄存器等。对这些触发器实行部分 TMR（三模冗余，见 8.1.2.9 节），失效率可以降低 99%。

8.1.2 电路/芯片/处理器层

表 8.2 汇总了电路/芯片/处理器层传统的和近来的预防技术、原位恢复技术和线下恢复技术。

表 8.2 在电路/芯片/处理器层抑制失效的预防技术、原位恢复技术和线下恢复技术列表

层级	预防	原位恢复	线下恢复
电路	增强逻辑部分中的掩蔽效应[1] 空间/时间冗余（DICE[2], SEUT[3], BISER[4], SEILA[5], LEAP[6], BCDMR[7] 和 RAZOR[8]）	空间/时间冗余（DICE, SEUT, BISER, SEILA, LEAP, BCDMR 和 RAZOR） 加固的 PLL/DLL[11,12] 双时钟线[13] 部分 TMR[14] 多时钟[15]	针对 SEFI 的触发器重置[23] 上电循环[24]
芯片/处理器	通过故障注入来识别关键错误/失效模式[9] 选择性加固[10]	双处理器的锁步操作[16] 部分重配置[17] 数据镜像和重写入存储器[18] DMR（双模冗余）/DCC（复制+比较+检查点）[19] RCC（复制+比较+检查点）[20] TMR（三模冗余）[21] 针对故障检测，采用片上调试器[22]	重启[25] 上电循环[26] 重配置[27]
参考文献	1. Almukhaizim ［25］, Sierawski ［26］ and Makihara ［27］ 2. Calin ［31］ 3. Hazucha ［32］ 4. Mitra ［33］ 5. Uemura ［34］ 6. Lee ［36］ 7. Furuta ［40］ 8. Ernst ［41］, Ernst ［42］ and Blaauw et al. ［43］ 9. Roche ［44］, Skarin and Karlsson ［45］, and many others 10. Polian ［46］, Azambuja et al. ［47］ and Valderas et al. ［15］	16. Wood ［28］, Subramanian ［29］ and Baumeister ［30］ 17. Pillot (2008) and Nakka (2009) 18. — 19. Nicolov ［48］, Wang ［4］ and Skarlin (2009) 20. Aggarwal ［35］ 21. Pratt ［37］, Inoue ［38］ and Yang ［39］ and many others 22. Grosso ［49］	23. — 24. JESD89A ［19］ 25. — 26. JESD89A ［19］ 27. Allen ［20］

8.1.2.1 交织同一字中的比特位来抑制 MBU

如果存储电路发生 MBU（多位翻转），且未能成功检测到错误，则系统中可能会发生悬挂/重启等关键失效。

ECC 和交织的结合，是针对 SRAM 和 DRAM 中 SEU（包括多单元翻转和多位翻转）最有效的减缓技术[15]。沿字线方向仅 3 或 4 位的交织距离（<8 μm），就足能使得 MBU 低于 0.01 FIT/Mbit（FIT = 失效时间）。实际上，低功耗 SRAM 的临界电荷也较低，加速器实验表明，沿字线方向 2 位的交织距离就没有 MBU 发生[22]。结论是，与通常采取的交织技术（几十微米，与次级粒子射程可比拟）不同，很短的交织距离（小于 10 μm）就可以抑制 MBU。Maiz 等人在 LANSCE（洛斯阿拉莫斯国家科学中心）的实验结果也支撑了上述结论[50]。存储阵列中同一字中的存储位在一定间隔放置，通常与同一字线中字节数量（8 位、16 位和 32 位）相一致，所以交织技术很自然地应用在存储阵列中。

然而，该技术对于包含 2 个 SRAM 的 CAM（内容可寻址存储器）通常无效。Abbas 等人针对 512×72 位 CAM 开发出了一种新的 ECC 方案，采用 m 位 ECC 来检测和纠正 m 位 MCU。与传统的基于汉明距离的方法相比，85% 的奇偶校验位就足够了[51]。

但是在逻辑电路中，同一字中不同位放在不同位置将会给整个设计带来巨大的约束。此外，如果临界电荷 Q_{crit} 小于 1 fC，则交织技术无效[52,53]。在这个临界电荷 Q_{crit} 范围内，次级 α 粒子和质子起主要作用，所以 SEU 范围超过粒子入射位置 100 μm 以上，对百万位面积有所影响。

8.1.2.2 增强掩蔽效应

通过增强电路中的掩蔽效应，可以降低 SER（软错误率），如图 7.2 所示。对电路设计采用 SPFD（区分函数对集合）的掩蔽效应优化技术，SER 降低了 20%[25]。

Sirawski 等人提出掩蔽效应优化，近似电路的功能，增加了 5%~44% 的电路面积，将 SER 降低了 10%~90%[26]。"近似"主要是添加"不关心"电路的结果，增强了逻辑掩蔽效应。

Makihara 等人提出无 SET 的反相器，即 2 个 pMOSFET 和 2 个 nMOSFET 串联至输出逻辑节点，如图 8.3 所示[27]。对于该结构，单个粒子入射 nMOSFET 或 pMOSFET 不会引起 SET。实验结果表明，采用无 SET 反相器的锁存器、NAND 和 NOR 电路，LET 值高达 64 MeV/mg/cm² 也不会引起任何 SET。

8.1.2.3 电路级空间冗余

有大量的空间/时间冗余技术来防止这些错误（主要与 FF 相关）。具体实例如下所示。

DICE 结构有两个冗余节点[31]，如图 8.4 所示。当一个

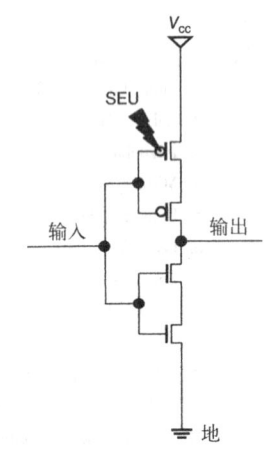

图 8.3 加固的反相器

第8章 电子元件和系统的故障减缓技术

节点发生翻转时，另一个节点的反馈循环将抑制翻转，使之保持初始状态。Seifert等人基于DICE结构的扩展概念描述SEUT（单粒子翻转容忍）[54]。如果两个冗余节点同时被入射粒子影响，类似于MNT，则这些机制变得敏感。图8.5给出了SEUT的实例[32,55]。随着器件等比例缩小到22 nm，SEUT中的软错误率增加至未加固FF的同一水平（纵坐标中的1.0）。图8.5还表明，局部时钟线的SET如何在两个以上的FF电路中同时产生错误。提出的减缓技术包括SEILA（软错误免疫锁存器）[34]和LEAP（通过错误感知放置的版图设计）[36]，通过改变DICE结构中相关节点的版图，避免冗余节点被同时撞击。文献[34]中介绍了针对局部时钟线SET的预防技术。Mitra等人阐述了BISER（内建软错误恢复），采用扫描FF作为冗余FF，同时还有C单元和弱保持器，避免FF的错误输入被传输，如图8.6所示[33]。然而随着时钟频率的增加，粒子直接入射C单元使得BISER敏感。

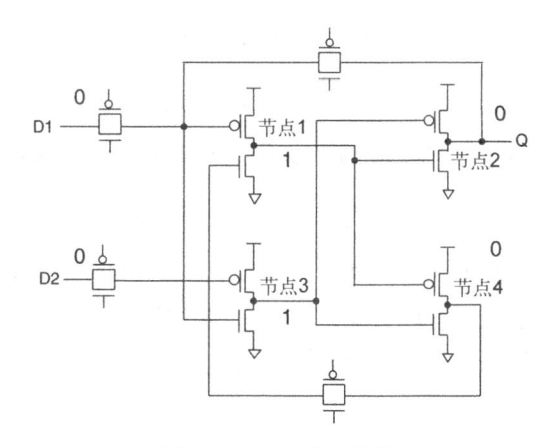

图8.4 DICE电路结构

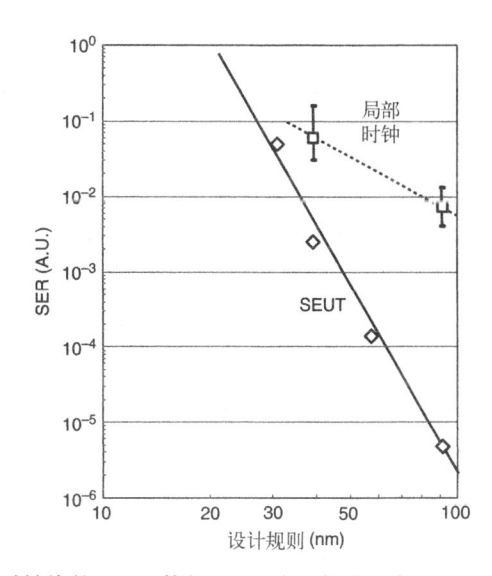

图8.5 由于时钟线的SET，使得SEUT中的软错误率和FF的软错误率增加

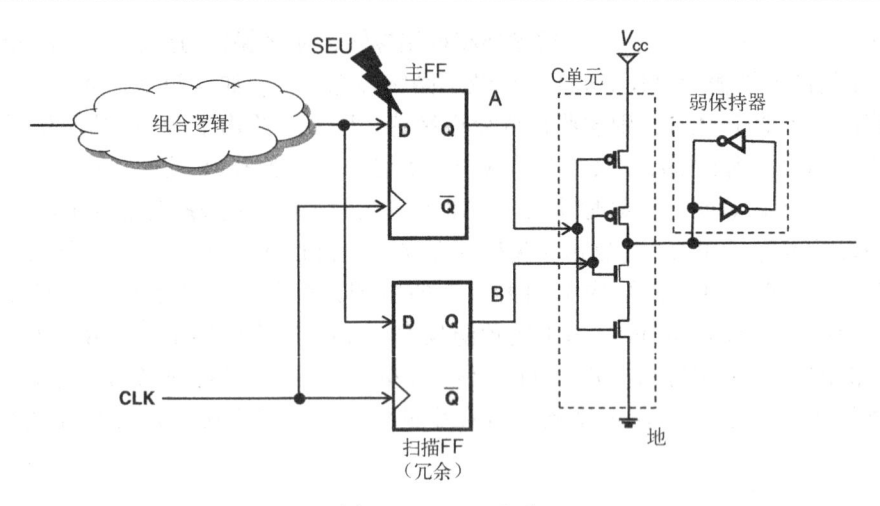

图 8.6 BISER 电路

Furuta 等人建议双模触发器 BCDMR（双稳态交叉耦合双模冗余）可以作为 BISER 扩展的 HBD（设计加固）技术，通过施加冗余 C 单元和交叉耦合弱保持器来避免 C 单元的上述错误操作[40, 56]。

一些 FF 有 SET/RESET 输入。当 SET 发生在此类全局控制线时，多个 FF 中的错误发生，类似于局部时钟线引起的错误。图 8.7 给出了重离子辐照实验中它是如何发生的[57]。地球环境中子和质子可能引起电路中多个 FF 发生此类错误，因为核裂变反应的次级粒子 LET（线性能量转移）值在图 8.7 中对应阴影范围。

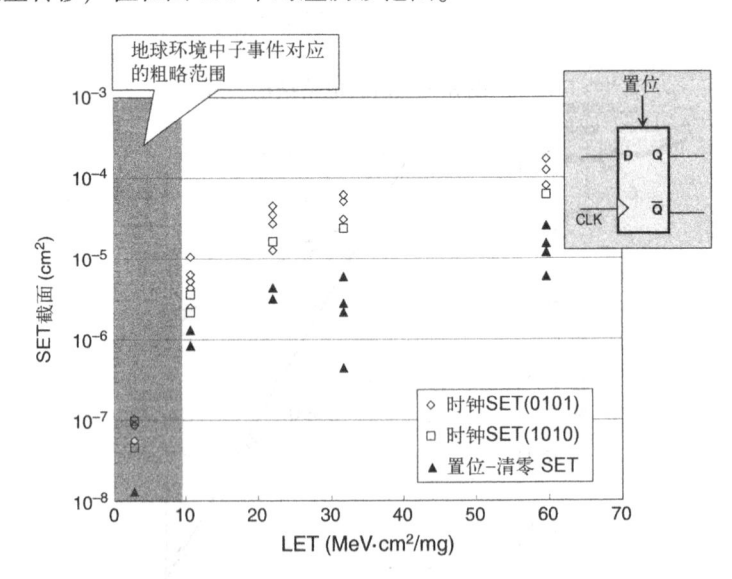

图 8.7 全局控制线中的 SET 引起的 SER（源自 Cabanas-Holman 等人所著的文献 [57]）

时钟脉冲在 DLL（延迟锁相环）或 PLL（锁相环）中产生。图 8.8 给出了 PLL 的典型框图。带电粒子入射 DLL 或 PLL，可能引起时钟抖动或竞争[58, 59]。时钟抖动是时钟脉冲沿偏移的一种现象，所以正确的时刻下数据并未锁存至 FF。足够宽度的 SET 脉冲可能在正常的时钟脉冲之间的时序激活 FF 门电路。时钟竞争现象指"幽灵"时钟可能超越正确的流水线来发送信号[59]。一个 SET 脉冲可能擦除掉 PLL 或 DLL 电路中的一个时钟脉冲。Mailand 等人提出了一种设计加固的 DLL，采用抗辐射的压控延迟线和电荷泵（对应于 DLL 中 SET 最敏感的部分），来彻底地抑制脉冲丢失[59]。

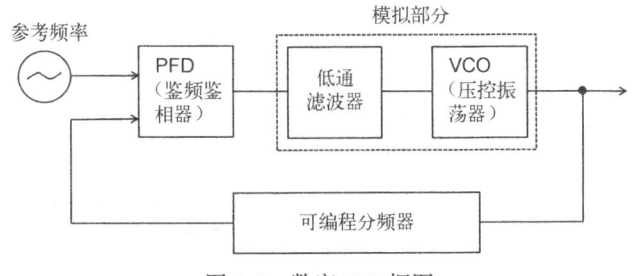

图 8.8　数字 PLL 框图

Kim 等人关注粒子入射数字 PLL 的数字或模拟部分扰动模式的差异[60]。当粒子入射分频器或鉴频鉴相器等数字部分时，扰动相对于粒子入射时刻有延迟，并持续存在。当粒子入射电荷泵或压控振荡器等模拟部分时，扰动立刻发生，然后在短时间内消失。他们开发了两类检测器，每种对其中一种类型的扰动敏感。一旦在 PLL 中检测到扰动，时钟脉冲源切换至 DMR（双模冗余，见 8.1.2.8 节）中另外的 PLL 结构，然后系统可以安全工作。

Srinivasan 等人基于 LEON2 SPARC V8 处理器的 4 位 ALU（算术逻辑单元）数据路径，对组合逻辑进行选择性加固[61]。他们采用 SPICE（侧重集成电路的仿真程序）类型仿真工具来识别敏感节点和通过晶体管尺寸调整加固的节点。

8.1.2.4　电路级中的时序冗余

也可采用时序冗余技术来避免电路中的 SET。图 8.9 简单描述了时序冗余技术的一种典型机制-双采样[62]。当宽度为 Δ 的 SET 脉冲沿路径传输时，脉冲被分配至两个（双采样）及以上的路径中。一些路径有延迟为 τ_1 和 τ_2 等的缓冲器。如果 SET 脉冲宽度 Δ 与延迟时间相比足够小，则两个及以上的脉冲无交叠。因此与门就掩蔽/消除了 SET 脉冲。

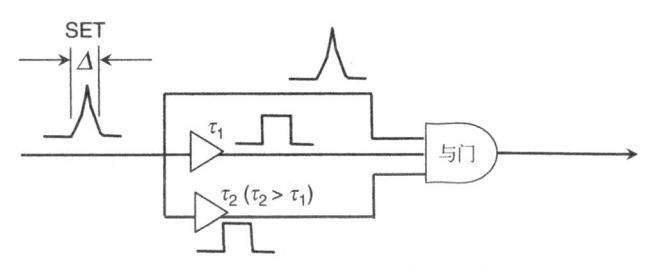

图 8.9　通过多延迟线消除 SET 脉冲

RAZOR 技术采用不同时钟时序的两个时钟线[43]，分支中包含了冗余的影子锁存器，如图 8.10 所示。和冗余的锁存器相比，输入数据经过一些延迟才会保存在主 FF 中。如果 SET 脉冲在延迟时长内通过，则主 FF 和影子锁存器的输出不同，因此可以检测出 SET。

在这种情况下，延迟锁存器的输出通常是正确的，所以其输出可以通过多路选择器反馈至主 FF 的输入，从而恢复数据。仅当检测到错误时，才对输入相位进行偏移和分支，所以和其他空间冗余技术相比，该类检测和恢复技术的速度和面积代价是最小的。然而，如果由于微缩或电压降低使得 SET 脉冲宽度变长，则该类技术将变得无效。

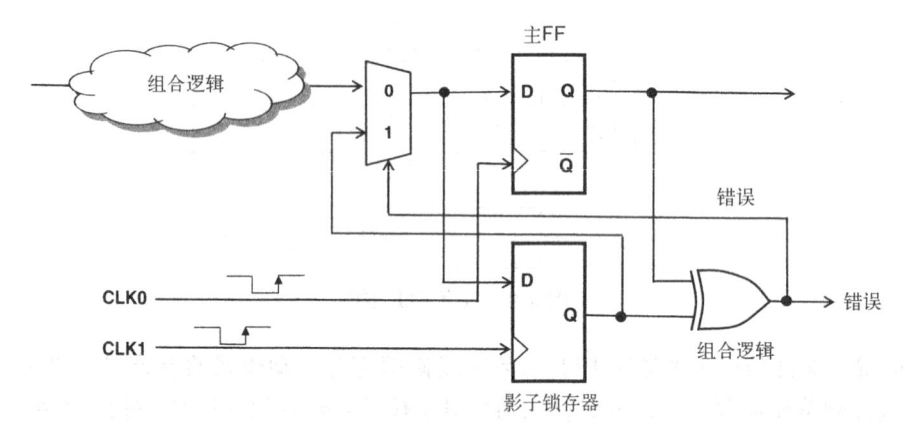

图 8.10　通过双采样对 FF 进行加固

Avirnen 提出 SEM（软错误缓解）单元和 STEM（软错误和时序错误减缓）单元，采用多数据时钟的方法来保护组合逻辑模块，避免软错误[63]。

SEM 基于三采样技术，有三个寄存器 R_1、R_2 和 R_3，R_2 的延迟为 τ_1，R_3 的延迟为 τ_2，τ_1 或 τ_2 相比于 SET 脉冲宽度足够大，如图 8.11 所示。与 RAZOR 相似，多路选择器与 R_1 的输入和 R_3 的输出相连。如果 R_1 和 R_2 的输出不同，则产生错误标识，停止工作。R_3 端足够延迟后，R_3 的输出通常是正确的，将其反馈至多路选择器，然后重启工作。

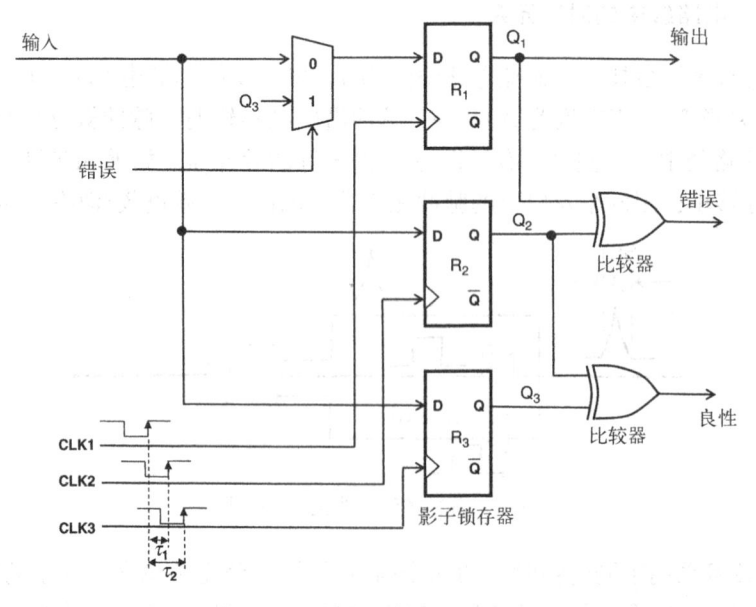

图 8.11　通过三采样对 FF 加固

第 8 章 电子元件和系统的故障减缓技术

Prasanth 等人提出一种流水线逻辑电路中 SET 的检测/恢复技术，来自数据的检测位（奇偶校验位）或加密签名赋给 FF 群，这些 FF 没有必要在同一字中，如图 8.12 所示[64]。它们施加双时钟，一个时钟激活上游 FF 群中的检测位或签名计算器，而一个延迟的时钟激活下游 FF 群中的检测位或签名计算器。比较两个检测位或者签名，从而检测 FF 群中的错误。基于 ITC99 标准电路，也介绍和展示了分组的智能优化技术，结论是该方法比 SEM 的代价更小。

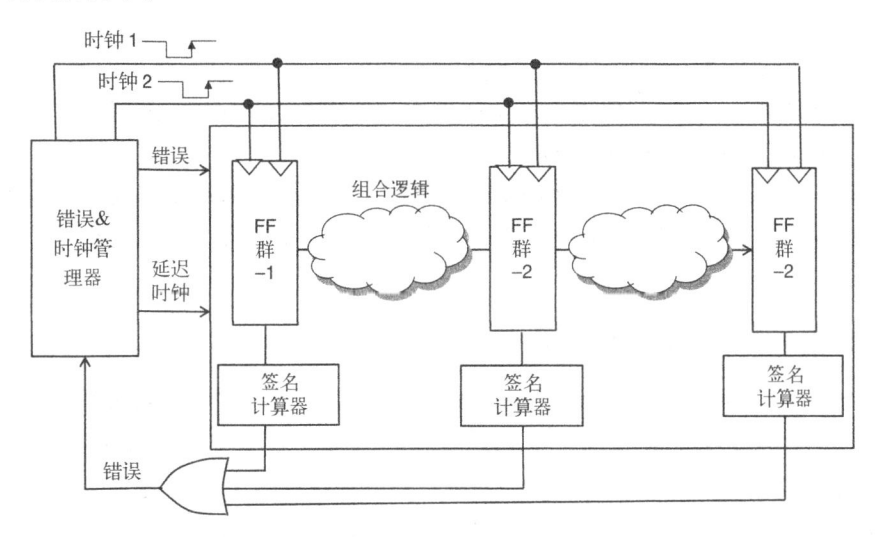

图 8.12 通过对 FF 群签名，来加固流水线

8.1.2.5 FPGA 系统的重配置

当在 FPGA 系统中检测到固定错误（配置存储器中的错误）时，配置数据从加固的存储器或 Flash 存储器中恢复，系统重启[20]，该方法称为重配置。在某些情况下，随着器件持续微缩，重配置的恢复时间会增加到无法接受的程度，所以研究人员寻求部分重配置技术[65, 66]。

Noji 等人针对 FPGA 系统开发了一种适应性失效弱化系统（adaptive fail-soft system），通过三个适应性步骤来恢复错误：（ⅰ）回滚和重计算，如果能恢复，则该模式是软错误；（ⅱ）回滚和重配置，如果能恢复，则该模式是固定错误；（ⅲ）如果通过步骤（ⅰ）或（ⅱ），系统仍不能恢复，则该错误视为硬错误，隔离相关部分，完成重配置。通过这些步骤，发生错误的系统可以持续工作，使损伤最小化[67]。

在芯片/处理器层级，有大量的空间/时间冗余技术，下面列表给出。

8.1.2.6 复制+比较+检查点（DCC 或 DMR）

在 DCC（复制+比较+检查点，见图 7.5）中采用双冗余模块，并在流水线指令流程中设置一定数量的检查点。保存必要的数据，使之能够从检查点重启操作。在冗余模块中同时执行相同的指令至检查点，然后比较结果。如果结果不一致，则认为某个模块中发生了错误，从之前的检查点恢复操作。

DCC 也对 MNT 和面积敏感，功耗代价为两倍。因为要保存检查点数据，从检查点重启，以及比较器的延迟，DCC 要付出一些速度的代价。

Nikolov 等人对频繁检查点的性能代价（检查点代价：检查点数据存储所花费的时间）或长时间间隔的检查点（长重执行所花费的时间）有担心，而这对于有截止时间要求的系统来说至关重要[68]。他们提出了一种针对 DMR 系统的统计优化技术，将平均执行时间最小化，并具有一定的置信度。

如果检查点的代价足够小，系统可靠性更倾向于频繁检查点。Wang 等人提出了 VM-μ 检查点方法，在 1 秒内实现增加检查点（仅与相邻检查点的差异相关）、写时复制至脏页（故障敏感页）、脏页预测和原位恢复[4]。他们对 Xen VMM 采用该方法，检查点时间间隔为 50 ms，性能代价为 6.3%。

Skarin 等人采用选择性 DCC 检测 CPU 寄存器中堆栈指针的错误，以及检测汽车刹车控制器的积分状态[45]。对所有的 CPU 寄存器和主存储器中的存储位置进行故障注入，从而完成验证。

8.1.2.7 双微处理器的锁步操作

在汽车系统中，通常采用单时钟锁步操作的双核微控制单元作为检测和恢复方法。

在一个时钟间隔的正常延迟下，相同的指令在两个微处理器中运行，然后比较结果[30]。锁步双微处理器（锁步双核微控制单元）的简化架构如图 8.13 所示。如果结果不匹配，则重新运行指令。该操作称为锁步操作，通常应用于中断不可接受的系统。

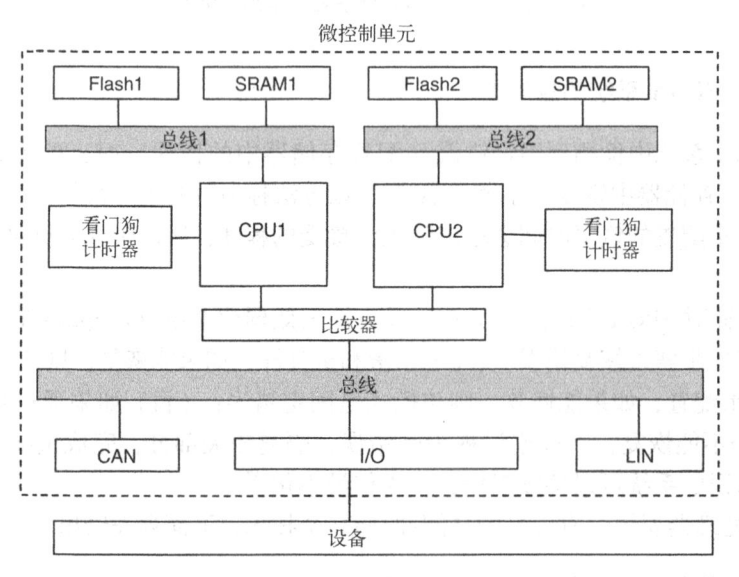

图 8.13 锁步双核微控制单元的简化框图

Wood 等人结合故障限制技术，将此类技术应用到 HP 不间断的服务器上[28]。检测到一个或多个错误的部位立刻被隔离（快速报错）。后台进行周期性的内存检测，如果检测到错误，则执行重写操作。如果重写操作失败，则将该错误视为硬错误，将相应的存储器部位隔离。他们还指出，在一些系统中 Flash 的停止页是有危害的，这种情况下锁步操作的性能代价可能无法被接受。

Subramanian 等人提出一种结合双流水线处理器的架构，与锁步操作接近[29]。如图 8.14 所示，双流水线包含主流水线和影子流水线，接收相同的输入，执行相同的指令，但是在不同的时钟时序下将结果存在不同的寄存器中。在特定的延迟下，影子流水线跟随主流水线。如果同级中两个流水线结果匹配（无错误），则操作继续，影子流水线中的结果保存在影子寄存器中。因为两个流水线中的结果匹配，所以认为影子寄存器中的结果是正确的。如果结果不匹配，则停止双流水线中寄存器的时钟，启动三周期恢复操作。影子流水线停止，将影子寄存器中的数据加载至对应的主寄存器，重启操作。

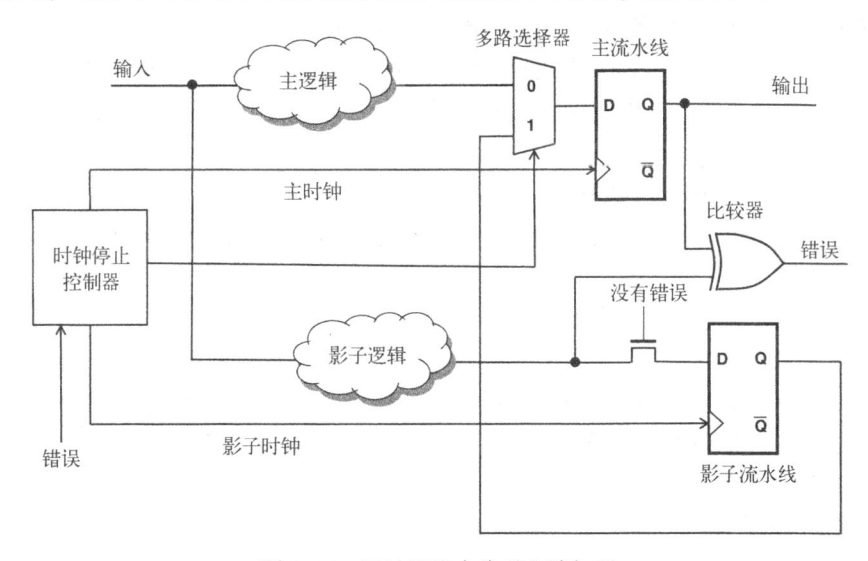

图 8.14 通过双流水线对电路加固

8.1.2.8 复制+比较+检查点（RCC）

相同的指令在一个模块中执行两次。初始执行结果保存在保持器中，和第二次执行结果相比较（见图 7.7）。如果结果不同，从之前的步骤重启指令（回滚）。该方法有两倍的速度代价。

Aggarwal 等人评估当检测到多线程 CMP（芯片多处理器）中的逻辑错误时，降低代价的方法。他们提出，可以仅在相关时序对写入页进行复制，而复制的代价取决于粒度[35]。

8.1.2.9 TMR（三模冗余）

TMR 有三个模和一个投票器（见图 7.6）。在三个模中同时执行指令，然后投票器执行三选二多数投票。通过 TMR 可以实现最高的可靠性。

SRAM 型 FPGA 对软错误敏感。在 FPGA 中实施逻辑电路，所以通常采用 TMR 来减缓 SRAM 型 FPGA 系统中的错误/失效[69]。

然而，TMR 要付出很大的功耗和面积代价，以及投票器引入的速度代价，所以研究人员检测包含敏感节点的路径，进行部分/选择性加固或者部分 TMR，从而将代价最小化。Pratt 等人采用自动化部分 TMR 设计工具 BLTmr，来设计粗调级别的 TMR[70]。反馈部分通常对故障敏感，所以对该部分选择性实施部分 TMR。然后，用故障注入进行验证，并在 IUCF（印第安纳大学回旋加速器设施）进行 65 MeV 质子辐照实验。

Azambuja 等人对 Xilinx FPGA 实施选择性重配置和检查点技术，显示出短的恢复时间[47]。采用大粒度 TMR 和擦洗（配置存储器规律性的刷新），从而避免路由错误，影响临近的两个域。

随着器件持续微缩，以及工作频率的增加，SET 脉冲宽度可能超过一个时钟周期。Inoue 等人提出一种针对多周期瞬态的 TMR 自动综合技术[38]。

Pilotto 等人采用大粒度 TMR 和特殊的投票器，给故障模块发送信号，所以仅对 SRAM 型 FPGA 设计的故障域进行重配置。它们也是检查点，另外两个模块保持运行，将恢复中的宕机时间最小化。

Yang 等人开发了 HHC（架构硬件检查点），包含片上检查点（高速）和片下检查点（传统的，低速），来降低针对检查点的保存数据和恢复操作的 MTTR（平均修复时间）[39]。

高速片上检查点可以恢复大多数 SEE 故障，和传统的片下检查点技术相比，MTTR 可以降低 94.3%。

必须注意到，仅当冗余模块和投票器都具有一定的高可靠性时，整体的可靠性提升才有可能。当 MNT 同时在两个冗余模块中引起错误时，该技术是无效的。

8.1.3 多核处理器

近年来，多核处理器的应用快速增长。SoC（片上系统）[37,41]、NoC（片上网络）[72,73] 和 GPU（图形处理器）[74-76] 都属于此类应用。除了每个核的可靠性外，核间通信中的弹性至关重要。在多核处理器中，可能采用类似于根核/主核/子核的结构化核层结构[73]。底层的核周期性地向根核或调度程序发送"活着"的信号（看门狗计时器）。如果调度程序没有收到来自底层核的"活着"的信号，则认为该核已经"死去"。将原定分配给该核的任务，重新分配给其他"活着"的核。在这类系统中，调度程序的失效可能产生灾难性的影响，因此可以对调度程序实施冗余。

Kopetz 等人开发了一款 TTA（时间触发架构）SoC 芯片，每个核通过 TISS（可信接口子系统）与共同的总线 TTNoC（时间触发片上网络）相连，如图 8.15 所示。核间通信通过 TTNoC 实现，由 TNA（授信的网络授权）控制，这些都集成在芯片中[77]。通过 TNA 看门狗和 ECC 实现 TNA 的检错；通过 TMR 基架构实现系统错误检测和恢复；通过护卫来保护 TTA 集群。

Gold 等人评估含共享存储器的多处理器中的错误限制（confinement），为了抑制错误的传输[78]。在小限制颗粒度和恢复设计的困难度之间存在着折中。也评估了 IBM Z 系列核中的限制，HP 不间断服务器中核与缓存集合的限制及核集合的限制，HP NSAA（不间

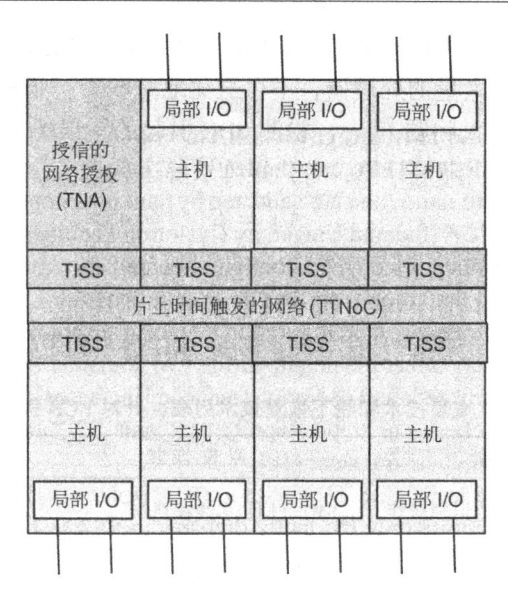

第 8 章 电子元件和系统的故障减缓技术

图 8.15 时间触发的架构

断高级架构）中核、缓存和共享存储器集合的限制。如果有共享存储器，错误可能传输到整个多处理器系统。随着限制范围的变大，核间的通信和时序变得越来越困难。

Vaskova 等人指出，TMR 等纠错技术允许系统恢复，但通常不能从不受保护的存储器中彻底移除潜在故障，而这可能引起多错误累积[79]。TMR 对于该类错误可能没有效果。对于恶劣空间环境，高能质子注量率可以高达 $1.6×10^9$ 个/cm^2/天，该环境中的卫星更会面临上述情况。Vaskova 等人基于故障注入证明在实时微处理器系统中全局 TMR 下仍存在大量的潜在故障，所以给出了附加的保护方案，即（i）nMR 方法且 n 大于 3；（ii）关键数据进行周期性刷新；（iii）对选择的模块进行周期性上电；（iv）增加比较窗口；（v）对可编程器件进行周期性检查。

8.1.4 PCB 板/操作系统/应用级

表 8.3 汇总了 PCB 板/操作系统/应用级的传统与最新的减缓技术。从诸如操作系统内核错误的失效中恢复，通常简单地进行重启。

操作系统重启可能引起长时间的宕机。Yamakita 等人建议在重启过程中采用相分离，从而优化重启，称为相基重启[92]。偶尔，之前重启后的系统状态与当前重启后的系统状态相同，所以在相基重启中复用之前的状态。在虚拟机监视器 Xen 3.4.1（Linux 2.6.18 工作环境）中实施原型相基重启方案。该原型从内核失效中恢复的宕机时间显著降低。

RTOS（实时操作系统）基于电池工作，在关键安全实时嵌入式系统中需要高速和低电压操作，因此对故障敏感。Silva 等人提出 RTOS-G，加入基于硬件的守护者（guardian），监测 RTOS 的行为，替代传统的应用级检测技术[80]。在实时系统中，故障的检测和恢复必须在截止时间前完成。RTOS-G 有四项功能：（i）存储器管理；（ii）器件管理；（iii）时间管理，监视任务表；（iv）中断管理，可以改变执行流程直至截止时间。在故障注入实例中，与传统的 RTOS 相比，RTOS-G 检测覆盖率更高且延迟更短。

当前超级计算机中有大量的处理器，不可避免地对软错误非常敏感。SDC（静默数据损坏）是科学超算中的最大问题[93, 94]。检测 SDC 引起的错误仿真结果是非常困难的，甚至是不可能的。Kumar 提出随机计算，替代矩阵求解运算：

$$A\vec{x} = B \tag{8.1}$$

直接地，最小化错误 δ 方法：

$$\delta = |A\vec{x} - B| \tag{8.2}$$

推荐获得可接受的"足够好"的结果，即使 SDC 参与到了仿真当中[85]。

表 8.3 预防技术、原位恢复技术和线下恢复技术列表，针对 PCB 板/操作系统/应用级失效

层 级	预 防	原位恢复	线下恢复
操作系统	利用故障注入来识别操作系统失效的关键模式[1] 日志分析[2]	SMT（同步多线程）[9] 在存储空间中优化面积和寿命[10] 添加外部操作系统监视器[11]	重启[17]
PCB 板	DOUB（基于上限的设计）[3] 关键的器件/芯片替换为加固的[4] 基于通常 RTL 级 SER 信息格式的跨层可靠性[5]	硬件征兆检测和检查点/回滚（LABIR）[12] 结合软硬件的检测和恢复[13]	重启[18]
应用	概率/近似计算[6] 用故障注入来识别敏感指令[7] Log 分析[8]	软件征兆检测和检查点-回滚[14] SBST（基于软件的自测试）[15] 软件中的典范转移[16]	重配置[19] 算法优化[20]
参考文献	1. Pellegrini [81] and Morgan (2005) 2. Silva et al. [80] 3. Ibe et al. [82] 4. Shimbo (2010) and Valderas et al. [15] 5. Evans et al. [83] 6. Kumar [85] Raghunathan and Roy [86] and Sierawski et al. [26] 7. — 8. —	9. Koperz [77], Gold et al. [78] and Bizot et al. [73] 10. Alexndrescu [87] 11. Silva et al. [80] 12. Ibe et al. [53, 82] 13. Subramanian et al. [29], Wen [84] and Slayman et al. [6] 14. Li and Ramachandran [88], Hari et al. [89] and Wang and Patel [90] 15. Theodorou et al. [91], Carvalho et al. [92] and Ballan et al. [93] 16. Gerist (2012)	17. Amanita (2011) 18. — 19. Allen et al. [20] 20. —

Raghunathan 和 Roy 提出在很多工业领域中进行近似计算，来获得足够好的结果或者计算的质量[86]。在算法/架构层级，仅对重要的计算实施严格的算法，而对不重要的计算采用近似计算。

Sirawski 等人提出一种降低 SET 的方法，来增强组合逻辑电路中的逻辑掩蔽[26]。他们通过一些实例，展示如何近似原有的功能，并加强逻辑掩蔽。基于 LGSynth93 标准电路的仿真表明，采用该方法在一定面积代价下，SER 减小高达 90%。

Aggarwal 等人提出可配置冗余。由于观测到的错误，冗余颗粒动态适应，数据存储的位置也动态适应[35, 96]。

在逻辑电路层级，通过降低逻辑的复杂程度，可以减少晶体管的数量。跨层级的技术见 8.2.3 节所述，近似计算应用于不同层级的抽象设计[97]。

8.1.5 实时系统：机动车与航空电子

汽车和飞机等实时系统或关键安全系统必须遵守 IEC61508（2000 年颁布）[98]和 ISO26262（2011 年颁布）[99]等安全设计规则。表 8.4 比较了 IEC61508 和 ISO26262 安全分类中对应实现的失效概率/率。IEC61508 在两类不同类型的可编程系统中，根据工作模式有四类 SIL（安全完整性等级）(1-4)。IEC61508 低需求模式中的 SIL 是安全相关功能中最可能失效的模式。IEC61508 和 ASIL（汽车安全完整性等级）的高需求模式中的 SIL 有每小时危险失效率。ISO26262 也有四类 ASIL（从 A 到 D），与工作模式无关，但没有和 SIL4 对等的类。SIL3 类划分至 ASIL-C 和 ASIL-D 中。实时系统也是分布式系统。特别是，近年来的汽车采用大量的 MCU（微控制单元），对如动力转向、刹车系统、安全气囊、发动机控制等强制采用 ASIL-D（10FIT）级别安全[99]。尽管没有采用任何保护方法，如锁步操作，10FIT 级别的失效率不是实际的目标，但通过检测故障征兆和恢复至安全条件，失效率可以控制在 10FIT 级别以下。在线自测试也是达到该目标的一种关键技术[92, 93]。

表 8.4 IEC61508 标准和 ISO26262 标准在 SIL（安全完整性等级）方面的比较

IEC61508			ISO26262	
SIL	低需求模式（安全功能失效的概率）	高需求模式（平均危险失效率）(h^{-1})	ASIL	随机硬件失效目标值(h^{-1})
4	$10^{-5} \sim 10^{-4}$	$10^{-9} \sim 10^{-8}$	—	
3	$10^{-4} \sim 10^{-3}$	$10^{-8} \sim 10^{-7}$	D	$<10^{-8}$
			C	$<10^{-7}$
2	$10^{-3} \sim 10^{-2}$	$10^{-7} \sim 10^{-6}$	B	$<10^{-6}$
1	$10^{-2} \sim 10^{-1}$	$10^{-6} \sim 10^{-5}$	A	$<10^{-5}$

低需求模式中的 SIL 是安全相关功能失效的平均概率。高需求模式中的 SIL 和 ASIL 是危险失效率。

SITR（自施加时间冗余）包含单流水线功能单元，执行类锁步操作[100]：一个时钟差下相同的指令执行两遍，在流水线的最后一级比较结果（为了比较，之前的输出保存在锁存器中）。当两个输出不一致时，重取指令或者冲洗流水线。

每次汽车发动机启动时都实施 BIST（内建自测试）。MBIST（存储器 BIST）采用步进测试，用于原位错误检测[91]。

SBST（基于软件的自测试）是处理器级的 BIST。编程至 SoC Flash 存储器中的任何指令都送至处理器，检测执行的结果是否正确[92]。

Ballan 等人采用 SBST 算法[93]来抑制 32 位嵌入式 SoC 中扫描链固定 1 引起的失效。在正常工作或计算时，不能使用扫描链。但是如果固定 1 故障发生在乘法器的使能位，就可能引起系统故障，导致从扫描链中的 FF 到主电路捕获了错误的数据，如图 8.16 所示。

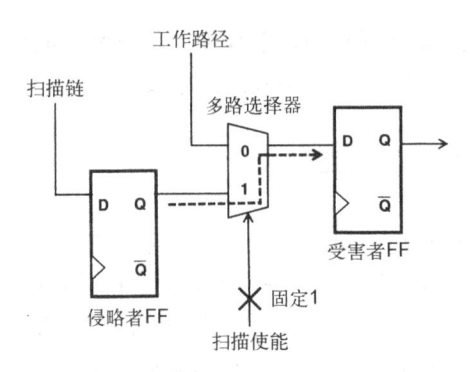

图 8.16 扫描 FF 中固定 1 错误引起的 SEE

8.1.6 局限性与优化

云计算和数据中心是当前网络系统发展的主要趋势。这些应用中一个重要的优先级是降低功耗，缓解全球变暖问题[101]。因此，针对 SER 的减缓技术必须考虑功耗。功耗、速度、成本和可靠性之间的折中，决定了所采取的减缓技术。从这个意义上讲，空间域的冗余技术不适合用于最近技术代的超级计算机和数据中心[102]。

除了上面阐述的冗余技术，许多情况下备用单元工作可替代发生故障的单元。必须注意这些单元，错误是否在存储器部分累积。除非在该系统中刷新存储器内容，否则 MBU 可能发生。出于这一目的，有必要常规性监测备用单元中的存储器部分。

空间域或时域检查点-回滚方法通常检查点的频率有限。如果检查点频率很高，则电子系统性能不可避免地变差[103]。

而且，在非常高集成度的系统中，诸如超级计算机和数据中心，错误的频率可能超过检查点的频率，从而使得输出结果的比较失去意义[104]。

在 FPGA 系统中，重配置使得系统性能变差，所以更好的方案是文献[105]中提出的部分或小颗粒重配置。Azambuja 等人展示了结合大颗粒 TMR 和选择性重配置，恢复时间降低了 1/50[47]。

也可能采用相似的小颗粒检查点方法，如 CEC（连续事件结果检查点）所示[4,106]。

有必要开发面向失效或可靠性的 EDA（电子设计自动化）工具。当前高于电路级抽象的 EDA 工具，没有考虑与故障/错误/失效相关的电路中存储单元或逻辑门的版图。逻辑门电路的版图和组合不同，则电路的失效率变化可能很大[107-109]。

电子元件和系统的部分辐照方法，可能是识别敏感芯片和地球中子软错误的一种非常有效的途径[13,84,110]。

辐照测试成本非常高，因此对于鲁棒性设计有必要采用芯片级 SER 的综合评估方法。也可采用部分辐照测试来验证评估方法。

8.2 超减缓技术面临的挑战

8.2.1 软硬件协同工作

系统级失效采用三个指标进行分类,即 RAS(可靠性、可获得性和可服务性)。当需要在组件中准确映射失效模式、系统失效指标和系统可靠性需求时,需要系统级 RAS 分析[111]。Won 等人演示了从顶层到底层的互联网开关 RAS 分析,指出当汇报组件为失效模式时,系统级 RAS 分析建模需要共同的架构系统建模格式。

RIIF(可靠性信息交互格式)作为 EDA 工具中共同的格式/语言被提出,实现诸如 RAS 的分析[83, 111]。定义器件、组件和处理器级的故障/错误/失效模式,结合环境条件给出该格式下的定量数据。可以采用故障注入技术来获得复杂组件的此类图像。

Wen 等人提出失效率 f_c(单位 FIT)在两维空间中的评估指标,以及四类恢复/停机时间 t_c,即无停机,低(最大 0.15 s),中(最大 3 s),高(最大 180 s)和不可恢复(最大 1000 s)[112]。他们还提出,SEU 目标指标 DPM(每百万缺陷)定义如下:

$$\mathrm{DPM} = \frac{t_c \times f_c}{3.6 \times 10^6} \tag{8.3}$$

在两维空间 log-log 坐标下,固定的 DPM 值可以绘成一条直线。

对系统中每个组件进行简单相加,就可以很容易地获得系统的 DPM。

他们强调,软硬件团队必须紧密合作,才能实现目标 DPM。

Slayman 等人对 DRAM 芯片采用 SECDED(单错误纠正和双错误检测),定位出 DRAM 芯片中的软错误和硬错误。他们采用动态存储器重配置、MPR(存储页退出)和位迁移,来消除硬错误的影响,作为"RAS 智能"途径的一部分,来看待 100 nm 以下 DRAM 技术的器件可靠性[17]。在 MPR 中,采用 ECC,正确复制含有错误的页至完整页,然后从可用存储器列表中将其移除。通过位迁移,从含硬错误的数据路径移除 DRAM 引脚。

8.2.2 SEE 响应波动下的失效减缓

即使采用上述空间冗余技术,它们也对 MNU 本质上敏感。表 8.1 至表 8.3 列出的和单个叠层(器件、芯片、电路板……)实施的有效方法,当器件持续微缩时变得几乎不可能。

芯片级减缓策略可以分为三种,如图 8.17 所示。

首先,当前主要策略是 DOA(基于平均的设计),在不了解波动的情况下决定目标 SER 级。从可靠性的角度,如果电路和应用(例如,掩蔽效应)引起的波动足够大,则基于含有掩蔽因子(MF)的平均芯片级 SER 评估的减缓是有危险的。不了解波动(不一定是泊松分布)的情况,则可能设计出来的电子产品的 SER 容忍度很低,即导致设计不足的问题。

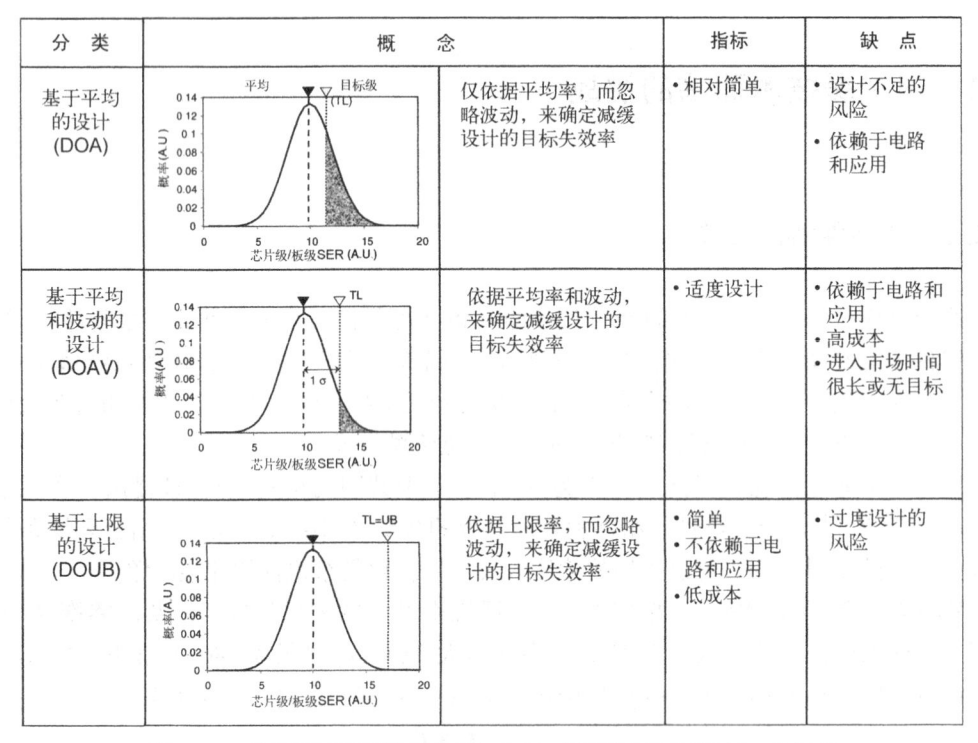

分　类	概　念	指　标	缺　点
基于平均的设计 (DOA)	仅依据平均率，而忽略波动，来确定减缓设计的目标失效率	· 相对简单	· 设计不足的风险 · 依赖于电路和应用
基于平均和波动的设计 (DOAV)	依据平均率和波动，来确定减缓设计的目标失效率	· 适度设计	· 依赖于电路和应用 · 高成本 · 进入市场时间很长或无目标
基于上限的设计 (DOUB)	依据上限率，而忽略波动，来确定减缓设计的目标失效率	· 简单 · 不依赖于电路和应用 · 低成本	· 过度设计的风险

图 8.17　芯片级减缓设计的比较：DOA（基于平均的设计），DOAV（基于平均和波动的设计），DOUB（基于上限的设计）

其次是 DOAV（基于平均和波动的设计）。可以通过该方法实现适度设计（成本、功耗、速度和可靠性）。该策略包含 AVF（架构敏感度因子，见 7.2 节）/DF（降额因子）/MF 的评估。然而，准确评估是非常困难的。依据电路和应用，时间和成本的消耗也是变化的。

因此，Ibe 等人提出一种新的不同的方法，即 DOUB（基于上限的设计），如图 8.18 所示，明确地评估失效率上限[113, 114]。

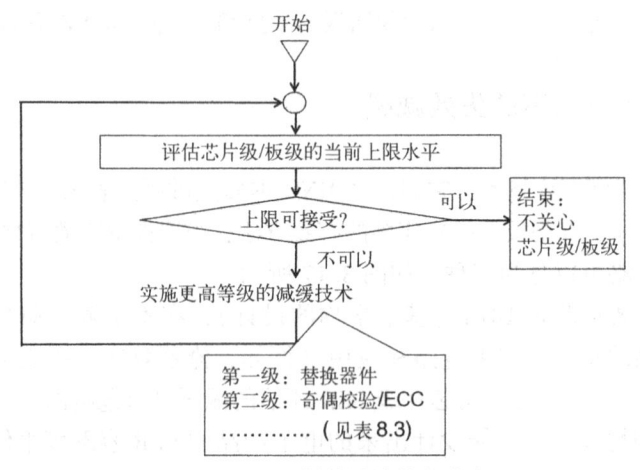

图 8.18　基于上限的设计的大致流程

失效率上限 FLR_{UB} 的计算始于 FLR_{UB}^0，

$$\text{FLR}_{\text{UB}}^0 = \sum_j N_j \times \text{UBFR}_j \tag{8.4}$$

其中，

N_j：第 j 级器件的数量；

UBFR_j：第 j 级器件（一个存储单元或门电路）的失效率上限。

采用第 6 章中介绍的 CORIMS 仿真器可以计算 UBFR_j。式（8.4）给出比其他方法更为安全的设计，但是可能引起过度设计。必须寻求获得实际和足够小的 FLR_{UB} 的策略，具体方式如下面实例所示。

如果已知 k 级机制 ω_k^j 的上限（非平均）MF，失效率上限 FLR_{UB}^1 小于且比 FLR_{UB}^0 更为实际，可以由下式获得：

$$\text{FLR}_{\text{UB}}^1 = \sum_j N_j \times \prod_k \omega_k^j \text{UBFR}_j \tag{8.5}$$

$$0 \leqslant \omega_k^j \leqslant 1$$

如果因特定的物理约束，而存在另一个修正因子 c_n，则基于下面的等式（概念性的），可以获得下一级的 $\text{FLR}_{\text{UB}}^{n+1}$：

$$\text{FLR}_{\text{UB}}^{n+1} = c_n \times \text{FLR}_{\text{UB}}^n < \text{FLR}_{\text{UB}}^n \tag{8.6}$$

下式为此类物理约束的一个实例：

$$\text{UBFR}_j = \phi \times \sigma_{\text{UB}}^j < \phi \times A_j \tag{8.7}$$

其中，

ϕ：特定粒子的注量率（离子数/cm^2/s）；

σ_{UB}^j：第 j 级器件对粒子的故障截面上限（cm^2/cell）；

A_j：第 j 级器件垂直于粒子束的二维面积。

通过该方式可以得到更小的更为实际的 FLR_{UB}。

此类物理约束可从其他因素获得，例如工作频率、临界电荷 Q_{crit}、逻辑深度和缓存层的数量等。例如，如果 Q_{crit} 大于 1 fC，则对于 μ 介子、电子和光子的任何故障模式，都不需要采取任何减缓措施，如第 6 章中所述。如果从可靠性、安全、成本、功耗和性能的角度来看，FLR_{UB} 是可以接受的，则芯片级/板级的设计可以完成和结束。

如果 FLR_{UB} 不可以接受，则逐步采用简单的对策。如 8.1.2 节所述，如果可以采用，则交织和 ECC 是减缓存储器 SER 最为容易的方式。

最简单的减缓技术是基于初始 SER 数据库，用更强的门电路/存储器电路替换原来较弱的，如 8.1.1 节中介绍的。

据报道，FinFET 或 TriGate 器件比体硅 SRAM 的抗软错误能力更强[115]，所以用 FinFET/TriGate 替换体硅 SRAM 可能是有效的。

8.2.3 跨层可靠性（CLR）/层间内建可靠性（LABIR）

通常认为，不能用单一叠层级的单一减缓技术来保护高度集成任务的关键电子系统

（网络服务器/路由器、超级计算机和数据中心）和关键安全实时系统（航空和汽车）。从这个角度，提出了 CLR（跨层可靠性）[117, 118]和 LABIR（层间内建可靠性）[82, 118]，多层级协调工作来保护系统。

CCC（计算机协会联盟）领导这个由 82 个组织（包括国家实验室、大学和企业）构成的美国团体，该团体提出了 CLR。交流可靠性/弹性技巧，开发从器件到软件的多叠层减缓技术，形成综合的 SER 减缓技术。假设有 5 个任务层级，即检测、诊断、重配置、恢复和适应。

Herkersdorf 等人针对 SoC（片上系统）中软件层提出了一种概率的和自底向上的跨层方法 RAP（弹性关节点）[119]。它是 DFG（德国研究基金会，德国研究基金优先项目 SRP1500 "可靠性的嵌入式系统"的宣称目标）的一部分，用来开发新的跨层设计方法。

BAN（体域网）提供生活和健康管理服务，对此 Psychou 等人开发了概率 CLR，特别是需要绝对可靠性的医疗监控[120]。植入器件必须要考虑到各种可能的错误模式。对多线程处理器系统采用指令重映射，将失效的指令从一个核映射到另一个临近的核。在中间设备级，可以采用类似于检查点的时间冗余技术，但是必须留意 BAN 系统。为了及时提供服务，可能无法允许重执行引起的延迟。因为 BAN 系统有循环工作的属性，所以从循环的开始恢复是有效的。

Wong 等人演示，通过简单的修改，例如完好性检查（消除或纠正不合理的值，例如小于 0 或大于 1 的概率，机器人不现实的移动距离等）、异常处理（忽略或跳过异常中断）、通过实施诸如立体（图程序）/局部化（机器人控制程序）或马尔可夫解码（语音识别引擎）等概率采样程序的检查点和重启（从循环开始处），程序宕机问题可以大幅度降低[121]。

Lindoso 等人演示，通过采用高性能基于模拟的故障注入系统，例如 AMUSE（软错误评估自动多级仿真系统），对 PicoBlade 嵌入式微处理器实施 SHE（软件加固环境）。A-MUSE 作为软硬件协调设计的第一步，来缓解 ASIC（专用集成电路）的 SET 问题，显示基于软件的方法比基于硬件的方法成本更低，但不能实现相同的性能和可靠性[122]。评估了一些版本的系统，这些系统的输出端口、程序计数器、ALU 寄存器/标识和寄存器文件采用加固器件（TMR 和时间冗余）的组合。增加加固器件，则 SDC 和悬挂［称为 ACE（架构正确执行）故障］大幅度减少。

8.2.4 症状驱动的系统容错技术

8.2.4.1 硬件征兆

LABIR（层间内建可靠性）提出交互式或通信式的减缓技术，当某一层发现任何错误征兆，而不必是错误或故障本身，就触发诸如回滚至检查点的恢复操作。这种类型的技术可以采用 BIST（内建自测试）[119]、BICS（内建电流传感器）、BIPS（内建脉冲传感器）[8, 124]、SAW（声表面波）[124]和片上监视器[8]等。通过采用 BIPS，在 I_{dd} 线中可以检测到来自 p 阱中 MCBI 区域的脉冲传输，如图 7.3 所示，触发 ULSI（甚大规模集成电路）

芯片中的回滚操作。

如图 8.19 所示，在两个临近的 p 阱之间放置一个灵敏放大器，可以捕获此类征兆。例如，在 ULSI 芯片的 CPU（中央处理器）层级中采用回滚和复制操作，可以恢复错误或失效。其他噪声源，如 EMI（电磁干扰）和电源线噪声[125]，与软错误相比，在更宽的区域内传输，可以覆盖很多个阱。通过临近阱的差分方法可以消除这些噪声。

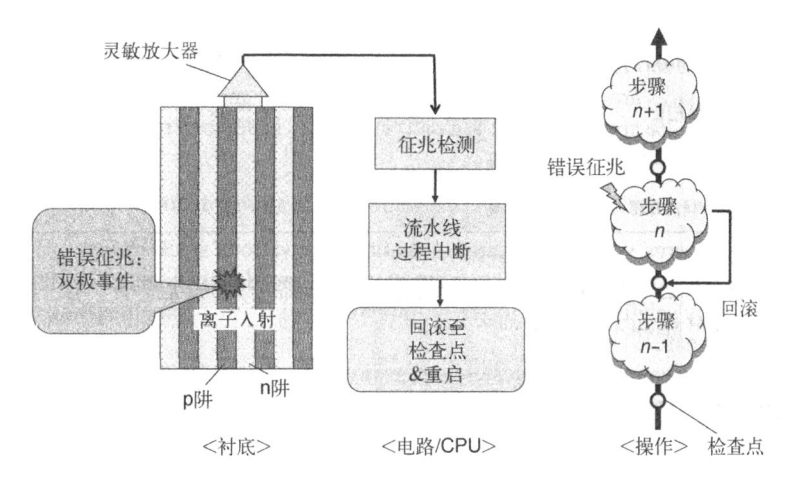

图 8.19　LABIR（层间内建可靠性）的实例

8.2.4.2　软件征兆

Li 等人提出一种软硬件协同设计的弹性超标量系统，主要通过软件来检测失效征兆，在从检查点回滚的过程中进行恢复和诊断（软件缺陷/永久错误/瞬态）[88]。在基于诊断的精细颗粒中进行重配置。对 UltraSparc-III ISA（指令集架构）的 Solaris-9 操作系统实施故障注入。通过被注入的组件，观察应用和系统的崩溃和悬挂，并进行分类。他们指出，大部分故障引起操作系统失效，所以必须开发操作系统的恢复方法。

Hari 等人提出征兆检测器，来检测软件行为中包含 SDC 的故障[89]。

Wang 等人提出 SBRM（基于征兆的冗余多线程），观测软件中的失效征兆，例如锁死、异常处理、控制流程中的错误指令和缓存/重编地址缓冲器中的错误[90]。在两个线程中同时执行指令。仅对多余线程实施征兆检测，比较两个线程中的结果。如果结果不符，则产生错误信号，初始化恢复进程。输入复制、征兆检测器和流水线流程的控制逻辑支撑的检查点用于进程。对 Alpha 微处理器 RTL（寄存器传输级）模型进行故障注入，同时 SPEC2000 整数标准电路工作。选择锁死和异常处理作为征兆，仅有 2% 的速度减小，而错误恢复率高达 75%。

8.2.5　比较针对系统失效的减缓策略

从成本、面积代价、功耗、速度代价和 MNT 韧性的角度，表 8.5 比较了不同叠层中的减缓技术。实施低层级的减缓技术相对容易，但 MNT 韧性差。

表 8.5 比较针对电子组件和系统中失效的减缓技术

层 级	实 例	成 本	面积代价	功 耗	速度代价	MNT 韧性
低	用高可靠性的器件替换	低	低	低	低	弱
低	奇偶校验/ECC	低	中	一些	中	弱
中	加固的 DICE	中	一些	低	中	强
中	LABIR	中	一些	低	低	强
高	DMR/TMR	高	很大	很大	一些	弱
弱	复制和回滚	高	一些	很大	很大	强

高层级减缓技术通常负载重。考虑到将来半导体器件的持续微缩，很明显任何单层级的减缓技术都是不可靠和不安全的。

8.2.6 近期挑战

表 8.6 给出了将来的趋势、面向失效的传统方法、挑战和与不同工业领域故障/错误/失效相关的全球标准。

表 8.6 将来的趋势、挑战和针对不同工业领域故障/错误/失效相关的全球标准

工 业	应 用	趋 势	面向失效的传统方法	挑 战	针对 SEE 引起的故障/错误/失效相关的标准
实时系统	飞机/航空	轻量化和线传控制	加固的器件和 TMR	毫秒级恢复	IEC62396
	铁路	高速	电源的冗余	数字无线列车控制	IEC62278，IEC62279，IEC62280 与 IEC62425
	汽车	轻量化，线传控制，电子化和 GPU[a]	锁步微控制器	毫秒级恢复 完美的自动防止故障	ISO26262，AEC-Q100-rev. G, Euro NCAP[b] rating review
电力系统		智能电网 UHV[c]			IEC60038
超级计算机		超级计算机，100PB 和低功耗	TMR, RCC 与 DMR	100%的 SDC 检测与恢复 跨层级可靠性 弹性软件	
网络	数据中心	100PB 数据、低功耗和云计算	ECC, TMR, RCC 与 DMR	容错系统 及时的失效约束	ISO27001 DMTF[d] 标准
	服务器	虚拟化，低功耗	ECC, TMR, RCC 与 DMR	跨层级可靠性/LABIR	
	路由器	性能和低功耗	ECC, TMR, RCC 与 DMR	跨层级可靠性/LABIR	

工业	应用	趋势	面向失效的传统方法	挑战	针对 SEE 引起的故障/错误/失效相关的标准
多媒体	台式机	云计算	上电循环		
	平板电脑	轻量化和高性能	上电循环		
	智能手机	高性能	上电循环		
		数字应用的远程控制			

[a] 图像处理单元
[b] 新车评价程序
[c] 超高压（1100 kV）
[d] 分布式管理任务有限公司

在诸如飞机和汽车等关键安全系统或实时系统中，减小结构材料的质量是一个主要趋势，因为这会减少功耗和燃料的消耗。GPU 的使用将拓展至更宽的范围[76]。在实时系统中，毫秒级的恢复是最大的挑战之一。在铁路系统中，将实施进一步的数字化，实现成本适中、通信式的和弹性的铁路系统[126]。在亿亿级超级计算机系统中，必须实现可靠性技术的范式转移，包括软件和硬件，因为要避免包括 SDC 和 DUE（检测到的不可恢复的错误）在内的经常性错误。

在网络系统和超级计算机系统中，高功耗决定了选择和实施哪种减缓技术。

PDA（便携式数字应用）用于远程控制数字应用。噪声或蓄意攻击可能会引起严重的事故[127]。

LABIR/CLR 是减缓技术最优的组合之一，应当根据工业应用而变化，认真构建，同时开发关键技术。表 8.6 给出了包含目标和类型的全球标准列表，如 IEC61508、ISO26262 和 JESD89A。

8.3 本章小结

随着半导体器件微缩至 100 nm 设计规则之下，可以预测在将来地球环境中子引起的软错误会更加严重，特别是在 SRAM 中。

而且根据最近的报道，新的失效模式可能比存储器软错误更加严重。因此需要在设计阶段实施减缓技术，且功耗等代价较低。同时需要开发先进的检测技术和量化技术。本章回顾和讨论了先进的技术，提出了诸如 DOUB 和 LABIR 的新型减缓策略。

基于逐步降低上限，提出了针对芯片级和板级的低成本和低功耗 SER 减缓技术的通用策略。在该策略中，部分辐照方法是关键技术之一。作为另一项关键技术，通信式减缓技术 LABIR 应用于叠层。在逻辑部分，LABIR 抗 MNT 的能力很强。

本章还讨论了将来的趋势及不同工业领域中的挑战。

参考文献

[1] Nicolaidis, M. (2005) Design for soft error mitigation. *IEEE Transactions of on Device and Materials Reliability*, **5** (3), 405–418.

[2] Slayman, C. (2005) Cache and memory error detection, correction, and reduction techniques for terrestrial servers and workstations. *IEEE Transactions on Device and Materials Reliability*, **5** (3), 397–404.

[3] Ibe, E. (2001) Current and future trend on cosmic-ray-neutron induced single event upset at the ground down to 0.1-micron-device. The Svedberg Laboratory Workshop on Applied Physics, Uppsala, Sweden, May, 3 (1).

[4] Wang, L., Kalbarczyk, Z., Iyer, R. and Iyengar, A. (2010) Checkpointing virtual machines against transient errors. 16th IEEE International On-Line Testing Symposium, Corfu Island, Greece, 5–7 July (5.2), pp. 97–102.

[5] Neto, E.H., Kastensmidt, F.L. and Wirth, G.I. (2008) A built-in current sensor for high speed soft errors detection robust to process and temperature variations. Proceedings of the 20st Annual Symposium on Integrated Circuits and System Design, September 2007, pp. 190–195.

[6] Bota, S.A., Torrens, G., Alorda, B. *et al.* (2010) Cross-BIC architecture for single and multiple SEU detection enhancements in SRAM memories. 16th IEEE International On-Line Testing Symposium, Corfu Island, Greece, July 5–7 (7.1), 141–146.

[7] Siskos, S. (2010) A new built-in current sensor for low supply voltage analog and mixed-signal circuits testing. International On-Line Testing Symposium 2010, Corfu Island, Greece, July 5–7.

[8] Noguchi, K. and Nagata, M. (2007) An on-chip multichannel waveform monitor for diagnosis of systems-on-a-chip integration. *IEEE Transactions of on Very Large Scale Integration (VLSI) Systems* **15** (10), 1101–1110.

[9] Azais, F., Larguier, L., Bertrand, Y. and Renovell, M. (2008) On the detection of SSN-induced logic errors through on-chip monitoring. International On-Line Testing Symposium 2008, Greece, July 6–9, 2008 (10.2), 233–238.

[10] Yoshikawa, K., Hashida, T. and Nagata, M. (2011) An on-chip waveform capturer for diagnosing off-chip power delivery. International Conference on IC Design and Technology, Kaohsiung, Taiwan, May 2–4, 2011.

[11] Ibe, E., Chung, S., Wen, S. *et al.* (2006) Spreading diversity in multi-cell neutron-induced upsets with device scaling. The 2006 IEEE Custom Integrated Circuits Conference, San Jose, CA, 10–13 September, 2006, pp. 437–444.

[12] Bastos, P.R., Sicard, G., Kastensmidt, F. *et al.* (2010) Evaluating transient-fault effects on traditional C-element's implementations. 16th IEEE International On-Line Testing Symposium, Corfu Island, Greece, 5–7 July (2.2), pp. 35–40.

[13] Black, J.D., Sternberg, A.L., Alles, M.L. *et al.* (2005) HBD layout isolation techniques for multiple node charge collection mitigation. *IEEE Transactions on Nuclear Science*, **52** (6), 2536–2541.

[14] Narasimham, B., Gambles, J.W., Shuler, R.L. *et al.* (2008) Quantifying the effect of guard rings and guard drains in mitigating charge collection and charge spread. *IEEE Transactions on Nuclear Science*, **55** (6), 3456–3460.

[15] Valderas. G.M., Portela-Garcia, M., Lopez-Ongil, C. and Entrena, L. (2009) In-depth analysis of digital circuits against soft errors for selective hardening. 15th IEEE International On-Line Testing Symposium, Sesimbra-Lisbon, Portugal, 24–26 June (7.3), pp. 144–149.

[16] Shimbo. K., Toba, T., Nishii, K. et al. (2011) Quantification and mitigation techniques of soft-error rates in routers validated in accelerated neutron irradiation test and field test. 2011 IEEE Workshop on Silicon Errors in Logic – System Effects, Champaign, IL. 29–30 March, pp. 11–15.

[17] Slayman. C., Ma, M. and Lindley, S. (2006) Impact of error correction code and dynamic memory reconfiguration on high-reliability/low-cost server memory. IEEE International Integrated Reliability Workshop Final Report, 2006, pp. 190–193.

[18] Schindlbeck, G. and Slayman, C. (2007) Neutron-induced logic soft errors in DRAM technology and their impact on reliable server memory. IEEE Workshop on Silicon Errors in Logic – System Effects 3, Austin Texas, April 3, 4.

[19] JEDEC Standard JESD89A. (2006) Measurement and Reporting of Alpha Particle and Terrestrial COSMIC Ray Induced Soft Errors in Semiconductor Devices. JEDEC, 1–93.

[20] Allen, G., Madias, G., Miller, E. and Swift, G. (2011) Recent single event effects results in advanced reconfigurable field programmable gate arrays. 2011 IEEE Radiation Effects Data Workshop, Las Vegas, 25–29 July (W-15), pp. 1–6.

[21] Ibe, E., Kameyama, H., Yahagi, Y. et al. (2004) Distinctive asymmetry in neutron-induced multiple error patterns of 0.13umocess SRAM. The 6th International Workshop on Radiation Effects on Semiconductor Devices for Space Application, Tsukuba, 6–8 October, 2004, pp. 19–23.

[22] Gutsche, M., Seidl, H., Luetzen, J. et al. (2001) Capacitance enhancement techniques for sub-100nm trench DRAMs. International Electron Device Meeting, Washington, DC. 3–6 Dec., pp. 18.6.1–18.6.4.

[23] Hirose, K., Saito, H., Kuroda, Y. et al. (2002) SEU resistance in advanced SOI-SRAMs fabricated by commercial technology using a rad-hard circuit design. *IEEE Transactions on Nuclear Science*, **49**, 2965–2968.

[24] Zhou, Q., Choudhury, M.R. and Mohanram, K. (2006) Design optimization for robustness to single-event upsets. The Second Workshop on System Effects of Logic Soft Errors, Urbana-Champain, IL, 11–12 April, 2006.

[25] Almukhaizim, S., Makris, Y., Veneris, A. and Yang, Y-S. (2008) On the minimization of potential transient errors and ser in logic circuits Using SPFD. International On-Line Testing Symposium 2008, Greece, 6–9 July, 2008 (6.2), pp. 123–128.

[26] Sierawski, B.D., Bhuva, B. and Massengill, L. (2006) Reducing soft error rate in logic circuits through approximate logic functions. *IEEE Transactions on Nuclear Science*, **53** (6), 3417–3421.

[27] Makihara, A., Midorikawa, M., Yamaguchi, T., Yokose, T., Tsuchiya, Y., Matsuda, S., Arimitsu, T., Asai, H., Iide, Y., Shindou, H. and Kuboyama, S. (2005) Hardness-by-design approach for 0.15 μm fully depleted CMOS/SOI digital logic devices with enhanced SEU/SET immunity. *IEEE Transactions on Nuclear Science*, 52 (**6**), 2524–2530.

[28] Wood, A., Jardine, R. and Bartlett, W. (2006) Data integrity in HP nonstop servers. The Second Workshop on System Effects of Logic Soft Errors, Urbana-Champain, IL, 11–12 April, 2006.

[29] Subramanian, V., Avirneni, N.D. and Somani, A. (2008) Conjoined processor: a fault tolerant high performance microprocessor. IEEE Workshop on Silicon Errors in

Logic – System Effects, University of Texas at Austin, 26, 27 March.
[30] Baumeister, D. and Anderson, S.G.H. (2012) Evaluation of chip – level irradiation effects in a 32-bit safety microcontroller for automotive braking applications. 2012 IEEE Workshop on Silicon Errors in Logic – System Effects, Champaign-Urbana, IL, 27–28 March (2.2).
[31] Calin, T., Nicolaidis, M. and Velazco, R. (1996) Upset hardened memory design for sub-micron CMOS technology. *IEEE Transactions on Nuclear Science*, **43** (6), 2874–2878.
[32] Hazucha, P., Karnik, T., Maiz, J. *et al.* (2003) Neutron soft error rate measurements in a 90-nm CMOS process and scaling trends in SRAM from 0.25-micron to 90-nm generation. 2003 IEEE International Electron Devices Meeting, Washington, DC, 7–10 December, 2003 (21.5).
[33] Mitra, S., Zhang, M., Seifert, N. *et al.* (2007) Built-in soft error resilience for robust system design. International Conference on IC Design and Technology, Austin, TX, 18–20 May, pp. 263–268.
[34] Uemura, T., Tosaka, Y. and Matsuyama, H. (2010) SEILA: soft error immune latch for mitigating multi-node-SEU and local-clock-SET. IEEE International Reliability Physics Symposium 2010, Anaheim, CA, 2–6 May, pp. 218–223.
flip-flop with higher SEU/SET immunity. IEICE Transactions of on Electronics, Honolulu, HI, 16–18 June, E93-C (3), pp. 340–346.
[41] Ernst, D., Kim, N.S., Das, S. *et al.* (2003) Razor: a low-power pipeline based on circuit-level timing speculation. The 36thIEEE/ACM International Symposium on Microarchitecture, pp. 7–18.
[42] Ernst, D., Das, S., Lee, S. *et al.* (2004) Razor: circuit-level correction of timing errors for low-power operation. *IEEE Micro*, **24** (6), 10–20.
[43] Blaauw, D., Kalaiselvan, S., Lai, K. *et al.* (2008) Razor II: in situ error detection and correction for PVT and SER tolerance. 2008 IEEE International Solid-State Circuit Conference, San Francisco, CA, February 4–6, pp. 400, 401, 622.
[44] Roche, P. (2010) Industrial impacts of SER on today's consumer electronic arena. 16th IEEE International On-Line Testing Symposium, Corfu Island in Greece, July 5–7.
[39] Yang, E., Huang, K., Hu, Y. *et al.* (2013) HHC: Hierarchical Hardware Checkpointing to accelerate fault recovery for SRAM-based FPGAs. 19th IEEE International On-Line Testing Symposium, Chania, Crete, 8–10 July (6.3), pp. 193–198.
[40] Furuta, J., Kobayashi, K. and Onodera, H. (2010) An area/delay efficient dual-modular flip-flop with higher SEU/SET immunity. IEICE Transactions of on Electronics, Honolulu, HI, 16–18 June, E93-C (3), pp. 340–346.
[41] Ernst, D., Kim, N.S., Das, S. *et al.* (2003) Razor: a low-power pipeline based on circuit-level timing speculation. The 36thIEEE/ACM International Symposium on Microarchitecture, pp. 7–18.
[42] Ernst, D., Das, S., Lee, S. *et al.* (2004) Razor: circuit-level correction of timing errors for low-power operation. *IEEE Micro*, **24** (6), 10–20.
[43] Blaauw, D., Kalaiselvan, S., Lai, K. *et al.* (2008) Razor II: in situ error detection and correction for PVT and SER tolerance. 2008 IEEE International Solid-State Circuit Conference, San Francisco, CA, February 4–6, pp. 400, 401, 622.
[44] Roche, P. (2010) Industrial impacts of SER on today's consumer electronic arena. 16th IEEE International On-Line Testing Symposium, Corfu Island in Greece, July 5–7.
[45] Skarin, D. and Karlsson, J. (2009) Software mechanisms for tolerating soft errors in an automotive Brake-controller. Third Workshop on Dependable and Secure Nanocomput-

ing, Estoril, Lisbon, Portugal, 29 June, pp. D34–D38.
[46] Polian, I., Reddy, S.M. and Becker, B. (2008) Scalable calculation of logical masking effects for selective hardening against soft errors. IEEE Workshop on Silicon Errors in Logic – System Effects, University of Texas at Austin, March, 26, 27.
[47] Azambuja, J.R., Sousa, F., Rosa, L. and Kastensmidt, F. (2009) Evaluating large grain TMR and selective partial reconfiguration for soft error mitigation in SRAM-based FPGAs. 15th IEEE International On-Line Testing Symposium, Sesimbra-Lisbon, Portugal, 24–26 June (5.3), pp. 101–106.
[48] Nikolov, D., Ingelsson, U., Singh, V. and Larsson, E. (2011) Level of confidence evaluation and its usage for roll-back recovery with checkpointing optimization. 5th Workshop on Dependable and Secure Nanocomputing, Hong Kong, China, 27 July, 59–64.
[49] Grosso, M., Reorda, M.S., Portela-Garcia, M. *et al.* (2010) An on-line fault detection technique based on embedded debug features. 16th IEEE International On-Line Testing Symposium, Corfu Island, Greece, July 5–7, 167–172.
[50] Maiz, J., Hareland, S., Zhang, K. and Armstrong, P. (2003) Characterization of multi-bit soft error events in advanced SRAMs. 2003 IEEE International Electron Devices Meeting, Washington, DC, 7 10 December, 2003 (21.4), pp. 21.4.1–21.4.4.
[51] Abbas, S.M., Baeg, S. and Park, S. (2011) Multiple cell upsets tolerant content-addressable memory. 2011 IEEE International Reliability Physics Symposium, Monterey, CA, 12–14 April, pp. SE.1.1–SE.1.5.
[52] Ibe, E., Taniguchi, H., Yahagi, Y. *et al.* (2009) Scaling effects on neutron-induced soft error in SRAMs Down to 22nm process. Third Workshop on Dependable and Secure Nanocomputing, Estoril, Lisbon, Portugal, 29 June (2.1).
[53] Ibe, E., Taniguchi, H., Yahagi, Y. *et al.* (2010) Impact of scaling on neutron-induced soft error in SRAMs from a 250 nm to a 22 nm design rule. *IEEE Transactions on Electron Devices*, **57** (7), 1527–1538.
[54] Seifert, N. (2008) Soft error rates of hardened sequentials utilizing local redundancy. International On-Line Testing Symposium 2008, Greece, 6–9 July, 2008 (S1.3), pp. 49–52.
[55] Seifert, N. and Zia, V. (2007) Assessing the impact of scaling on the efficacy of spatial redundancy based mitigation schemes for terrestrial applications. IEEE Workshop on Silicon Errors in Logic – System Effects 3, Austin, TX, 3 April, 4.
[56] Furuta, J., Hamanaka, C., Kobayashi, K. and Onodera, H. (2010) A 65nm Bi-stable cross-coupled dual modular redundancy flip-flop capable of protecting soft errors on the c-element. 2010 IEEE Symposium on VLSI Circuits, Honolulu, HI, 16–18 June, pp. 123–124.
[57] Cabanas-Holmen, M., Cannon, E.H., Kleinosowski, A. *et al.* (2009) Clock and reset transients in a 90 nm RHBD single-core tilera processor. *IEEE Transactions on Nuclear Science*, **56** (6), 3505–3510.
[58] Seifert, N., Shipley, P., Pant, M.D. *et al.* (2005) Radiation-induced clock jitter and race. 2005 IEEE International Reliability Physics Symposium Proceedings, San Jose, CA, 17–21 April, 2005, pp. 215–222.
[59] Maillard, P., Loveless, T.D., Holman, W.T. and Massengill, L.W. (2011) A radiation-hardened Delay-Locked Loop Design (DLL) utilizing differential delay lines topology. The Conference on Radiation Effects on Components and Systems, Sevilla, Spain, 19–23 September, pp. 675–682.
[60] Kim, S., Tsuchiya, A. and Onodera, H. (2013) Perturbation-immune radiation-hardened PLL with a switchable DMR structure. 19th IEEE On-Line Testing Symposium, Chania, Crete, 8–10 July, pp. 128–132.

[61] Srinivasan, V., Sternberg, A.L., Robinson, W.H. *et al.* (2005) Single event mitigation in combinational logic using targeted data path hardening. *IEEE Transactions on Nuclear Science*, **52** (6), 2516–2523.

[62] Reddy, K.K., Amrutur, B. and Parekhji, R. (2008) False error study of on-line soft error detection mechanisms. International On-Line Testing Symposium 2008, Greece, 6–9 July, 2008 (3.1), pp. 53–58.

[63] Avirnen, N.D.P. (2012) Low overhead soft error mitigation techniques for high-performance and aggressive designs. *IEEE Transactions on Computers*, **61** (4), 488–501.

[64] Prasanth, V., Singh, V. and Parekhji, R. (2011) Reduced overhead soft error mitigation using error control coding techniques. 17th IEEE International On-Line Testing Symposium, Athens, Greece, 13–15 July (9.3), pp. 163–168.

[65] Pilotto, C, Azambuja, J.R. and Kastensmidt, F.L. (2008) Synchronizing triple modular redundant designs in dynamic partial reconfiguration applications. 21st Annual Symposium on Integrated Circuits and System Design, Gramado, September 1–4, pp. 199–204.

[66] Nakka, N., Pattabiraman, K., Kalbarczyk, Z.T. and Iyer, R.K. (2006) Processor-level selective replication. The Second Workshop on System Effects of Logic Soft Errors, Urbana-Champain, IL, 11–12 April, 2006.

[67] Noji, R., Fujie, S., Yoshikawa, Y. *et al.* (2010) An FPGA-based fail-soft system with adaptive reconfiguration. 16th IEEE International On-Line Testing Symposium, Corfu Island, Greece, 5–7 July (6.3), pp. 127–132.

[68] Nikolov, D., Ingelsson, U., Singh, V. and Larsson, E. (2011) Level of confidence evaluation and its usage for roll-back recovery with checkpointing optimization. 5th Workshop on Dependable and Secure Nanocomputing, Hong Kong, China, 27 July.

[69] Carmichael, C., Fuller, E., Blain, P. *et al.* (1999) SEU Mitigation Techniques for Virtex FPGAs in Space Applications, Military and Aerospace Applications of Programmable Devices and Technologies Conference, Sep. 28–30, 1999, Laurel, Maryland.

[70] Pratt, B., Carroll, J.F., Graham, P. *et al.* (2007) Fine-grain SEU mitigation for FPGAs using partial TMR. *IEEE Transactions on Nuclear Science*, **55** (4), 2274–2280.

[71] Quinn, H., Morgan, K., Graham, P. *et al.* (2007) Domain crossing events: limitations on single device triple-modular redundancy circuits in xilinx FPGAs. *IEEE Transactions on Nuclear Science*, **54** (6), 2037–2043.

[72] Rusu, C., Grecu, C. and Anghel, L. (2008) Communication aware recovery configurations for networks-on-chip. International On-Line Testing Symposium 2008, Greece, 6–9 July, 2008 (9.1), pp. 201–206.

[73] Bizot, G., Chaix, F., Zergoinoh, N.-E. and Nicolaidis, M. (2013) Variability-aware and fault-tolerant self-adaptive applications for many-core chips. 19th IEEE International On-Line Testing Symposium, Chania, Crete, 8–10 July (6.3), pp. 37–42.

[74] Wunderlich, H.J., Braun, C. and Halder, S. (2013) Efficacy and efficiency of algorithm-based fault-tolerance on GPUs. 19th IEEE International On-Line Testing Symposium, Chania, Crete, 8–10 July (S4.3), pp. 240–243.

[75] Rech, P. and Carro, L. (2013) Experimental evaluation of GPUs radiation sensitivity and algorithm-based fault tolerance efficiency. 19th IEEE International On-Line Testing Symposium, Chania, Crete, 8–10 July (S4.4), pp. 244–247.

[76] Rech, P., Aguiar, C., Ferreira, R. *et al.* (2012) Neutrons radiation test of graphic processing units. IEEE International On-Line Testing Symposium, Sitges, Spain, 27–29 June, 2012 (3.3), pp. 55–60.

[77] Kopetz, H. (2006) Mitigation of transient faults at the system level – The TTA approach.

The Second Workshop on System Effects of Logic Soft Errors, Urbana-Champain, IL, 11–12 April, 2006.

[78] Gold, B., Smolens, J.C., Falsafi, B. and Hoe, J.C. (2006) The granularity of soft-error containment in shared-memory multiprocessors. The Second Workshop on System Effects of Logic Soft Errors, Urbana-Champain, IL, 11–12 April, 2006.

[79] Vaskova, A., Lopez-Ongil, C., Portela-Garcia, M. et al. (2011) Study on the effect of multiple errors in robust systems based on critical task distribution. The Conference on Radiation Effects on Components and Systems, Sevilla, Spain, 19–23 September (G-1), pp. 463–466.

[80] Silva, D., Bolzani, L. and Vargas, F. (2011) An intellectual property core to detect task scheduling-related faults in RTOS-based embedded systems. 17th IEEE International On-Line Testing Symposium, Athens, Greece, 13–15 July (2.1), pp. 19–24.

[81] Pellegrini, A., Smolinski, R., Chen, L. et al. (2011) Crash test' ing SWAT: accurate, gate – level evaluation of symptom – based resiliency solutions. 2011 IEEE Workshop on Silicon Errors in Logic – System Effects, Champaign, IL, March 29–30.

[82] Ibe, E., Shimbo, K., Toba, T. et al. (2011) LABIR: inter – layer built – in reliability for electronic components and systems. 2011 IEEE Workshop on Silicon Errors in Logic – System Effects, Champaign, IL, 29–30 March.

[83] Evans, A., Nicolaidis, M. Wen, S.-J. et al. (2012) RIIF – reliability information interchange format. IEEE International On-Line Testing Symposium, Sitges, Spain, 27–29 June, 2012 (6.2), pp. 103–108.

[84] Wen, S. (2008) Systematical method of quantifying SEU FIT. International On-Line Testing Symposium 2008, Greece, 6–9 July, 2008, pp. 109–116.

[85] Kumar, R. (2011) Stochastic computing: embracing errors in architecture and design of processors and applications. 5th Workshop on Dependable and Secure Nanocomputing, Hong Kong, China, 27 July, pp. 169–180.

[86] Raghunathan, A. and Roy, K. (2013) Approximate computing: energy-efficient computing with good-enough results. 19th IEEE International On-Line Testing Symposium, Chania, Crete, 8–10 July (S2.1), p. 258.

[87] Alexandrescu, D., Lhomme-Perrot, A., Schaefer, E. and Beltrando, C. (2009) Highs and lows of radiation testing. 15th IEEE International On-Line Testing Symposium, Sesimbra-Lisbon, Portugal, 24–26 June (S3.1).

[88] Li, M.-L. and Ramachandran, P. (2007) Towards a software-hardware co-designed resilient system. IEEE Workshop on Silicon Errors in Logic – System Effects 3, Austin Texas, 3, 4 April.

[89] Hari, S.K.S., Naeimi, H., Ramachandran, P. and Adve, S.V. (2011) Relyzer: application resiliency ananlyzer for transient faults. 2011 IEEE Workshop on Silicon Errors in Logic – System Effects, Champaign, IL, 29–30 March, pp. 22–26.

[90] Wang, N. and Patel, S.J. (2006) Sympton based redundant multithreading. The Second Workshop on System Effects of Logic Soft Errors, Urbana-Champain, IL, 11–12 April, 2006.

[91] Theodorou, G., Kranitis, N., Paschalis, A. and Gizopoulos, D. (2010) A software-based self-test methodology for in-system testing of processor cache tag arrays. 16th IEEE International On-Line Testing Symposium, Corfu Island, Greece, 5–7 July (7.4), pp. 159–164.

[92] Carvalho, M., Bernardi, P., Sanchez, E. et al. (2013) Increasing fault coverage during functional test in the operational phase. 19th IEEE International On-Line Testing Symposium, Chania, Crete, 8–10 July (3.1), pp. 43–48.

[93] Ballan, O., Bernardi, P., Yazdani, B. and Sanchez, E. (2013) A Software-based self-test strategy for on-line testing of the scan chain circuitries in embedded microprocessors. 19th IEEE International On-Line Testing Symposium, Chania, Crete, 8–10 July (5.2), pp. 79–84.

[94] Yamakita, K., Yamada, H. and Kono, K. (2011) Phase-based reboot: reusing operating system execution phases for cheap reboot-based recovery. 2011 International Conference on Dependable Systems and Networks, Hong Kong, China, 28–30 June.

[95] Bronevetsky, G. and deSupinski, B. (2007) Soft error vulnerability of iterative linear algebra methods. IEEE Workshop on Silicon Errors in Logic – System Effects 3, Austin TX, 3, 4 April.

[96] Kellington, J. and McBeth, R. (2007) IBM POWER6 processor soft error tolerance analysis using proton irradiation. IEEE Workshop on Silicon Errors in Logic – System Effects 3, Austin TX, 3, 4 April.

[97] Roy, K. (2013) Approximate computing for energy-efficient error-resilient multimedia systems. 2013 IEEE 16th International Symposium on Design and Diagnostics of Electronic Circuits and Systems, Karlovy Vary, Czech Republic, 8–10 April, pp. 5–6.

[98] Bradley, D. and Penton, J. (2008) A perspective on developing IP for embedded reliability. IEEE Workshop on Silicon Errors in Logic – System Effects, University of Texas at Austin, 26, 27 March.

[99] Mariani, R. (2012) Designing safe and availableintegrated circuits according to functional safety standards. 2012 IEEE Workshop on Silicon Errors in Logic – System Effects, Champaign-Urbana, IL, 27–28 March (1.1).

[100] Mizan, E. (2008) Reliability improvements enabled by self-imposed temporal redundancy. IEEE Workshop on Silicon Errors in Logic – System Effects, University of Texas at Austin, 26, 27 March.

[101] Falsafi, B. (2011) Reliability in the dark silicon Era. 17th IEEE International On-Line Testing Symposium, Athens, Greece, 13–15 July.

[102] Nassif, S.R. (2013) Silicon today, silicon tomorrow. The 9th Workshop on Silicon Errors in Logic – System Effects, Palo Alto, CA, 26, 27 March.

[103] Nikolov, D., Ingelsson, U., Singh, V. and Larsson, E. (2011) Level of confidence evaluation and its usage for roll-back recovery with checkpointing optimization. 5th Workshop on Dependable and Secure Nanocomputing, Hong Kong, China, 27 July, pp. 59–64.

[104] Geist, A. (2012) Exascale monster in the closet. 2012 IEEE Workshop on Silicon Errors in Logic – System Effects, Champaign-Urbana, IL, 27–28 March (5.1).

[105] Niknahad, M., Sander, O. and Becker, J. (2011) QFDR-an integration of quadded logic for modern FPGAs to tolerate high radiation effect rates. The Conference on Radiation Effects on Components and Systems, Sevilla, Spain, 19–23 September (B-1), pp. 119–122.

[106] Sebepou, Z. and Magoutis, K. (2011) CEC: Continuous Eventual Checkpointing for data stream processing operators. 2011 International Conference on Dependable Systems and Networks, Hong Kong, China, 28–30 June, pp. 145–156.

[107] Limbrick, D., Robinson, W. and Bhuva, B. (2010) Reliability-aware synthesis: XOR logic function case study. IEEE Workshop on System Efects of Logic Soft Errors, Stanford University, 23, 24 March.

[108] Alexandrescu, D. (2010) Reflections on a SER-aware design flow. International Conference on IC Design and Technology, Kaohsiung, Taiwan, 2–4 May, 2011, pp. 215–219.

[109] Rivers, J.A., Bose, P., Kudva, P. *et al.* (2008) Phaser: phased methodology for modeling the system-level effects of soft errors. *IBM Journal of Research and Development*, **52** (3), 293–306.

[110] Michalak, S., DuBois, A., Storlie, C. *et al.* (2011) Neutron beam testing of triblades. 2011 IEEE Nuclear and Space Radiation Effects Conference, Las Vegas, 25–29 July (W-28).

[111] Wong, R., Bhuva, B.L., Evans, A. and Wen, S.-J. (2012) System-level reliability using component-level failure signatures. IEEE International Reliability Physics Symposium, Anaheim, California, USA, 15–19 April, pp. 4B.3.1–4B.3.7.

[112] Wen, S., Silburt, A. and Wong, R. (2008) IC component SEU impact analysis. IEEE Workshop on Silicon Errors in Logic – System Effects, University of Texas at Austin, 26, 27 March.

[113] Ibe, E., Toba, T., Shimbo, K. and Taniguchi, H. (2012) Fault-based reliable design-on-upper-bound of electronic systems for terrestrial radiation including muons, electrons, protons and low energy neutrons. IEEE International On-Line Testing Symposium, Sitges, Spain, 27–29 June, 2012 (3.2), pp. 49–54.

[114] Ibe, E., Shimbo, K., Toba, T. *et al.* (2012) State-of-the-art study on mitigation techniques of single event effects in terrestrial applications. The 10th International Workshop on Radiation Effects on Semiconductor Devices for Space Applications, Tsukuba, Japan, 10–12 December, 2012.

[115] Seifert, N., Gil, B., Jahinuzzaman, S. *et al.* (2012) Soft error susceptibilities of 22nm Tri-gate devices. 2012 IEEE Workshop on Silicon Errors in Logic – System Effects, Champaign-Urbana, IL, 27–28 March (3.1).

[116] Carter, N. (2010) Cross-layer reliability. IEEE Workshop on System Efects of Logic Soft Errors, Stanford University, 23, 24 March.

[117] Quinn, H. (2011) Study on cross – layer reliability. 2011 IEEE Workshop on Silicon Errors in Logic System Effects, Champaign, Illinoi, 29 30 March.

[118] Ibe, E., Shimbo, K., Taniguchi, H. *et al.* (2011) Quantification and mitigation strategies of neutron induced soft-errors in CMOS devices and components-the past and future. 2011 IEEE International Reliability Physics Symposium, Monterey, CA, 12–14 April, pp. 3C.2.1–3C.2.8.

[119] Herkersdorf, A., Kleeberger, V., Wehn, N. *et al.* (2013) Cross-layer dependability modeling and abstraction in systems on chip. The 9th Workshop on Silicon Errors in Logic – System Effects, Palo Alto, CA, 26, 27 March (7.1).

[120] Psychou, G., Schleifer, J., Huisken, J. *et al.* (2012) Cross-layer reliability exploration proposal for body area networks. 2012 IEEE Workshop on Silicon Errors in Logic – System Effects, Champaign-Urbana, IL, 27–28 March (9.4).

[121] Wong, V. and Horowitz, M. (2006) Soft error resilience of probabilistic inference applications. The Second Workshop on System Effects of Logic Soft Errors, Urbana-Champain, IL, 11–12 April, 2006.

[122] Lindoso, A., Entrena, L., Millan, E.S. *et al.* (2012) A co-design approach for SET mitigation in embedded systems. *IEEE Transactions on Nuclear Science*, **59** (4), 1034–1039.

[123] Wang, T., Zhang, Z., Chen, L. *et al.* (2010) A novel bulk built-in current sensor for single-event transient detection. IEEE Workshop on System Efects of Logic Soft Errors, Stanford University, 23, 24 March.

[124] Upasani, G., Vera, X. and Gonzalez, A. (2013) Achieving zero DUE for L1 data caches by adapting acoustic wave detectors for error detection. 19th IEEE International On-Line Testing Symposium, Chania, Crete, 8–10 July (5.2).

[125] Kanekawa, N., Ibe, E., Suga, T. and Uematsu, Y. (2010) Dependability in Electronic Systems-Mitigation of Hardware Failures, Soft Errors, and Electro-Magnetic Disturbances. Dependability in Electronic Systems.

[126] Hitachi http://www.hitachi.com/rev/archive/2001/__icsFiles/afieldfile/2004/06/08/r2001_04_101.pdf (accessed 22 November 2013).

[127] Wacks, K. (2003) Home Electron System, http://hes-standards.org/sc25_wg1_introduction.pdf (accessed 22 November 2013).

第 9 章 总　　结

9.1　总结甚大规模集成器件和电子系统的地球环境辐射效应

本书回顾了软错误研究的历史，着重于该研究史上的五或六次范式转移，这些转移主要与故障模式和器件/系统的剧烈变化相关。提出了故障条件中的三种架构，即故障/错误/失效，作为评估地球环境辐射效应和抑制技术的基础。汇总了航空、汽车、网络/数据中心等当今工业界对于失效的顾虑。地球环境辐射源包括光子（γ 射线）、电子（β 射线）、氦离子（α 射线）、μ 介子、质子和中子，能量范围非常宽（热，超热到 GeV）。在内层空间宇宙质子和大气原子核发生核散裂反应生成次级宇宙粒子，本书汇总了这些粒子的属性。评估了质子、电子、μ 介子、π 介子、中子和 α 等地球环境辐射的能谱。调查了地表可观测的放射性同位素，也包括 α（氦核）、β（电子）和 γ（光子）射线的辐射源。

汇总了 DRAM（动态随机存取存储器）、CMOS（互补金属氧化物半导体）反相器、SRAM（静态随机存取存储器）、浮体存储器、组合逻辑、时序逻辑、FPGA（现场可编程门阵列）和处理器等电子元器件和 OS（操作系统）的基础知识。

针对核散裂反应、自动器件模型构建、粒子追踪技术、电荷收集模型和双极模式故障模型，介绍了详细的仿真技术和算法。

基于 Visual Basic 的一些实例代码，介绍了典型的仿真结果。作为一个例子，提出了 22 nm SRAM 模型和故障率上限仿真技术，作为通用工具评估 SEE（单粒子效应）敏感度，而不管具体是存储器件还是逻辑器件，进而可以分析 SOC（片上系统）的 SEE 敏感度。

地球环境辐射源产生总剂量效应和单粒子效应，本书汇总了辐射效应的机制，世界范围内地下和现场的辐照装置，以及真实的辐照实验记录。调查了一系列故障/错误/失效模式，介绍了评估/预测、检测和分类技术，来揭示每种模式的内在机制。针对硅工业的每个层级，提出、汇总和分类了很多抑制技术。并指出，仅采用某个层级的抑制技术是无法建立电子组件和系统的适应性的。跨层级的沟通与抑制技术组合是很重要的，书中进行了详述。

9.2　将来的方向与挑战

随着将来技术进步的速度更快，电子组件和系统的适应性将面临着前所未有的困难，需要采用新的方法。本书提出和讨论了新的方向，来克服抑制技术范式转移产生的挑战和条件。跨层级［衬底、器件、电路、CPU（中央处理器）、OS（操作系统）和应用/软件］的沟通是非常重要的。作为挑战性方向的实例，提出了 DOUB（基于上限的设计）和 LABIR（层间内建可靠性）。着重关注基于失效征兆（出现在硬件级或软件级）的抑制技术。

附　　录

A.1　汉明码

汉明码（见第7章[89]）通常在计算机应用中采用。对于整数 m，代码长度 $n=2m-1$，而汉明码中的数据长度 $k=n-m$。

通常在汉明码中定义和使用检测矩阵 H 和产生器矩阵 G 来检测和纠正数据向量：

$$H = \begin{bmatrix} 1 & 0 & 1 & 1 & 1 & 0 & 0 \\ 1 & 1 & 0 & 1 & 0 & 1 & 0 \\ 0 & 1 & 1 & 1 & 0 & 0 & 1 \end{bmatrix} \tag{A.1}$$

从 H 矩阵中获得产生器矩阵 G：

$$G = \begin{bmatrix} 1 & 0 & 0 & 0 & 1 & 1 & 0 \\ 0 & 1 & 0 & 0 & 0 & 1 & 1 \\ 0 & 0 & 1 & 0 & 1 & 0 & 1 \\ 0 & 0 & 0 & 1 & 1 & 1 & 1 \end{bmatrix} \tag{A.2}$$

矩阵 H 和 G 所有的列向量都无关，且必不能为零向量（所有元素均为 0）。

当数据位是 $x=[1101]$，则通过 x 和 G 的乘法运算可以得到码字 Y：

$$Y = x \times G = [1\,1\,0\,1] \times \begin{bmatrix} 1 & 0 & 0 & 0 & 1 & 1 & 0 \\ 0 & 1 & 0 & 0 & 0 & 1 & 1 \\ 0 & 0 & 1 & 0 & 1 & 0 & 1 \\ 0 & 0 & 0 & 1 & 1 & 1 & 1 \end{bmatrix} = [1\,1\,0\,1\,0\,1\,0] \tag{A.3}$$

值得注意的是，在矩阵计算中加法为异或操作。

如果 Y 转换正确，则

$$Y \times H^{\mathrm{T}} = 0 \tag{A.4}$$

如果转换不正确，则在单个位错的位置上，上述计算结果给出与检测矩阵 H 某列向量相同的向量。当发生两位错时，计算结果将指明错误的列向量。在这种情况下，扩展汉明码中采用下面的检测矩阵：

$$H^* = \begin{bmatrix} 1 & 0 & 1 & 1 & 1 & 0 & 0 & 0 \\ 1 & 1 & 0 & 1 & 0 & 1 & 0 & 0 \\ 0 & 1 & 1 & 1 & 0 & 0 & 1 & 0 \\ 1 & 1 & 1 & 1 & 1 & 1 & 1 & 1 \end{bmatrix} \tag{A.5}$$

在初始 H 矩阵最后一列添加一个全 0 列向量，在矩阵底部添加全 1 行向量，从而获得矩阵 H^*。

对于单个位错，$Y \times H^T$ 给出矩阵 H 中相同的列向量；对于两位错，$Y \times H^T$ 给出矩阵 H 中不包含的其他向量。这就是所谓的单错误纠正和双错误检测技术（SECDED）。

A.2 步进算法

可以通过步进算法检测固定故障、转换故障、一部分耦合故障和一部分地址译码器故障。典型的流程如下：

1. March C-

```
1. W0 ↑↓
2. R0, W1 ↑
3. R1, W0 ↑
4. R0, W1 ↓
5. R1, W0 ↓
6. R0 ↑↓,
where,
 W0: write "0";
 R0: read "0";
 W1: write "1";
 R1: "read "1";
 ↑:upflow from address 0 to n-1;
 ↓:downflow from address n-1 to 0;
 ↑↓:any direction.
```

2. MATS+

```
1. W0 ↑↓
2. R0,W1 ↑
3. R1, W0 ↓
```

A.3 为什么使用 VB 进行仿真

Visual Basic（VB）是一种非常灵活的仿真语言，可用来进行复杂的矩阵运算，构建图形界面，通过 SQL（Structured Query Language，结构化查询语言）服务器处理数据库，利用微软公司 Office 工具和 Adobe 公司 Acrobat 工具等 Windows PC 应用程序进行文档编辑。基于 VB 语言的程序很容易安装到 Windows PC 上。通过图形界面，CORIMS 和 MUCEAC 在 Windows PC 下工作正常，输出结果保存在 Excel 表中。上述仅为我们利用 VB 进行 SEE（Single Event Effect，单粒子效应）仿真的部分原因。在本附录中，介绍了一些使用 VB 的精髓和代码实例。

A.4 Visual Basic 基础知识

VB 是一种面向对象的编程语言，很容易构建图形化界面。VB 结构非常适合物理模型的编程。VB 最受欢迎的特征是"Type"和"properties"：可以很容易定义对象类型和属性。下面给出一个实例：

```
Public Fault() as SoftErr
TYPE Fault()
  Global number as long
  xAddress as Long
  yAddress Long
  mcuFamily as String
END TYPE
```

Fault( )是一个矩阵或矢量，类型为 SoftErr。Fault( )含有数据和芯片的 x/y 地址。mcuFamily是字符串，在一个 MCU（Multi-Cell Upset，多单元翻转）中包含一系列软错误的全局数。

mcuFamily 如下所示：

```
Fault(1).mcuFamily="1_4_10"
```

这意味着，全局数为 1、4 和 10 的故障产生一个 MCU，Fault(1)包含在该族中。

可以很清晰地定义变量的这些综合属性，从而使得编程更加高效，并且避免错误。程序代码中，一行的字符数是没有限制的。

A.5 通过 Visual Basic 和 SQL 处理数据库

Visual Basic 通过对象数据库可以处理 SQL 服务器。SQL 服务器使用微软 Access 等数据库处理软件。

利用微软 Access，可以定义图 6.6 中所示的二维（行列）表，并生成数据库。在程序包 CORIMS 中，图 6.6 中所有的表格都包含在数据库文件 CORIMS.mdb 中。

在 Visual Basic 中，可以填写 *recordset*，包含特定条件下从表格中挑选出的数据。下面给出了一个实例：

```
Private Sub(rsTemp as Recordset, tabName as String, varName as String,
strIDTemp as String)
Dim tempDB As database
Dim strSQL as String
Dim strPath as String
strPath = "C:\ffff\filename"  "Difine path of the database
Set tempDB = wrkDefault.OpenDatabase(strPath)  'Define temporary
database
strSQL = "SELECT p.* FROM " & tabName & " p WHERE p." & varName &
" = '" & strIDtemp Set rsTemp = tempDB.OpenRecordset(strSQL,
dbOpenSnapshot)
End Sub
```

在上例中，strSQL 给出了数据抽取的条件，发送命令，从表格 tabName 中名为 varName 的列和字符串 strIDtemp 的行中选择数据。该行中所有的数据都抽取出来，并且保存在 recordset reTemp 中。

SQL 服务器中有大量有用的指令。对所有指令的介绍超出了本书的范围，所以此处仅给出了一个示例：

```
strSQL = "SELECT DISTINCT p.Field FROM table p"
```

在这个例子中，strSQL 发出指令，选择无交叠列中唯一的字符串或数据。

A.6 文本处理的算法和样本代码

VB 易于处理代码，有很多函数可用于这种操作，例如：

```
Public Sub DecompText(strText As String, keyChara As String, _
          intCount As Long, strTemp() As String, trimBefore As Long, trimAfter As Long)
          '
          Dim strWord As String
          Dim lenKey As Long
          Dim lenAll As Long
          Dim intStart As Long
          Dim intEnd As Long
          Dim intLength As Long

          Dim i As Long

          On Error GoTo check
          lenAll = Len(strWord)
          lenKey = Len(keyChara)

          intCount = 0
          intStart = 1
          For i = 1 To lenAll
              DoEvents
              If Mid(strWord, i, lenKey) = keyChara Then
                  intCount = intCount + 1
                  intLength = i - intStart
                  ReDim Preserve strTemp(intCount)
                  strTemp(intCount) = Mid(strWord, intStart, intLength)

                  intStart = i + 1
              End If
          Next
          intCount = intCount + 1
          intLength = lenAll - intStart + 1
          ReDim Preserve strTemp(intCount)
```

```
                        strTemp(intCount) = Mid(strWord, intStart,
intLength)
                        Exit Sub
        check:
                        Watch.curSub = "Decomptext"
                        ShowError    'Error managing program

                        End Sub
```

在该程序中，strText 语句被字符 keyChara 所分割，字符块被分割后存储在变量 strTemp(inCount) 中。

A.7 如何建立自洽计算

自洽计算通常由此类型的公式构成：
$$x = f(x, a, b, c, \ldots) \tag{A.6}$$
等式左右项中均包含待求解变量 x。变量 a，b，c 等可以由其他条件或等式来确定。在这种情况下，式（A.6）被式（A.7）替换：
$$x_{n+1} = f(x_n, a, b, c, \ldots) \tag{A.7}$$
从 x_0 开始获得 x_1。式（A.7）左边项 x_{n+1} 由右边项 x_n 计算得到。

如果 $x_{n+1}-x_n$ 的绝对值收敛于预先定义的极小值，则认为 x_{n+1} 是式（A.6）的解。根据函数右项的最大波动，起始值 x_0 必须尽可能接近真实值。

A.8 在三角区随机选择入射点的代码示例

在下面的程序中，在三棱柱区选择随机位置（xShot，yShot，zShot）。该三棱柱有顶部和底部三角形 triTile，厚度为 zThick。节点 Anchor 是三角形的初始顶点。由始于该顶点的两边边长及夹角来定义该三角形（tritile. faiBetween 或 oAngle）。

初始，在节点 Anchor 的另一侧添加虚拟顶点，从而构建虚拟平行四边形。在平行四边形中选择随机位置。如果选择位置在虚拟三角形中（flg>1），则选择对立侧的对称位置。

Watch 是全局变量，用于处理错误的子程序 ShowError。

```
Public Sub TriShot(triTile As TriAngle, nodeAnchor As NodePoint,
zThick As Double, _
            xShot As Double, yShot As Double, zShot As Double)

            'nodeAnchor は top 面の頂点
            Dim flg As Double
            Dim X1 As Single
            Dim Y1 As Single
            Dim z1 As Single
            Dim oAngle As Double
            Dim nodeCenter As NodePoint
```

```
Dim nodeMove As NodePoint
On Error GoTo check
nodeCenter.xPosGloval = triTile.lenStart / 2#
nodeCenter.yPosGloval = triTile.lenEnd / 2#
nodeCenter.zPosGloval = nodeAnchor.zPosGloval
    - zThick / 2#
oAngle = triTile.faiBetween
Randomize
nodeMove.xPosGloval = Rnd * triTile.lenStart
Randomize
nodeMove.yPosGloval = Rnd * triTile.lenEnd
Randomize

nodeMove.zPosGloval = nodeAnchor.zPosGloval - Rnd * zThick

flg = nodeMove.yPosGloval / triTile.lenEnd + nodeMove.xPosGloval / triTile.lenStart

If flg > = 1# Then
moveSymmetry nodeMove, nodeCenter
End If

X1 = nodeMove.xPosGloval + nodeMove.yPosGloval * Cos(oAngle)
Y1 = nodeMove.yPosGloval * Sin(oAngle)
z1 = nodeMove.zPosGloval
AffinRotateZ X1, Y1, z1, triTile.faiBegin
xShot = X1 + nodeAnchor.xPosGloval
yShot = Y1 + nodeAnchor.yPosGloval
zShot = z1


Exit Sub

check:

Watch.curSub = "TriShot"
ShowError

End Sub
```

英文缩略语对照表

首字母缩略词

ACE（Architectural Correct Execution） 架构正确执行

ALLS（ALigned Laboratory System） 联合实验系统

ALPEN（ALpha Particle source/drain PENtration） α粒子源/漏渗透

ALS（Absolute Laboratory System） 绝对实验系统

ALU（Arithmetic-Logic Unit） 算术逻辑单元

AMUSE（Autonomous MUltilevel emulation system for Soft Error evaluation） 软错误评估自动多级仿真系统

ANITA（Atmospheric-like Neutrons from thIck TArget） 源自厚靶的类大气中子

AOI（Area Of Interest） 感兴趣区域

ASIC（Application Specific Integrated Circuit） 专用集成电路

ASIL（Automotive Safety Integrity Level） 汽车安全完整性等级

ASTEP（Altitude Single event effects Test European Platform） 单粒子效应海拔测试欧洲平台

AVF（Architectural Vulnerability Factor） 架构敏感因子

AVP（Architectural Verification Program） 架构验证程序

BAN（Body Area Network） 体域网

BCDMR（Bistable Cross-coupled Dual Modular Redundancy） 双稳态交叉耦合双模冗余

BICS（Built-In Current Sensor） 内建电流传感器

BISER（Built-In Soft Error Resilience） 内建软错误恢复

BIPS（Built In Pulse Sensor） 内建脉冲传感器

BIST（Built-In Self Test） 内建自测试

BL（Bit Line） 位线

BNL（Brookhaven National Laboratory） 布鲁克海文国家实验室

BOX（Buried OXide） 氧化物埋层

BPSG（Boron Phosphor Silicate Glass） 硼磷硅玻璃

BUT（Board Under Test） 待测电路板

CAM（Content Addressable Memory） 内容可寻址存储器

CAN（Controller Area Network） 控制器局域网络

CCD（Charge Coupled Device） 电荷耦合器件

CHB（CHecker Board） 棋盘格

CHBc（CHecker Board complement） 反棋盘格
CL（Confidence Level） 置信度
CLR（Cross-Layer Reliability） 跨层可靠性
CM（Center of Mass） 质心
CMOS（Complementary Metal Oxide Semiconductor） 互补金属氧化物半导体
CMP（Chemical Mechanical Polishing） 化学机械抛光
CNL（UC Davis Crocker Nuclear Laboratory） 美国加州大学戴维斯分校克罗克核实验室
CNRF（Cold Neutron Research Facility） 冷中子研究设备
CORIMS（COsmic Radiation IMpact Simulator） 宇宙辐射影响仿真器
CPU（Central Processing Unit） 中央处理器
CRAM（Configuration Random Access Memory） 配置随机存取存储器
CRC（Cyclic Redundancy Code） 循环冗余码
CYCLONE（CYclotron of LOuvain la NEuve） 比利时奥蒂尼-新鲁汶回旋加速器
CYRIC（CYclotron and RadioIsotope Center） 回旋加速器和放射性同位素中心
DCC（Duplication+Comparison+Checkpointing） 复制+比较+检查点
DF（Derating Factor） 降额因子
DICE（Dual Interlocked storage CEll） 双互锁存储单元
DLL（Delay Locked Loop） 延迟锁相环
DMR^1（Dual Modular Redundancy） 双模冗余
DMR^2（Dynamic Memory Reconfiguration） 动态存储器重配置
DOA（Design On Average） 基于平均的设计
DOAV（Design On Average and Variation） 基于平均和波动的设计
DOUB（Design On Upper Bound） 基于上限的设计
DPM（Defects Per Million） 每百万缺陷
DRAM（Dynamic Random Access Memory） 动态随机存取存储器
DSP（Digital Signal Processor） 数字信号处理器
DUE（Detected Unrecoverable Error） 检测到的不可恢复的错误
DUT（Device Under Test） 待测器件
ECC（Error Correction Code/Error Checking and Correction） 纠错码/错误检测和纠正
EDA（Electric Design Automation） 电子设计自动化
EDAC（Error Detection And Correction） 检错和纠错
EMI（Electro-Magnetic Interference） 电磁干扰
EX（EXecution） 执行
FBE（Floating Body Effect） 浮体效应
FDSOI（Fully Depleted SOI） 全耗尽绝缘体上硅
FF（Flip-Flop） 触发器
FFDA（Field Failure Data Analysis） 现场失效数据分析

FIT（Failure In Time） 失效时间
FPGA（Field Programmable Gate Array） 现场可编程门阵列
FRAM（Ferroelectric Random Access Memory） 铁电随机访问存储器
GDS（Graphic Data System） 图形数据系统
GEM（Generalized Evaporation Model） 广义蒸发模型
GPS（Global Positioning System） 全球定位系统
GPU（Graphic Processing Unit） 图形处理器
GPGPU（General Purpose GPU） 通用GPU
GTO（Gate Turn-Off thyristor） 栅截止晶闸管
HA（High Altitude） 高海拔
HHC（Hierarchical Hardware Checkpointing） 架构硬件检查点
HHFL（Heavy Halt FaiLure） 重宕机失效
ICICDT（International Conference on IC Design and Technology） 集成电路设计与工艺国际会议
ICITA（International Conference on Information Technology and Application） 信息技术与应用国际会议
ID（Instruction Decode） 指令译码
IF（Instruction Fetch） 取指令
IGBT（Insulated Gate Bipolar Transistor） 绝缘栅双极型晶体管
IOLTS（International On-Line Testing Symposium） 在线测试国际会议
INC（Intra-Nuclear Cascade） 核内级联
IRPS（International Reliability Physics Symposium） 可靠性物理国际会议
IUCF（Indiana University Cyclotron Facility） 印第安纳大学回旋加速器设施
JAXA（Japan Aerospace Exploration Agency） 日本宇宙航空研究开发机构（日本宇航局）
JESD（JEDEC StanDard） JEDEC标准
J-PARC（Japan Proton Accelerator Research Complex） 日本质子加速器研究综合体
LABIR（inter LAyer Built-In Reliability） 层间内建可靠性
LAMPF（Los Alamos Meson Physics Facility） 洛斯阿拉莫斯介子物理设施
LANSCE（Los Alamos National Science CEnter） 洛斯阿拉莫斯国家科学中心
LBNL（Lawrence Berkeley National Laboratory） 劳伦斯伯克利国家实验室
LEAP（Layout design through Error Aware Placement） 通过错误感知放置的版图设计
LENS（Low-Energy Neutron Source） 低能中子源
LET（Linear Energy Transfer） 线性能量转移
LFSR（Linear Feedback Shift Register） 线性反馈移位寄存器
LHFL（Light Halt FaiLure） 轻宕机失效
LIN（Local Interconnect Network） 局域互联网络
LINAC（LINear particle ACcelerator） 线性粒子加速器
LNL（Laboratori Nazionali di Legnaro） 莱尼亚罗国家实验室

LSI（Large Scale Integration） 大规模集成
LTFL（LaTency FaiLure） 延迟失效
LUT（LookUp Table） 查找表
MA（Memory Access） 存储器存取
MBU（Multi-Bit Upset） 多位翻转
MCBI（Multi-Coupled Bipolar Interaction） 多耦合双极交互
MCU[1]（Multi-Cell Upset） 多单元翻转
MCU[2]（Micro Control Unit） 微控制单元
MF（Masking Factor） 掩蔽因子
MFTF（Mean Fluence To Failure） 平均失效注量
MNFL（MargiNal FaiLure） 边际失效
MOSFET（Metal Oxide Semiconductor Field Effect Transistor） 金属氧化物半导体场效应晶体管
MPR（Memory Page Retire） 存储页退出
MTTF（Mean Time To Failure） 平均失效时间
MTTR（Mean Time to Repair） 平均修复时间
NBTI（Negative Bias Temperature Instability） 负偏置温度不稳定性
NCAP（European New Car Assessment Programme） 欧洲新车评价规范
NIST（National Institute of Standards and Technology） 美国国家标准技术研究所
NMIJ（National Metrology Institute Japan） 日本国家计量研究所
NoC（Network on Chip） 片上网络
NSAA（NonStop Advanced Architecture） 不间断高级架构
NSREC（Nuclear and Space Radiation Effects Conference） 核与空间辐射效应会议
NYC（New York City） 纽约市
OS（Operating System） 操作系统
PC[1]（Program Counter） 程序计数器
PC[2]（Power Cycle） 循环加电
PC[3]（Personal Computer） 个人电脑
PCB（Printed Circuit Board） 印制电路板
PCSE（Power Cycle Soft-Error） 上电循环软错误
PDSOI（Partially Depleted SOI） 部分耗尽绝缘体上硅
PHITS（Particle and Heavy Ion Transport code System） 粒子和重离子输运程序系统
PIPB（Propagation Induced Pulse Broadening） 传输致脉冲展宽
PLL（Phase Locked Loop） 锁相环
PVF（Program Vulnerability Factor） 程序敏感因子
QMN（Quasi-Monoenergetic Neutron） 准单能中子
RADECS（Radiation Effects on Components and Systems） 组件和系统辐射效应
RAM（Random Access Memory） 随机存取存储器

RAP (Resilience Articulation Point) 弹性关节点
RAS (Reliability, Availability and Serviceability) 可靠性、可获得性和可服务性
RASEDA (Radiation effects on Semiconductor Devices for space Application) 空间应用半导体器件辐射效应
RCNP (Research Center for Nuclear Physics) 大阪大学核物理研究中心
RHBD (Radiation Hardened-By-Design) 抗辐射设计加固
RIIF (Reliability Information Interchange Format) 可靠性信息交互格式
RILC (Radiation Induced Leakage Current) 辐照致漏电流
RMA (Return Material Authorization) 产品召回
ROM (Read Only Memory) 只读存储器
RTL (Register Transfer Level) 寄存器传输级
RTOS (Real Time Operating System) 实时操作系统
SAW (Surface Acoustic Wave) 声表面波
SBRM (Symptom Based Redundant Multithreading) 基于征兆的冗余多线程
SBST (Software-Base Self-Test) 基于软件的自测试
SBU (Single Bit Upset) 单个位翻转
SDC (Silent Data Corruption) 静默数据破损
SEALER (Single Event Adverse and Local Effects Reliever) 单粒子不利效应和局部效应缓解器
SEB (Single Event Burnout) 单粒子烧毁
SECDED (Single Error Correction and Double Error Detection) 单错误纠正和双错误检测
SEE (Single Event Effect) 单粒子效应
SEFI (Single Event Functional Interrupt) 单粒子功能中断
SEFR (Single Event Fault Rate) 单粒子故障率
SEGR (Single Event Gate Rupture) 单粒子栅穿
SEILA (Soft Error Immune LAtch) 软错误免疫锁存器
SEL (Single Event Latchup) 单粒子闩锁
SELSE (Silicon Errors in Logic-System Effects) 逻辑硅错误-系统效应
SEM (Soft Error Mitigation) 软错误缓解
SER (Soft-Error Rate) 软错误率
SES (Single Event Snapback) 单粒子回退
SESB (Single Event SnapBack) 单粒子回退
SET (Single Event Transient) 单粒子瞬态
SEU (Single Event Upset) 单粒子翻转
SEUT (Single Event Upset Tolerant) 单粒子翻转容忍
SHE (Software Hardening Environment) 软件加固环境
SIL (Safety Integrity Level) 安全完整性等级

SILC（Stress Induced Leak Current） 应力致漏电流
SIMS（Secondary Ion Mass Spectrometry） 次级离子质谱
SITR（Self-Imposed Temporal Redundancy） 自施加时间冗余
SLC（Single Level Cell） 单级单元
SLFL（SiLent FaiLure） 静默失效
SOI（Silicon On Insulator） 绝缘体上硅
SPFD（Sets of Pairs of Functions to be Distinguished） 区分函数对集合
SPICE（Simulation Program with Integrated Circuit Emphasis） 侧重集成电路的仿真程序
SRAM（Static Random Access Memory） 静态随机存取存储器
SRIM（Stopping and Range of Ions in Matter） 离子在物质中停止和射程
STEM（Soft and Timing Error Mitigation） 软错误和时序错误缓解
STI（Shallow Trench Isolation） 浅槽隔离
TAMU（Texas A&M University） 得克萨斯农机大学
TID（Total Ionizing Dose effect） 总（电离）剂量效应
TCAD（Technology Computer-Aided Design） 计算机辅助设计技术
TID（Total Ionisation Dose） 总电离剂量
TISS（Trusted Interface SubSystem） 可信接口子系统
TMR（Triple Module Redundancy） 三模冗余
TRIUMF（TRI-University Meson Facility） 三校介子装置
TSL（The Svedberg Laboratory） 瑞典乌普萨拉大学斯韦德贝格实验室
TTA（Time Triggered Architecture） 时间触发架构
TTNoC（Time-Triggered Network-on-Chip） 时间触发片上网络
TVF（Timing Vulnerability Factor） 时序敏感因子
UG（Under Ground） 地下
ULSI（Ultra Large Scale Integration） 甚大规模集成电路
VLA（Very Low Alpha） 超低 α 水平
VLSI（Very Large Scale Integration） 超大规模集成电路
WB（Write Back） 回写
WL（Word Line） 字线